全国高职高专创新教育"十三五"规划教材·护理类

正常人体结构

主　编　孙　佳　马新基

副主编　李晓栋　程建军

编　委　（以姓氏汉语拼音为序）

程建军　云南中医学院

陈娴娴　秦皇岛市卫生学校

陈晓燕　江西科技学院

范晓慧　滨州市人民医院

华　超　天津医学高等专科学校

贾红芹　滨州医学院附属医院

李晓栋　秦皇岛市卫生学校

刘媛媛　沧州医学高等专科学校

马丹丹　江西科技学院

马新基　滨州职业学院

牛卫东　滨州职业学院

孙　佳　滨州职业学院

王　倩　天津医学高等专科学校

张　腾　滨州职业学院

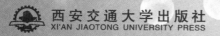
西安交通大学出版社
XI'AN JIAOTONG UNIVERSITY PRESS

U0282706

内容简介

《正常人体结构》是研究正常人体形态结构及其发生、发展规律的科学,是护理学专业重要的基础课程之一。本教材打破了传统的按学科编写《系统解剖学》《组织胚胎学》的常规框架,将这两门专业基础课程进行整合,教学内容重组、精简,遵循"基础理论够用、适度,专业特色突出"的原则,以系统解剖为主线设计编排体系,每一章融入护理应用相关内容,突出知识学习与护理实践的一致性,力求知识的循序渐进,减少知识的交叉与重复,为护理专业学生今后学习基础医学、临床课程和护理职业技能提供理论基础。

图书在版编目(CIP)数据

正常人体结构/孙佳,马新基主编. —西安:西安交通大学出版社,2016.6
ISBN 978 - 7 - 5605 - 8664 - 9

Ⅰ.①正… Ⅱ.①孙… ②马… Ⅲ.①人体结构-高等职业教育-教材 Ⅳ.①Q983

中国版本图书馆 CIP 数据核字(2016)第 147714 号

书 名	正常人体结构	
主 编	孙 佳 马新基	
责任编辑	秦金霞 郭泉泉	
出版发行	西安交通大学出版社	
	(西安市兴庆南路 10 号 邮政编码 710049)	
网 址	http://www.xjtupress.com	
电 话	(029)82668357 82667874(发行中心)	
	(029)82668315(总编办)	
传 真	(029)82668280	
印 刷	陕西金和印务有限公司	
开 本	787mm×1092mm 1/16 印张 22.5 字数 548 千字	
版次印次	2016 年 9 月第 1 版 2016 年 9 月第 1 次印刷	
书 号	ISBN 978 - 7 - 5605 - 8664 - 9/Q·32	
定 价	58.00 元	

读者购书、书店添货、如发现印装质量问题,请与本社发行中心联系、调换。
订购热线:(029)82665248 (029)82665249
投稿热线:(029)82668803
读者信箱:xjtumpress@163.com

前　言

为贯彻教育部精神,适应新形势下全国高职高专护理专业教育改革和发展需要,按照全国高职高专创新教育"十三五"规划教材的编写要求,在《正常人体结构》课程基础上,根据护理专业的培养目标和高职高专护理人员的发展趋势,我们组织了来自全国高职高专院校从事教学一线工作的优秀教师以及从事临床护理工作的专家、学者,编写了这部适合高职高专护理专业使用的《正常人体结构》教材。

《正常人体结构》是研究正常人体形态结构及其发生、发展规律的科学,是护理学专业重要的基础课程之一。本教材打破了传统的按学科编写《系统解剖学》《组织胚胎学》的常规框架,将这两门专业基础课程进行整合,教学内容重组、精简,遵循"基础理论够用、适度,专业特色突出"的原则,以系统解剖为主线设计编排体系,每一章融入护理应用相关内容,突出知识学习与护理实践的一致性,力求知识的循序渐进,减少知识的交叉与重复,为护理专业学生今后学习基础医学、临床课程和护理职业技能提供理论基础。

本教材以"学习目标"为导引,展开理论知识的学习;通过"知识链接"扩展知识量,开阔视野;通过章末"学习小结"梳理总结重点、难点;最后以"课后习题"巩固练习学习要点,达到目标检测的结果,使每一个学习单元形成一个完整的整体。在精炼教学内容、减轻学生负担的前提下,根据学习需要,本教材采用彩色印刷,提升了教材的质量和可读性。

全书共十三章,具体编写分工如下:绪论、第一章由牛卫东编写;第二章由陈娴娴编写;第三章由程建军编写;内脏学概述、第四章、第八章由刘媛媛编写;第五章、第六章由张腾编写;第七章由陈晓燕、马丹丹、李晓栋编写;第九章由华超、王倩编写;第十章由范晓慧编写;第十一章由孙佳、刘媛媛编写;第十二章由李晓栋编写;第十三章由马新基、贾红芹编写。全书由孙佳统稿并定稿。

本教材在编写过程中查阅了大量书籍和资料,在此向原作者深表感谢。亦得到了编者所在单位以及许多学者和朋友的大力支持与帮助,得到了西安交通大学出版社的鼎力支持,再次一并表示感谢。

虽经各位编者精心撰写,反复修改,但由于编者学识有限,书中难免有所疏漏和错误,再次恳请学界同仁、广大师生提出宝贵意见,以便今后进行修订,不断提高和完善。

编　者

2016 年 1 月

目 录

上 篇 理论知识

下　篇　实训指导

上 篇

理论知识

绪　论

学习目标

1. 掌握人体标准姿势、轴、面及方位术语，组织切片的常用染色方法。
2. 熟悉人体的组成和分部、正常人体结构定义，以及与其他学科之间的关系。
3. 了解正常人体结构在医学中的地位及组织学、胚胎学的研究内容和方法。

人体是大自然精美的创造，是所有生命体智慧的结晶。我们的四肢、五官、内脏是怎样有机地构成了一个奇妙的、完整的人体。《正常人体结构》将引领你去研究并发现这个秘密。

一、正常人体结构的定义及其在医学中的地位

正常人体结构是研究正常人体形态、结构及其发生、发展规律的科学，包括系统解剖学、组织学和胚胎学三部分。

系统解剖学是凭肉眼观察的方法研究正常人体形态结构的科学；组织学是借助显微镜技术研究正常人体细胞、组织和器官微细结构的科学；胚胎学是研究人胚发生、发育变化规律的科学。

正常人体结构与临床护理学科有紧密的联系，是一门重要的医学基础课。学习正常人体结构的目的，就是从护理专业的实际出发，系统全面地掌握人体形态结构，为学习其他护理基础课程和护理专业课程奠定基础。只有在充分认识正常人体形态结构的基础上，才能正确理解人体的生理现象和病理变化，才能正确认识疾病的发生、发展和演变规律，进而采取相应的护理措施为患者服务。因此，本课程是护理专业学生的必修基础课。

(一)人体解剖学

"解剖"一词原系用刀切割，研究探索生物体形态。随着科学技术的进步，相关学科和临床医学的发展，解剖学研究范围逐渐扩大和深入，形成许多分支学科。

系统解剖学是按人体功能系统(如运动系统、消化系统等)研究各个器官形态结构的科学，又称描述解剖学。在系统解剖学的基础上，研究人体各局部(如胸部、腹部等)器官形态、位置和毗邻关系的科学，称为局部解剖学。

(二)组织学与胚胎学

组织学是解剖学的一个分支，包括细胞学、基本组织和器官组织，是借助光学显微镜技术或电子显微镜技术研究人体的微细结构、超微结构及相关功能关系的学科。

人体胚胎学主要研究人体胚胎发育、生长的变化规律。它包括生殖细胞发生、受精、胚胎发育、胚胎与母体的关系以及先天性畸形等。

二、人体器官的组成与系统的划分

细胞是人体的基本结构和功能单位。许多形态和功能相似的细胞借细胞间质结合在一起构成组织。人体有四大基本组织,分别是上皮组织、结缔组织、肌组织和神经组织。几种不同的组织有机地结合在一起,构成具有一定形态、可发挥特定功能的结构称器官,如心、肝、脾、肺、肾等。若干个功能密切联系的器官组成系统,可完成一系列共同的生理功能。人体有九大系统:运动系统、消化系统、呼吸系统、泌尿系统、生殖系统、脉管系统、感官系统、神经系统和内分泌系统(图 X-1)。各器官系统在神经和体液的调节下,相互联系,相互协调,成为有机统一的整体。

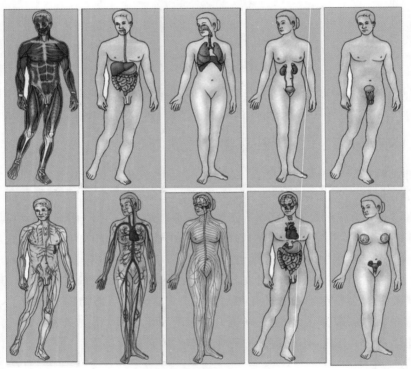

图 X-1 九大系统图例

三、正常人体结构的常用术语

(一)人体的分部

人体可分为头部、颈部、躯干、四肢四部分(图 X-2)。

头部又分为后上的颅部和前下的面部。颈部位于头部、躯干之间,其后面又称项部。躯干的前面又分为胸部、腹部、盆部和会阴部;躯干的后面又分为背部和腰部。四肢分为上肢和下肢,上肢分为肩、臂、前臂和手四部分,下肢分为臀、大腿、小腿和足四部分。

(二)解剖学姿势、方位术语及轴和面

为了能正确叙述人体各部结构的位置关系,必须有统一的标准和描述术语。

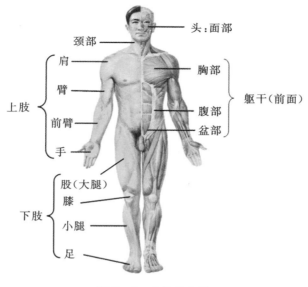

图 X-2 人体的分部

1. 标准姿势

标准姿势又称解剖学姿势,是描述器官位置关系而规定的一种姿势。

人体的标准姿势是:身体直立,两眼平视前方,上肢自然下垂于躯干两侧,手掌向前,两足并拢,足尖向前(图 X-2)。描述人体任何结构均应以此姿势为标准。即使身体处于仰卧位、俯卧位、侧卧位或倒置位,都应以标准姿势进行有关方位描述。

2. 方位术语

以解剖学姿势为基础,描述器官相对位置关系的术语如下(图 X-3)。

(1)上和下 近头者为上,近足者为下;上、下也可用颅侧和尾侧对应。

(2)前和后 近身体腹侧面者为前或腹侧,近身体背侧面者为后或背侧。

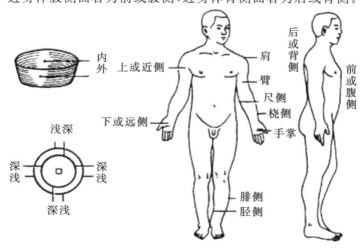

图 X-3 方位术语

（3）内侧和外侧　以身体正中矢状面为准，靠近正中矢状面者为内侧，反之为外侧。前臂的尺侧和桡侧、小腿的胫侧和腓侧，分别相当于内侧和外侧。

（4）内和外　凡有空腔的器官，近内腔者为内，远内腔者为外。

（5）浅和深　是指器官结构与皮肤表面的相对距离，近皮肤者为浅，远者为深。

（6）近侧和远侧　在四肢，距肢体根部近者，称近侧；据肢体根部远者，称远侧。

（三）轴和面

轴和面是分析关节运动及描述器官形态的常用术语（图 X-4）。

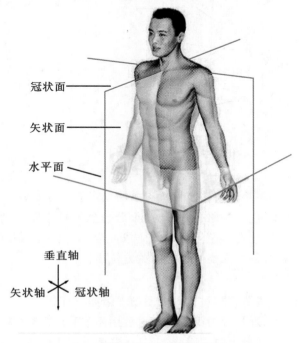

图 X-4　人体的轴与面

1. 轴

人体有相互垂直的 3 个轴。

（1）矢状轴　由前向后平行于地面，与人体长轴相垂直的轴。

（2）冠状轴　由左向右平行于地面，与矢状轴相垂直的轴，又称额状轴。

（3）垂直轴　由上向下垂直于地面，与身体长轴平行的轴。

2. 面

在标准姿势条件下，做相互垂直的 3 个切面。

（1）矢状面　是按前后方向，将人体纵向分成左、右两部分的纵切面。其中经过人体正中，将人体分为左、右对称两部分的矢状面称正中矢状面。

（2）冠状面　又称额状面，是按左、右方向，将人体分为前、后两部分的纵切面。

（3）水平面　又称横切面，是与地平面平行，将人体分为上、下两部分的切面。

（四）常用组织染色方法

组织学最常用的研究方法是使用光学显微镜对组织切片进行观察。组织切片是厚度为 $5\sim10\,\mu m$ 的染色薄片。常用染色方法是苏木精–伊红染色法，简称 HE 染色。苏木精为碱性染料，可将细胞内某些成分染成紫蓝色；伊红为酸性染料，可将细胞内某些成分染成红色。

细胞内的酸性物质易被碱性染料着色呈现紫蓝色的性质称为嗜碱性，细胞内的碱性物质易被酸性染料着色呈现红色的性质称为嗜酸性，若细胞内物质对碱性染料和酸性染料亲和力都不强，则称中性。

某些组织成分经硝酸银处理（银染）后呈现黑色，此现象称嗜银性。还有些组织成分染色后，染色结果与染料的原有颜色不同，称异染性。如用甲苯胺蓝染肥大细胞时，肥大细胞内颗粒呈紫红色。

四、学习正常人体结构的方法

正常人体结构是一门形态科学。掌握正确的学习方法，才能更好地理解和掌握人体各器官的位置、形态和结构。

1. 形态与功能相联系的方法

人体每个器官都有其特定的功能，器官的形态结构是功能活动的物质基础。如细长的骨骼肌细胞之所以有收缩功能，是因为其含有具有收缩功能的肌丝，骨组织无此结构从而没有收缩功能。功能活动的改变又可促进形态的变化。如肌肉经常锻炼则变得发达。人类上、下肢的形态结构基本相同，但由于有了明显分工，上肢尤其手的形态结构成为握持工具、从事技巧性劳动的器官；下肢的形态则与直立行走的功能相适应。因此生物体的形态结构与其功能是相互联系和相互影响的。

2. 局部与整体统一的方法

人体是由许多器官和系统组成的整体。任何一个器官或局部结构都是整体中不可分割的一部分，所谓"一脉不和，周身不遂"，就是这个道理。学习正常人体结构时往往从某一局部的器官系统入手，循序渐进地学习，在学习中应时时注意局部与整体的统一。要从整体的角度来认识和理解局部器官的知识，防止出现片面的、孤立的认识。

3. 理论联系实际的方法

学习正常人体结构必须坚持理论联系实际，做到三个结合：①理论实践一体化学习，把理论学习与观察标本结合起来，通过对人体标本的观察、辨认，形成比较牢固的记忆；②图、文结合，学习时做到文字和图形并重，有助于理解和记忆；③把解剖学知识与临床护理应用结合起来，基础知识要为临床应用服务，在学习过程中适度地联系临床，可增强对某些结构的认识和理解。

课后习题

1. 名词解释：HE 染色　标准姿势
2. 简答：写出人体解剖学的方位术语。

第一章 细 胞

学习目标

1. 掌握细胞膜、各种细胞器及细胞核的结构和功能。
2. 熟悉细胞增殖周期各期的特点。
3. 了解细胞的衰老与死亡。

细胞(cell)是一切生物体结构和功能的基本单位。人体由多种细胞构成,它们具有不同的形态结构和特定的功能,共同完成人体整体的生命活动。

人体的细胞形态各异(图1-1),如血液中白细胞呈球形;红细胞为双凹圆盘状;上皮细胞呈多边形;肌细胞为长梭形或长圆柱形;神经细胞具有长短不等的突起等。有些细胞为了适应特殊功能需要,具有纤毛、鞭毛、微绒毛等突起,如精子细胞等。细胞大小亦差异很大,大多数细胞直径仅有几个微米。

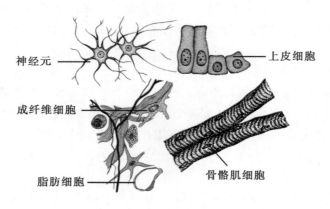

神经元　　　　　　上皮细胞

成纤维细胞

脂肪细胞　　　　　骨骼肌细胞

图1-1 各种形态的细胞

知识链接

细胞的发现

1665年,英国科学家罗伯特·胡克有一个非常了不起的发现,他用自制的复合显微镜观察一块软木薄片的结构,发现它们看上去像一间间长方形的小房间,就把它命名为"cell"(细胞)。胡克所谓的细胞,并不是活的细胞,实际上只是软木组织中一些死细胞留下的空腔,是没有生命的细胞壁。尽管如此,胡克的发现引导后人对细胞继续研究,建立了细胞学说,使生物学从宏观深入到微观。他所提出的"细胞"这个名称一直沿用至今,成了表述生命基本结构的专有名词。

第一节　细胞的结构与其功能

　　人体细胞的形态、大小各异,但其结构基本相同。用光学显微镜观察,人体细胞(除成熟的红细胞和血小板外)均可分为细胞膜、细胞质和细胞核三部分(图 1 - 2)。

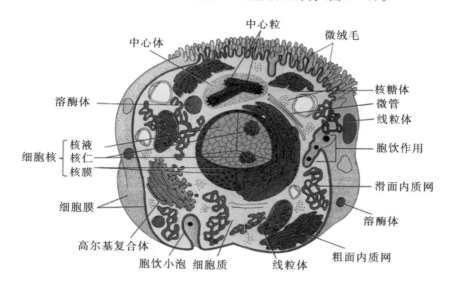

图 1 - 2　细胞的一般结构及细胞器

一、细胞膜

　　细胞膜,又称质膜,是细胞的最外层结构。细胞膜不仅存在于细胞表面,也参与构成各种细胞器的膜和细胞核的膜,称为细胞内膜。细胞外膜和细胞内膜统称为生物膜。

　　1.细胞膜的超微结构

　　通过电镜观察,细胞膜呈现"两暗夹一明"的 3 层结构,即内外两层较暗、电子密度高,中间为透明层、电子密度低,这种结构称为单位膜。

　　细胞膜主要由类脂、蛋白质和糖类组成,其中类脂和蛋白质是主要成分。关于膜中各种化学成分的排列和组合形式,目前比较公认的是"液态镶嵌模型"学说。这一模型认为生物膜的分子结构以液态的类脂双分子层为基架,其中镶嵌着具有各种生理功能的球状蛋白质。

　　(1)膜类脂双分子层　细胞膜中的类脂分子以磷脂为主,磷脂分子呈圆头长杆状,有极性,圆头部为亲水端,朝向膜的表面;尾部为疏水端,伸入膜的内部。在正常情况下,类脂双分子层呈液态,并具有一定的流动性,这对膜进行正常生理功能是十分必要的。

　　(2)膜蛋白质　根据膜蛋白与类脂双分子层结构的关系,分为表在蛋白和镶嵌蛋白两类。

①表在蛋白：又称膜周边蛋白，附着于细胞膜的内表面，参与细胞膜的变形运动、吞噬和分裂功能。②镶嵌蛋白：又称膜内在蛋白，是嵌入类脂双分子层中的蛋白质，是膜蛋白的主要存在形式。

（3）膜糖　含量较少，为细胞膜的保护层，与细胞粘连、细胞识别和物质交换等有密切关系。

2. 细胞膜的功能

细胞膜具有多方面功能：①维持细胞的形态；②构成细胞屏障，保护细胞内容物，抵御外界有害物质进入；③选择性的进行细胞内、外物质交换；④构成细胞的支架；⑤与细胞粘连、细胞识别和细胞运动等有关。

二、细胞质

细胞膜与细胞核之间的结构为细胞质，又称胞浆，是细胞新陈代谢与物质合成的重要场所。细胞质包括基质、细胞器和包含物。

（一）基质

基质是细胞中无定型的液态胶状物质，细胞器和包含物均悬浮于其中。

（二）细胞器

细胞器是细胞质内具有特定形态结构和生理功能的有形成分，主要包括线粒体、核糖体、内质网、高尔基复合体、溶酶体和中心体等（图1-2，图1-3）。

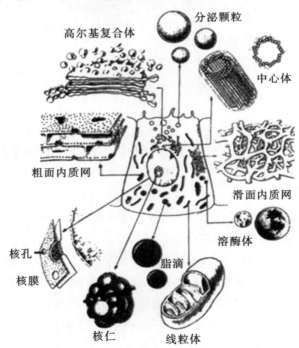

图1-3　细胞器的电镜结构模式图

1.线粒体

光镜下,线粒体呈线状或颗粒状。电镜下,线粒体由双层单位膜构成,外膜光滑,内膜向内折叠形成线粒体嵴。线粒体主要功能是制造三磷酸腺苷(ATP),为细胞活动提供能量。线粒体是有氧呼吸的主要场所,是细胞的能源中心,人体约95%的能量来自线粒体的氧化磷酸化作用,因此线粒体有"细胞供能站"之称。生长旺盛的细胞或生理功能活跃的细胞中线粒体居多,如肝细胞中线粒体多达2000个,一般细胞为几十至几百个,在代谢衰退的细胞中线粒体较少。

2.核糖体

核糖体即核蛋白体,由核糖体核糖核酸(rRNA)和蛋白质两种化学成分组成。核糖体易被碱性染料染色,光镜下,细胞质中核糖体丰富的部位嗜碱性较强。电镜下,核糖体是近似球形的致密颗粒,由大亚单位(大亚基)和小亚单位(小亚基)结合而成。核糖体的功能是合成蛋白质。

3.内质网

内质网在电镜下是由一层单位膜围成的扁囊和小管状结构,其互相通连构成膜性囊管系统,根据膜的外表面有无核糖体附着,内质网分为粗面内质网和滑面内质网。

(1)粗面内质网 由平行排列的扁囊和附着在膜外表面的核糖体构成。位于细胞核周围的粗面内质网可与核膜外层相连通。粗面内质网的数量和形状依细胞类型及功能状态而异,在合成蛋白质旺盛的细胞中尤为丰富,如活跃的成纤维细胞和浆细胞等。粗面内质网的功能主要是合成分泌蛋白质,也参与细胞自身所需蛋白质的合成。

(2)滑面内质网 由形状及粗细不一的小管互通成网,小管膜外表面光滑,无核糖体附着。多数细胞的滑面内质网较少;有些细胞滑面内质网丰富,如肝细胞和分泌类固醇激素的细胞等。滑面内质网功能复杂,随所在细胞而异,如可参与类固醇的合成,脂类的合成与运输,糖的分解代谢,以及对激素灭活、调节离子浓度等。

4.高尔基复合体

高尔基复合体多位于细胞核附近,常呈小泡和网状,又称内网器。高尔基复合体的主要功能是对蛋白质进行浓缩、加工和分泌。

5.溶酶体

溶酶体是由一层单位膜包裹、含有多种水解酶的致密小体,大小不一、形态各异。溶酶体内的水解酶,至今已发现有50多种,其标志酶为酸性磷酸酶。溶酶体所含的酶能水解蛋白质、脂肪、碳水化合物、核酸及其他低分子化合物。

溶酶体的主要功能是细胞内或细胞外的消化作用,被称为"细胞内的消化器"。主要消化经吞噬或吞饮入细胞内的物质及细胞内自身衰老的结构等。

6.中心体

中心体多位于细胞核的一侧,由中央的中心粒和周围特殊分化的细胞质组成。中心粒一般为两个,在光镜下需特殊染色才可见到。在电镜下,每个中心粒呈圆筒状,互相垂直。中心粒能自我复制,参与细胞分裂活动。纤毛与鞭毛等由中心粒产生,因此细胞运动也与中心粒有关。

7. 细胞骨架

细胞骨架是细胞内的结构网架,包括微管、微丝、中间丝等。

(1)微管 是细胞质中不分支的圆管状结构,长短不一,粗细均匀,由微管蛋白构成。细胞质中的微管主要起支架作用,维持细胞外形;存在于纤毛或鞭毛中的微管与其运动有关;另外亦可参与细胞内物质运输。

(2)微丝 由肌动蛋白构成的细丝状结构。微丝具有收缩能力,是细胞运动的动力,如细胞变形运动、伪足和突起的形成与回缩、吞噬作用、吞饮作用和胞吐作用等。

(3)中间丝 是一种实心的丝状结构,直径介于微管与微丝之间,又称中间纤维。存在于大多数细胞内,是细胞支架中的重要成分,如神经细胞中的神经丝等。

8. 微体

微体又称过氧化物酶体,为一层单位膜包裹的圆形或卵圆形小体,内含有 20 多种酶,主要有过氧化物酶、过氧化氢酶和氧化酶等。过氧化氢酶能破坏对细胞有毒性的过氧化氢,防止细胞氧中毒,对细胞起保护作用。微体普遍存在于各种细胞内,它与细胞内物质的氧化有关。

(三)包含物

包含物是细胞质中一些有形的代谢产物或储备的营养物质,包括糖原、脂滴、色素等。其数量随细胞生理状态不同而改变。

三、细胞核

细胞核是细胞遗传、代谢、生长、繁殖的控制枢纽。人体中除成熟红细胞外,其余细胞都有细胞核。多数细胞只有一个细胞核,也有 2 个或多个者,如骨骼肌纤维可有数百个细胞核。细胞核的形态大小一般与细胞的形态大小相适应,如圆形、立方形和星形细胞的细胞核多为圆形;柱状、梭形细胞的核多为椭圆形或长杆状等。细胞核一般位于细胞中央或基底部,也有的位于周边,如骨骼肌细胞和脂肪细胞。

细胞核由核膜、核仁、核基质和染色质四部分构成。

1. 核膜

核膜是位于细胞核表面的有孔双层膜。外层表面常有核糖体附着,并与粗面内质网相连。核孔是细胞核与细胞质之间进行物质交换的通道。核膜的重要意义在于使细胞的遗传物质集中于核内,有利于其功能发挥。

2. 核仁

核仁为无膜包绕的圆形或卵圆形结构,一般为 1～2 个,位置不定,常偏于核的一侧。主要化学成分是蛋白质和核糖核酸(RNA),核仁与蛋白质的合成有密切关系。

3. 核基质

核基质又称核液,为无定形胶状物质,为核内代谢活动提供了适宜的环境。

4. 染色质和染色体

染色质和染色体都是遗传物质在细胞中的储存形式,主要成分是脱氧核糖核酸(DNA)和蛋白质。

细胞分裂间期核内分布不均匀、易被碱性染料着色的物质称染色质,光镜下呈细丝状、颗粒状或小块状；在细胞有丝分裂过程中，染色质高度螺旋化并折叠形成条状或棒状体，称染色体。染色质和染色体是同一物质在不同时期的两种功能状态。

细胞分裂间期的细胞核中，染色质丝螺旋盘曲紧密的部分，光镜下可见，称异染色质；螺旋程度稀疏甚至完全伸展的部分，只能在电镜下才能见到，称常染色质。

人体细胞染色体有 23 对，其中 22 对为常染色体，男、女性都一样，另 1 对是决定性别的性染色体；男性的体细胞核型是 46,XY，而女性是 46,XX。

第二节　细胞增殖与细胞增殖周期

一、细胞增殖

细胞增殖是机体生命活动的重要特征。机体通过细胞增殖，增加细胞数量，适应生长发育、细胞更新和损伤修复等需要。人体的细胞增殖受到精确的自我调节的控制。细胞增殖出现异常，会导致相关疾病的发生。

细胞增殖通过细胞分裂实现，细胞分裂有三种形式：无丝分裂、有丝分裂和减数分裂。无丝分裂是低等生物繁殖的方式。人体大多数体细胞以有丝分裂的方式进行繁殖。减数分裂是形成生殖细胞的一种特殊的分裂形式。

1. 无丝分裂

无丝分裂又称直接分裂，过程简单，没有染色体组装、纺锤体形成等变化，细胞核拉长呈哑铃状，细胞中央部分收缩变细断开，最终分成两个细胞。人体也有部分细胞可进行无丝分裂，主要见于高度分化的细胞，如肝细胞、肾小管上皮细胞、肾上腺皮质细胞等。

2. 有丝分裂

有丝分裂又称间接分裂，是人体细胞增殖的主要方式。其特点是有染色体的复制、组装和纺锤体的形成，细胞分裂一次形成的两个子细胞染色体数目不变。

3. 减数分裂

减数分裂又称成熟分裂，是生物细胞中染色体数目减半的分裂方式，是有性生殖个体形成生殖细胞的特有方式。生殖细胞分裂时，有染色体的复制、组装和纺锤体的形成，染色体只复制一次，细胞连续分裂两次，形成的四个子细胞中染色体数目均减少一半。

二、细胞增殖周期

（一）细胞增殖周期的概念

从上一次细胞分裂结束到下一次细胞分裂结束的一个周期过程称为细胞增殖周期，简称细胞周期，包括分裂间期和分裂期 2 个阶段。分裂间期可分为 DNA 合成前期（G_1 期）、DNA 合成期（S 期）和 DNA 合成后期（G_2 期）；分裂期（M 期）又可分为前期、中期、后期、末期 4 个时期（图 1-4，图 1-5）。

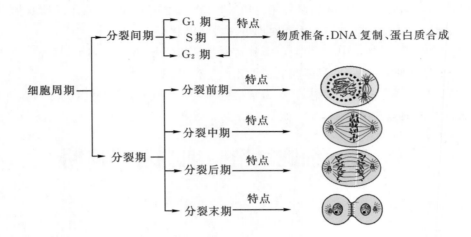

图 1-4 细胞增殖各期特点

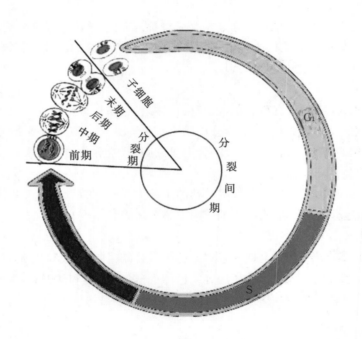

图 1-5 细胞周期示意图

(二)细胞增殖周期各期的特点

1. 分裂间期细胞的特点

(1)G_1 期(DNA 合成前期)　G_1 期是从上一次细胞周期完成后开始的,细胞在此期内主要进行核苷酸、蛋白质和酶类的合成及储备,为下一阶段 S 期的 DNA 复制做准备。细胞进入该期有三种发展去向:①增殖细胞:这种细胞能直接进入 DNA 合成期,并保持旺盛的分裂能力;②G_0 期细胞:这种细胞暂时不增殖,进入休止期(G_0 期),当机体需要时,如损伤、手术等,可进入 DNA 合成期继续增殖;③不增殖细胞:失去分裂能力,终身处于 G₁ 期,如高度分化的神经细胞、肌细胞等。

(2)S 期(DNA 合成期)　细胞在此期主要进行 DNA 的复制,此期内细胞内的 DNA 增加一倍。

(3)G₂ 期(DNA 合成后期)　此期为分裂期做准备,DNA 合成已经终止。

2.分裂期细胞的特点

下面主要描述有丝分裂的过程。

分裂期又称 M 期,是一个连续变化的过程,有很明显的形态改变,主要表现在染色体的形成过程。可分为前期、中期、后期、末期等 4 期。分裂期主要过程是染色质逐渐形成染色体,中心粒复制并向细胞两极移动,形成纺锤体,纺锤丝与每个染色体的着丝点相连。染色体在着丝点分离,形成染色单体。染色单体向细胞两极移动,把两套遗传信息准确无误地平分到 2 个子细胞中。主要生理意义是新生成的子细胞与母细胞具有相同的染色体,保持了遗传的稳定性。

 本章小结

一、本章提要

通过本章学习,使同学们了解细胞的相关知识,重点掌握细胞的结构与功能,具体包括以下内容:

1.掌握细胞的基本结构。

2.辨认细胞器的形态结构。

3.了解细胞增殖的过程。

二、本章重、难点

1.细胞膜、细胞质、细胞核的结构。

2.主要细胞器如线粒体、高尔基复合体、内质网、核糖体、溶酶体的功能。

 课后习题

一、单选题

1.在合成分泌蛋白质旺盛的细胞中含有(　　)

A.丰富的线粒体和发达的高尔基复合体

B.丰富的粗面内质网和发达的高尔基复合体

C.丰富的滑面内质网和发达的高尔基复合体

D.丰富的线粒体和大量的核糖体

E.丰富的滑面内质网和溶酶体

2.下列哪一种结构不属于细胞器(　　)

A.线粒体　　B.核糖体　　C.溶酶体　　D.内质网　　E.分泌颗粒

3.人体正常染色体数目为（　）

A.44 对常染色体和 1 对性染色体　　　B.22 对常染色体和 1 对性染色体

C.22 对常染色体和 1 对 Y 染色体　　　D.23 对常染色体和 1 对 X 染色体

E.23 对常染色体和 1 对性染色体

4.下列哪一种结构与维持细胞的形态无关（　）

A.线粒体　　　B.微丝　　　C.中间丝　　　D.微管　　　E.细胞膜

5.与纤毛、鞭毛形成有关的细胞器是（　）

A.线粒体　　　B.中心体　　　C.核糖体　　　D.溶酶体　　　E.高尔基复合体

二、填空题

1.细胞是一切生物体_____和_____的基本单位。

2.分布在细胞质内、具有特定形态与功能的结构称_____。它们主要有_____、_____、_____、_____和_____等。

3.细胞核是由_____、_____、_____和_____四部分构成。

三、名词解释

1.单位膜　　　2.细胞器　　3.异染色质　　　4.线粒体

四、问答题

1.试述内质网的分类和主要功能。

2.试述细胞膜（单位膜）的超微结构和功能。

第二章 基本组织

学习目标

1. 掌握各种被覆上皮的结构特点、分布和功能;结缔组织的结构特点,疏松结缔组织内细胞的结构特点与功能,血细胞的结构特点与功能;三种肌肉组织的光镜结构与功能特点;神经组织基本结构和神经元结构与功能,突触的超微结构特点与分类,神经纤维的结构与分类。

2. 熟悉细胞连接、基膜、微绒毛、纤毛的结构和功能;软骨的结构特点、分类和长骨的结构;骨骼肌与心肌的超微结构及二者的不同点;神经末梢的分类及主要神经末梢的结构与功能。

3. 了解腺上皮和腺的概念,内、外分泌腺的结构和分类,腺细胞的类型;网状组织、脂肪组织和致密结缔组织;平滑肌的超微结构;骨骼肌纤维的收缩原理;中枢和周围神经系统中神经胶质细胞的类型和功能。

组织是由形态相似、功能相近的细胞群和细胞间质(细胞外基质)有机结合在一起形成的。人体器官的结构复杂,但均由上皮组织、结缔组织、肌组织和神经组织有机结合而成,这四种组织称为基本组织。

第一节 上皮组织

上皮组织由大量密集的细胞和少量的细胞间质构成。按其形态、分布和功能的不同,上皮组织分为被覆上皮、腺上皮和特殊上皮三种类型,具有保护、分泌、吸收和排泄等功能。

一、被覆上皮

被覆上皮是指被覆于体表,衬贴于体内各种管、腔、囊内表面的上皮。

(一)被覆上皮的一般特征

被覆上皮有以下共同特征:①细胞多,细胞间质少,细胞排列紧密,呈层状或薄膜状。②上皮细胞具有明显的极性,即细胞的两端在结构和功能上有明显的差异,暴露于体表或朝向管、腔、囊等内腔的一端称为游离面,与其相对的另一端称为基底面。基底面借一层很薄的基膜与深层的结缔组织相连。③上皮组织内无血管,但神经末梢丰富,其所需营养物质由深层结缔组织中的血管通过基膜供应。④上皮细胞之间的连接面为侧面,在侧面间常形成特化的细胞连接结构。⑤上皮细胞再生能力强,有利于损伤后的修复。

(二)被覆上皮的分类

根据被覆上皮细胞的层数,分为单层上皮和复层上皮两种。单层上皮和复层上皮又根据细胞的形态可分为多种(图 2-1)。

单层上皮 {
　单层扁平上皮 {
　　内皮:心、血管和淋巴管的腔面
　　间皮:胸膜、腹膜和心包膜的表面
　　其他:肺泡和肾小囊壁层等的上皮
　}
　单层立方上皮:肾小管、甲状腺滤泡和小叶间胆管等处
　单层柱状上皮:胃、肠、胆囊和子宫等器官腔面
　假复层纤毛柱状上皮:呼吸道黏膜
}

复层上皮 {
　复层扁平上皮 {
　　角化的复层扁平上皮:皮肤表皮
　　未角化的复层扁平上皮:口腔、食管、阴道等腔面
　}
　变移上皮:膀胱和输尿管等处
}

图 2-1　被覆上皮的类型和主要分布

1. 单层上皮

单层上皮从游离面到基底面只有一层细胞,呈极性分布,根据细胞的形态分为下列 4 种。

(1)单层扁平上皮　由一层扁平细胞紧密排列而成。从表面观察,细胞呈多边形,细胞边缘为锯齿状或波浪状,相邻细胞相互嵌合,细胞核为椭圆形,位于细胞中央(图 2-2)。从垂直切面观察,细胞扁薄,胞质少,含核部分较厚(图 2-3)。衬于心、血管及淋巴管内表面的单层扁平上皮称为内皮,内皮很薄,表面光滑,有利于血液和淋巴流动以及物质交换。衬于胸膜、腹膜和心包膜表面的单层扁平上皮称间皮,间皮表面湿润光滑,可以减少内脏活动时相互间的摩擦。此外,单层扁平上皮也分布于肺泡壁、肾小囊壁层等处。

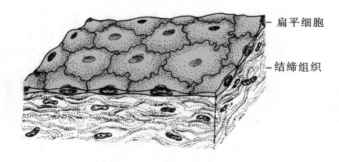

图 2-2　单层扁平上皮模式图

(2)单层立方上皮　由一层排列整齐的立方形细胞组成。从表面观察,细胞呈六角形或多角形(图 2-4);从垂直切面观察,细胞近似立方形,细胞核呈球形,位于细胞中央(图 2-5)。主要分布于甲状腺滤泡和肾小管等处,具有吸收和分泌功能。

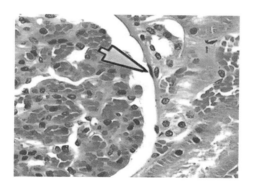

图 2-3　单层扁平上皮(肾小囊壁层,HE 染色)

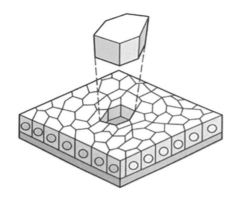

图 2-4　单层立方上皮模式图

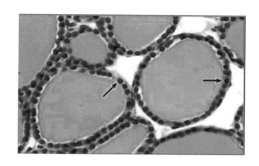

图 2-5　单层立方上皮(甲状腺,HE 染色)

（3）单层柱状上皮　由一层排列规则的棱柱形细胞组成。从表面观察,细胞呈六角形或多角形(图 2-6);从垂直切面观察,细胞为柱状,细胞核为椭圆形(图 2-7)。在肠黏膜单层柱状上皮内,散在分布着高脚酒杯状的杯状细胞。杯状细胞顶部膨大,基底部细窄,可分泌黏液,保护和润滑上皮。单层柱状上皮主要分布于胃、肠、子宫和输卵管等器官的内表面,具有吸收和分泌功能。

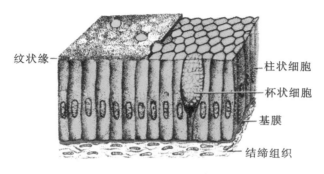

纹状缘——

——柱状细胞

——杯状细胞

——基膜

——结缔组织

图 2-6　单层柱状上皮模式图

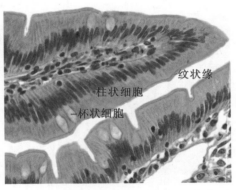

图 2-7 单层柱状上皮(小肠,HE 染色)

(4)假复层纤毛柱状上皮 主要由柱状细胞、梭形细胞、杯状细胞和锥形细胞组成。从侧面观察这些细胞高矮不一,形态不同,细胞核位置参差不齐,形似复层上皮,但所有细胞的基底面均附着于基膜上,实为单层,故称为假复层纤毛柱状上皮(图 2-8,图 2-9)。这种上皮主要分布于呼吸道黏膜,其杯状细胞分泌黏液黏着灰尘、细菌等异物,再通过柱状细胞表面纤毛的定向摆动将其排出,具有保护和清洁呼吸道的作用。

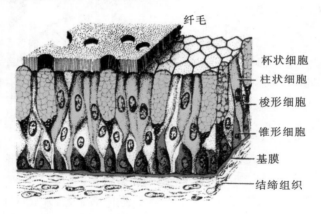

图 2-8 假复层纤毛柱状上皮模式图

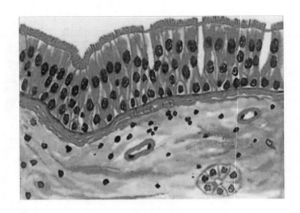

图 2-9 假复层纤毛柱状上皮(气管,HE 染色)

2.复层上皮

复层上皮由多层细胞构成,根据表层细胞的形态特征,分为下列两种。

(1)复层扁平上皮 又称复层鳞状上皮,由多层细胞紧密排列而成。其表层是数层扁平细胞,中部为数层多边形细胞,基底细胞呈矮柱状或立方形。基底细胞具有旺盛的分裂增殖能力,不断产生新细胞对表层脱落的细胞进行补充。分布于皮肤表面的复层扁平上皮,其浅层细胞无细胞核,细胞质内充满大量角蛋白,并不断脱落(称角化),为角化型复层扁平上皮;分布于口腔、食管和阴道黏膜的复层扁平上皮,其浅层细胞可见细胞核,细胞质内角蛋白少,为非角化型复层扁平上皮。复层扁平上皮具有耐摩擦、保护和修复的功能。

(2)变移上皮 又称移行上皮,主要分布于肾盂、输尿管和膀胱等处。其特点是细胞形状和层数可随器官收缩或舒张而改变。如膀胱空虚收缩时,上皮变厚,细胞可达6～7层;当膀胱充盈扩张时,上皮变薄,只有2～3层,细胞亦随之变为扁平(图2-10)。当膀胱空虚时,可见其表层呈大立方形的细胞,胞质浓密,称盖细胞,有防止尿液侵蚀的作用。

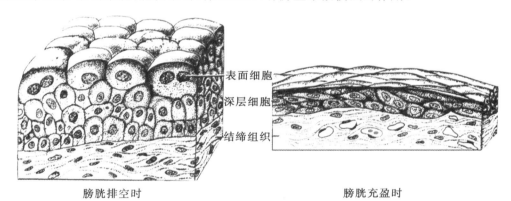

膀胱排空时　　　　　　　　　　　膀胱充盈时

图2-10 变移上皮

二、腺上皮和腺

由腺细胞组成的以分泌功能为主的上皮称腺上皮,以腺上皮为主要成分构成的器官称腺。腺细胞的分泌物有酶类、黏液和激素等。

(一)腺的分类

根据分泌物排出的方式,腺可分为两大类。

1.外分泌腺

分泌物经过导管排至体表或管腔内的腺称为外分泌腺,又称有管腺,如汗腺、唾液腺等。

2.内分泌腺

分泌物不经导管排出,直接释放入血液或淋巴的腺称为内分泌腺,又称无管腺,如甲状腺、肾上腺等。

本节只介绍外分泌腺的一般结构,内分泌腺见本书第十二章。

(二)外分泌腺的结构和分类

1. 一般结构

大部分外分泌腺由分泌部和导管两部分组成。

(1)分泌部　常称为腺泡,由单层腺上皮围成,具有分泌功能,中央空腔称为腺泡腔。

(2)导管　与分泌部相连,管壁由单层或复层上皮组成。主要作用是排出分泌物,但有些腺的导管还有重吸收水、电解质及分泌功能。

2. 分类

(1)根据导管有无分支　分为单腺(如杯状细胞)和复腺(如唾液腺)(图2-11)。

(2)根据分泌部的形状　分为管状腺、泡状腺或管泡状腺(图2-11)。

(3)根据分泌物的性质　分为浆液性腺、黏液性腺和混合性腺。

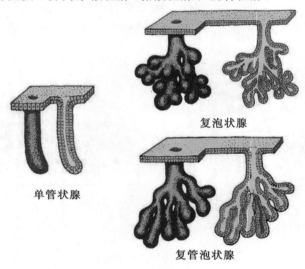

复泡状腺

单管状腺

复管泡状腺

图2-11　外分泌腺的形态分类

三、上皮的特殊结构及功能

由于上皮细胞具有极性,在游离面、侧面和基底面常分化出各种特殊结构。

(一)上皮细胞的游离面

1. 微绒毛

微绒毛是细胞膜和细胞质共同向游离面伸出的微细指状突起,其内含有微丝,在电镜下清晰可见。微绒毛可增加细胞的表面积,有利于细胞的吸收功能。

2. 纤毛

纤毛是细胞膜和细胞质共同向游离面伸出的粗而长的突起,光镜下清晰可见。纤毛可做定向、节律性摆动,可清除分泌物、灰尘或细菌。

(二)上皮细胞的侧面

上皮细胞的侧面排列紧密,电镜下能观察到的特化结构为细胞连接,常见的细胞连接有以下 4 种。

1. 紧密连接

紧密连接又称闭锁小带。在上皮细胞靠近游离面处,呈桶箍状环绕细胞(图 2-12)。紧密连接除有机械性的连接作用外,还可阻止大分子物质从细胞间隙进入深部组织。

2. 中间连接

中间连接又称粘着小带。位于紧密连接深面,相邻细胞的细胞间隙内充满丝状物质,两侧胞膜的胞质面有薄层致密物质和平行微丝附着(图 2-12)。中间连接有粘着、保持细胞形状和传递细胞收缩力的作用。

3. 桥粒

桥粒又称粘着斑。呈盘状,位于中间连接的深面,连接区细胞间隙中央形成一条纵行的致密线,在两侧细胞膜的胞质面有致密板,张力丝附着于该板上,并呈袢状返回胞质(图 2-12)。桥粒使细胞间连接更为牢固,像"铆钉"一样把细胞连接起来。

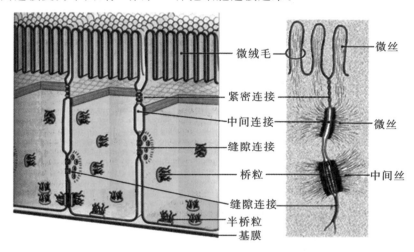

图 2-12 上皮细胞表面及侧面特化结构模式图

4. 缝隙连接

缝隙连接又称通讯连接。相邻细胞膜间通过许多直径约 2nm 的小管通连(图 2-12),进行小分子物质和离子交换,传递电冲动和化学信息。

(三)上皮细胞的基底面

1. 基膜

基膜是上皮细胞的基底面与深层结缔组织之间的一层薄膜(图 2-13)。电镜下可见基膜由两层不同的结构所组成,靠近上皮细胞的一层为基板,由上皮细胞分泌形成;邻接深层结缔组织的一层为网板,为网状纤维和基质。基膜起连接和支持作用,并具有半透膜性质,这对上皮细胞的新陈代谢有重要的作用。

2. 质膜内褶

质膜内褶是上皮细胞基底面的细胞膜向胞质内凹陷形成许多内褶,内褶之间有纵行排列的线粒体(图 2-13)。该结构可扩大细胞基底面的表面积,有利于水及电解质的迅速转运。

3. 半桥粒

半桥粒是在上皮细胞基底面形成桥粒的一半结构（图2-13），可加强上皮细胞与基膜的连接。

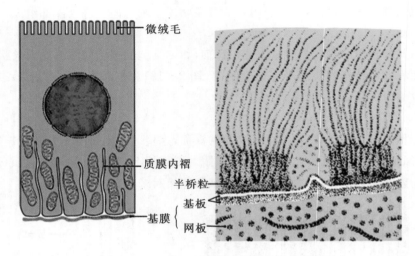

图2-13 上皮细胞基底面超微结构模式图

四、皮肤

皮肤覆盖于体表，是人体面积最大的器官，具有保护、吸收、排泄和调节体温等功能。

（一）皮肤的结构

皮肤由表皮和真皮组成。（图2-14）

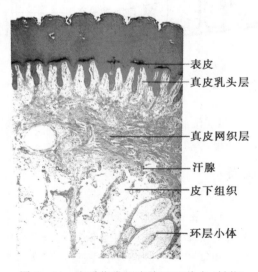

图2-14 人手指掌面皮肤（HE染色，低倍）

1. 表皮

表皮是皮肤的浅层，为角化的复层扁平上皮（图2-14），无血管，有丰富的神经末梢。表皮由角质形成细胞和非角质形成细胞构成。

（1）角质形成细胞　从表皮的基底到表面，可将角质形成细胞分为五层（图 2 - 15）。

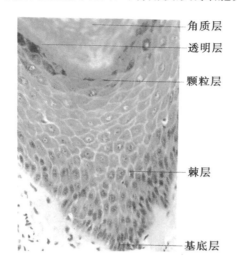

图 2 - 15　人手指皮肤表皮（HE 染色，高倍）

①基底层：附着于基膜上，为一层矮柱状或立方形细胞，称基底细胞，具有活跃的增殖、分化能力。

②棘层：位于基底层上方，由 4～10 层细胞组成，细胞较大，呈多边形。细胞向四周伸出许多细短的突起，故名棘细胞。

③颗粒层：位于棘层上方，由 3～5 层较扁的梭形细胞组成。胞核和细胞器已退化，胞质内含有许多透明角质颗粒。

④透明层：位于颗粒层上方，由几层扁平细胞组成，细胞界限不清，胞核和细胞器已消失。HE 染色中呈均匀透明状，嗜酸性，该层主要存在于无毛的厚表皮中。

⑤角质层：为表皮的表层，由多层扁平的角化细胞组成，无胞核和细胞器，胞质含大量角蛋白，为完全角化的死细胞。角质层是人体体表浅层的重要天然屏障。

（2）非角质形成细胞　主要有两种。

①黑素细胞：是生成黑色素的细胞，黑色素为棕黑色物质，是决定皮肤颜色的重要因素。黑色素能吸收和散射紫外线，保护表皮深层的幼稚细胞不受辐射损伤。

②朗格汉斯细胞：分散在表皮的棘细胞之间，是皮肤免疫功能的重要细胞。

2.真皮

真皮位于表皮下，由致密结缔组织组成。临床上皮内注射即将药物注入此层。真皮深部与皮下组织接连，无清楚的界限。真皮分为乳头层和网织层两层。

（1）乳头层　为紧邻表皮的薄层结缔组织。结缔组织向表皮底部突出，形成乳头状的凸起，称真皮乳头。真皮乳头扩大表皮与真皮的接触面积，并使二者牢固连接，并有利于表皮从真皮内吸取营养。乳头层毛细血管丰富，有许多游离神经末梢。

（2）网织层　是乳头层深部的致密结缔组织，与乳头层无清楚的分界。其中胶原纤维束交织成密网，并夹杂有许多弹性纤维，使皮肤具有较大的韧性与弹性。

（二）皮下组织

又称浅筋膜，由疏松结缔组织和脂肪组织组成。皮下组织的厚薄随个体、年龄、性别和部位而异，一般以腹部和臀部最厚。临床上皮下注射即将药物注入此层内。

（三）皮肤的附属器

1. 毛发

毛发分毛干和毛根两部分。毛干是露出皮肤以外的部分，毛根埋在皮肤内，周围有毛囊。毛囊由上皮和结缔组织组成。毛根和毛囊的下端都较膨大，底部凹陷，结缔组织突入其内，形成毛乳头。毛发和毛囊斜行在皮肤内，它们与皮肤表面呈钝角的一侧，有一束平滑肌连接毛囊和真皮乳头层，称立毛肌。立毛肌由交感神经支配，收缩时使毛竖立呈现"鸡皮疙瘩"外观。（图 2-16）

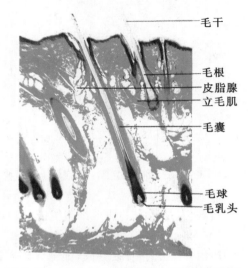

图 2-16 人头皮 HE 染色（显示皮肤附属器）

2. 皮脂腺

皮脂腺位于毛囊和竖毛肌之间。其导管为复层扁平上皮，大多开口于毛囊上段，少数直接开口于皮肤。皮脂腺分泌的皮脂有滋润皮肤和杀菌作用。

3. 汗腺

汗腺遍布全身，开口于皮肤表面，由分泌部和导管组成，分小汗腺和大汗腺两种。小汗腺分泌部位于真皮深层及皮下组织内，由单层矮柱状或锥体形细胞组成。导管部与分泌部盘绕连接，开口于皮肤表面的汗孔。汗液分泌有调节体温、湿润皮肤的作用，还有助于调节水盐平衡和排泄代谢废物。高温环境中大量出汗可引起脱水；汗液分泌障碍时，散热减少，可引起中暑。

在人的腋窝、乳晕、会阴部等处还有大汗腺，其分泌部与小汗腺比较，腺腔较大，导管开口于毛囊。分泌物为黏稠的乳状液，过多的分泌物被细菌分解后产生异味，即"狐臭"。

4. 指（趾）甲

指（趾）甲为指（趾）端背面的硬角质板。甲的外露部分是甲体；后部埋入皮肤内，称甲根。

甲根深部的上皮为甲母质,是甲的生长点,拔甲时不可破坏。甲体两侧和甲根浅面的皮肤皱襞称甲襞。甲襞和甲体之间的沟称甲沟。

第二节　结缔组织

　　结缔组织由少量的细胞和大量的细胞间质组成。与上皮组织相比,其特点是:细胞数量少、种类多,无极性分布;细胞间质多,细胞间质中有均质状的基质和细丝状的纤维。结缔组织是体内形式最多样的一种组织,包括固有结缔组织、软骨组织、骨组织和血液。结缔组织在人体内分布广泛,具有连接、保护、支持、营养、修复和防御等功能。一般所说的结缔组织指固有结缔组织。

一、固有结缔组织

　　固有结缔组织包括疏松结缔组织、致密结缔组织、网状组织和脂肪组织。

(一)疏松结缔组织

　　疏松结缔组织结构疏松,呈蜂窝状,故又称蜂窝组织,临床上所说的蜂窝组织炎就是指疏松结缔组织的炎症。疏松结缔组织分布很广,存在于人体器官、组织及细胞之间。其结构特点是细胞种类较多,纤维数量较少,排列稀疏,基质含量较多。(图 2-17)

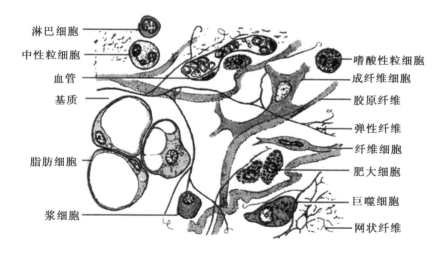

图 2-17　疏松结缔组织模式图

　　1.基质

　　疏松结缔组织基质是由生物大分子构成的无定形胶状物,充满于纤维、细胞之间,有一定黏性,其化学成分主要为蛋白多糖和纤维粘连蛋白。基质中含有由毛细血管渗出的液体,称为组织液。细胞通过组织液获得营养和氧气,并向其中排出代谢产物和二氧化碳。

　　2.纤维

　　疏松结缔组织纤维分为 3 种:胶原纤维、弹性纤维及网状纤维。

　　(1)胶原纤维　数量最多,新鲜时呈白色,又称为白纤维。在 HE 染色切片上呈粉红色粗细不等的纤维束,波浪状走行,相互交织分布。胶原纤维是由更细的胶原原纤维构成。胶原纤维具有很强的韧性,抗拉力强,弹性较差。

（2）弹性纤维　新鲜时呈黄色,又称为黄纤维。弹性纤维较细,常分支交织成网,HE 染色时呈红色,有较强的折光性。弹性纤维具有良好弹性,韧性较差。

（3）网状纤维　很细,分支多,相互交织成网。在 HE 染色标本上不能着色,用硝酸银染色后呈黑色,故又称嗜银纤维。网状纤维主要分布于上皮的基膜、毛细血管周围、造血器官、淋巴器官等处。

3.细胞

疏松结缔组织中的细胞包括成纤维细胞、巨噬细胞、浆细胞、肥大细胞、脂肪细胞和未分化的间充质细胞,还有来自血液的白细胞。

（1）成纤维细胞　在疏松结缔组织内数量多、分布广。功能活跃时胞体较大、扁平、有突起,细胞核大,呈卵圆形,着色较浅,核仁明显,细胞质呈弱嗜碱性。在电镜下可见细胞质内有较丰富的粗面内质网和发达的高尔基复合体(图 2-18),成纤维细胞合成蛋白质的功能旺盛,具有合成纤维及基质的功能。

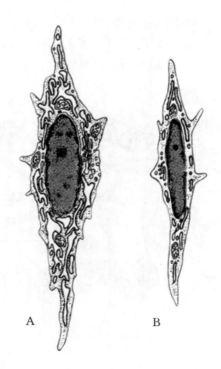

图 2-18　成纤维细胞(A)和纤维细胞(B)超微结构模式图

成纤维细胞功能处于相对静止状态时,其胞体变小,呈长梭形,细胞核变小,呈长扁圆形,染色深,此时称为纤维细胞。在创伤等情况下,纤维细胞可转化为成纤维细胞,参与创伤组织的修复。

（2）巨噬细胞　又称组织细胞,其数量多而分布广,形态多样,细胞呈圆形、椭圆形或不规则形,功能活跃时,可伸出伪足而呈多突形。胞核小而染色较深,细胞质丰富,多为嗜酸性,细胞质含有大量初级溶酶体、次级溶酶体、吞饮小泡和吞噬体等结构(图 2 - 19)。巨噬细胞能吞噬进入结缔组织内的异物、细菌及组织内衰老死亡的细胞,并参与免疫反应。

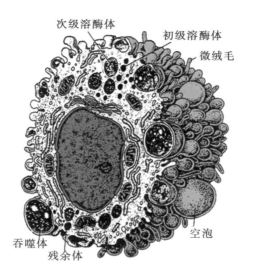

图 2 - 19 巨噬细胞超微结构立体模式图

(3)浆细胞 由 B 淋巴细胞分化形成,多见于消化管和呼吸道的结缔组织内。浆细胞呈卵圆形或圆形,核圆,多偏位于细胞的一侧,核内染色质粗大,附于核膜边缘,排列成车轮状,胞质丰富呈嗜碱性(图 2 - 20)。电镜下,细胞质内可见大量平行排列的粗面内质网及发达的高尔基复合体。浆细胞具有合成和分泌免疫球蛋白的功能,参与体液免疫反应。

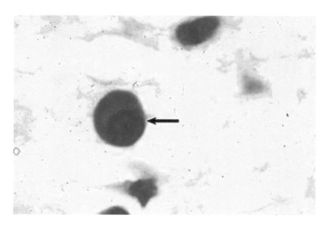

图 2 - 20 浆细胞

(4)肥大细胞 数量较多,成群分布于小血管周围。细胞较大,圆形或椭圆形,细胞核圆且小,多位于中央。胞质内充满粗大、密集的嗜碱性颗粒,颗粒内含组胺、白三烯和肝素等。组胺和白三烯参与过敏反应,肝素具有抗凝血作用。

(5)脂肪细胞 单个或成群分布。细胞体积较大,呈球形,胞质内含有大量脂滴,细胞核呈扁圆形,常被挤压到细胞的一侧(图 2 - 21)。在 HE 染色标本上,脂滴被溶解,呈空泡状。脂肪细胞可合成和贮存脂肪,参与脂类代谢。

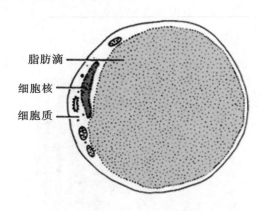

脂肪滴

细胞核

细胞质

图 2-21 脂肪细胞模式图

(二)致密结缔组织

致密结缔组织的结构特点是细胞及基质成分甚少,纤维成分多,较粗大,排列致密。细胞主要为成纤维细胞,纤维主要为胶原纤维和弹性纤维。致密结缔组织分布于肌腱、韧带、真皮及器官的被膜等处,具有连接、支持和保护等功能。

(三)网状组织

网状组织由网状细胞、网状纤维和基质组成。网状细胞为星形多突起细胞,细胞核较大,染色较浅,核仁明显,细胞质较丰富,略呈嗜碱性。相邻的网状细胞以突起相互连接成网。网状组织主要分布于骨髓和淋巴器官等处。

(四)脂肪组织

脂肪组织是含有大量脂肪细胞的疏松结缔组织。成群的脂肪细胞被疏松结缔组织分隔成许多脂肪小叶。脂肪组织主要分布于皮下组织、网膜、系膜及肾脂肪囊等处,具有贮存脂肪、缓冲压力和维持体温等作用。

二、软骨组织与软骨

软骨组织由软骨细胞和细胞间质构成。根据基质内所含纤维成分不同分为 3 种类型,即透明软骨、弹性软骨和纤维软骨。

(一)透明软骨

透明软骨新鲜时呈透明状,含少量胶原原纤维,基质丰富,无血管和神经(图 2-22)。透明软骨主要分布于鼻、喉、气管、支气管、关节软骨等处。

(二)弹性软骨

新鲜时略显黄色,其结构特点为基质中含有大量可见的交织成网的弹性纤维(图 2-23),故此类软骨的弹性较大。弹性软骨主要分布在耳郭、会厌等处。

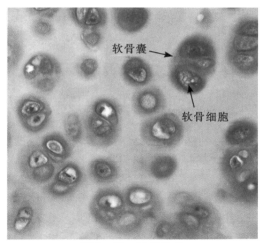

图 2 - 22　透明软骨

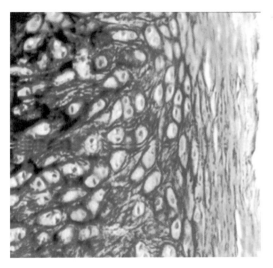

图 2 - 23　弹性软骨

(三)纤维软骨

纤维软骨新鲜时呈不透明的乳白色,基质中含有可见的平行或交叉排列的胶原纤维束(图 2 - 24),软骨细胞成行排列或散在于纤维束之间。纤维软骨主要分布在椎间盘、耻骨联合和

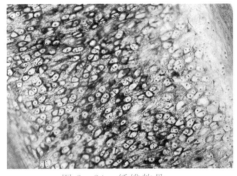

图 2 - 24　纤维软骨

关节盘等处。

三、骨组织与骨

骨组织是坚硬的结缔组织,构成全身各骨的主要部分。骨中含有大量的钙、磷,是人体钙、磷的储备库。

(一)骨组织的结构

由骨细胞和大量钙化的细胞间质构成,钙化的细胞间质称为骨质。

1.骨基质

骨基质包含有机物和无机物两种成分。有机物成分含量较少,主要为胶原纤维;无机物又称骨盐,含量较多,主要是羟基磷灰石结晶,以钙、磷离子为主。

骨胶原纤维呈规则的分层排列,每层纤维与基质共同构成薄板状结构,称为骨板。在骨板之间或骨板内有扁椭圆形小腔,称为骨陷窝,陷窝周围有呈放射状排列的细小管道,称为骨小管。相邻骨陷窝的骨小管相互通连。

2.骨细胞

骨细胞是一种扁椭圆形多突起的细胞。骨细胞的胞体位于骨陷窝内,其突起伸入到骨小管内,相邻的骨细胞借突起相互连接。

(二)长骨的结构

长骨结构包括骨干和骨骺两部分,除关节面外,表面覆有骨膜。长骨骨干为骨密质,骨骺为骨松质,骨松质与骨密质主要区别在于骨板的排列形式不同。

1.骨松质

骨松质多分布于长骨骨骺的内部,由片状及针状的骨小梁连接而成。骨小梁是由成层排列的骨板和骨细胞所组成。骨小梁之间有肉眼可见的腔隙,腔隙内有骨髓和血管。

2.骨密质

骨密质多分布于长骨骨干,由不同排列形式的骨板组成,主要有下列 4 种(图 2-25)。

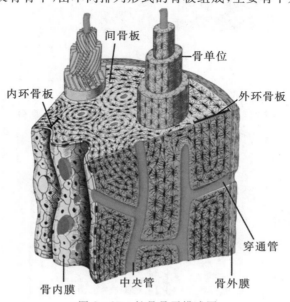

图 2-25 长骨骨干模式图

(1)外环骨板　是环绕骨干表面平行排列的骨板,约有几层或十几层,其中可见横向穿行的管道称穿通管,又称福尔克曼管,骨外膜的小血管由此进入骨内。

(2)内环骨板　由数层不规则的骨板组成,环绕骨髓腔面平行排列,也可见横行的穿通管。内环骨板的内面与骨内膜紧密相接。内环骨板中也有穿通管穿行,管中的小血管与骨髓血管相连通。

(3)骨单位　位于内、外环骨板之间,为10～20层同心圆排列的筒形骨板,又称哈弗斯系统。在骨单位中央有一条纵行的小管,称中央管,内有血管、神经及少量的结缔组织。长骨的骨干主要由大量的骨单位组成。

(4)间骨板　充填在骨单位与环骨板之间的形状不规则的骨板,称为间骨板,是骨生长和改建过程中陈旧骨单位吸收后的残留部分。

四、血液

血液是流动在心血管内的液态结缔组织。血液由无定形成分(血浆)和有形成分(血细胞、血小板)组成(图2-26)。健康成年人约有血液5L,占体重的7%～8%。

血浆占血液容积的55%左右,相当于结缔组织的细胞间质,为淡黄色液体,其中约90%是水,其余为纤维蛋白原、白蛋白、球蛋白、酶、各种营养物质、代谢产物、激素、无机盐等。从血浆中移除纤维蛋白原后形成的清亮、淡黄色液体称血清。血细胞约占血液容积的45%,通常采用 Wright 或 Giemsa 染色对血涂片标本进行光镜观察。

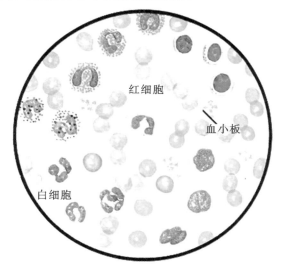

红细胞

血小板

白细胞

图 2-26　血涂片光镜模式图

(一)红细胞

红细胞(RBC)是血液中数量最多的一种细胞。健康成年男性血液中红细胞的平均值为 $(4.5～5.5)×10^{12}/L$,女性为 $(3.5～4.5)×10^{12}/L$。成熟的红细胞呈双凹圆盘状,中央较薄,周边较厚,直径约 $7～8\mu m$,没有细胞核和细胞器,胞质内充满血红蛋白。血红蛋白约占红细胞重量的33%,是一种含铁的蛋白质,具有与 O_2 和 CO_2 结合的能力。正常成人血液中血红蛋白的含量男性为 $120～150g/L$,女性为 $110～140g/L$。一般认为,血液中红细胞的数量少于

$3.0×10^{12}$/L,或者血红蛋白的含量低于 100g/L,属于贫血。

正常人的血液中还存在一种尚未完全成熟的红细胞,称为网织红细胞。网织红细胞约占红细胞总数的 0.5%～1.5%。新鲜血液用煌焦油蓝染色,可见网织红细胞略大于成熟的红细胞,细胞质中也没有细胞核,但可见深蓝色的细网或颗粒。

(二)白细胞

白细胞是无色有核的细胞,直径比红细胞大,胞体呈球形,能以变形运动穿过毛细血管壁,进入结缔组织行使防御和免疫功能。健康成人血液中白细胞总数为$(4～10)×10^9$/L,男、女无明显差别。根据胞质内有无特殊颗粒可分为两大类:有粒白细胞和无粒白细胞。

1. 有粒白细胞

根据颗粒的着色不同,又可分为中性粒细胞、嗜酸性粒细胞和嗜碱性粒细胞 3 种。

(1)中性粒细胞 白细胞中数量最多的一种,占白细胞总数的 50%～70%。细胞呈圆形,直径约 10～12μm。细胞核形态多样,有的弯曲为杆(带)状,称杆(带)状核;有的细胞核分叶,叶间有细丝相连,称为分叶核;分叶核一般为 2～5 叶,以 3 叶核多见(图 2-27)。中性粒细胞胞质内有均匀分布的细小颗粒。电镜下,颗粒可分为两种:一类是嗜天青颗粒,颗粒大,呈红紫色;另一类是特殊染色颗粒,颗粒较小,呈淡粉红色。

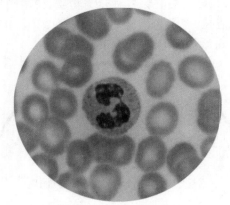

图 2-27 中性粒细胞(2 叶核)

中性粒细胞能做变形运动,具有吞噬消化细菌的能力,在体内起重要的防御作用,急性炎症时,其数量增多。

 知识链接

中性粒细胞的核象

中性粒细胞的核象是指中性粒细胞的分叶状况,它反映粒细胞的成熟程度,而核象变化则可反映某些疾病的病情和预后。

正常时外周血中中性粒细胞的分叶以 3 叶居多,杆状核与分叶核之间的正常比值为1:13,如杆状核粒细胞增多,或出现杆状以前幼稚阶段的粒细胞,称为核左移。核左移伴有白细胞总数增高者称再生性左移,表示机体的反应性强,骨髓造血功能旺盛,能释放大量的粒细胞至外周血中。常见于感染,尤其是化脓菌引起的急性感染,也可见于急性中毒、急性溶血、急性失血等。

　　病理情况下,如中性粒细胞的分叶过多,出现 4 叶甚至于 5～6 叶以上,若 5 叶者超过 3%时,称为中性粒细胞的核右移。核右移是由于造血物质缺乏或造血功能减退所致。主要见于巨幼细胞性贫血、恶性贫血等。

　　(2)嗜酸性粒细胞　　占白细胞总数的 0.5%～3%,较中性粒细胞大,直径 10～15μm。光镜下观察,细胞核多为 2 叶;细胞质中充满大小一致、分布均匀、染成橘红色的圆形粗大嗜酸性颗粒(图 2-28)。颗粒内含有过氧化物酶、酸性磷酸酶及组胺酶等。

　　嗜酸性粒细胞也能做变形运动,在患过敏性疾病及某些寄生虫病时,血液内的嗜酸粒细胞增多。

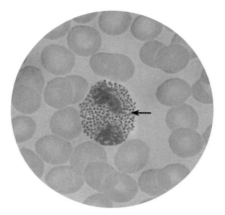

图 2-28　嗜酸性粒细胞(2 叶核)

　　(3)嗜碱性粒细胞　　占白细胞总数的 0～1%,是血液中数量最少的白细胞。细胞核呈 S形或不规则形,着色较浅,细胞质内有大小不等、分布不均、染成紫蓝色的圆形嗜碱性颗粒(图 2-29)。嗜碱性颗粒内含肝素、组胺等物质,其功能与肥大细胞相近,可参与过敏反应。

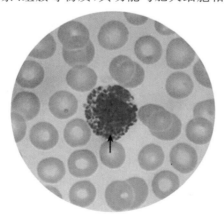

图 2-29　嗜碱性粒细胞

　　2.无粒白细胞

　　无粒白细胞包括淋巴细胞和单核细胞两种。

　　(1)淋巴细胞　　占白细胞总数的 20%～30%,圆形或椭圆形,大小不一,细胞核呈圆形或椭圆形,一侧常有凹痕,染色质浓密,结成块状,呈蓝紫色,其中可见少量嗜天青颗粒(图 2-30)。

淋巴细胞不仅产生于骨髓，而且可产生于淋巴器官和淋巴组织。根据淋巴细胞的发生来源、形态特点及功能的不同，分为 T 淋巴细胞、B 淋巴细胞、杀伤（K）细胞和自然杀伤（NK）细胞。淋巴细胞是机体主要的免疫细胞，在防御疾病过程中发挥着主要作用。

（2）单核细胞　占白细胞总数的 3%～8%，是血液中体积最大的细胞，圆形或椭圆形，直径 14～20μm。大多数细胞核呈肾形或马蹄形，少数呈椭圆形；染色质颗粒较细且疏松，呈着色较浅的网状。胞质较多，染成灰蓝色，其中有染成淡紫色的嗜天青颗粒（图 2-31）。单核细胞具有活跃的变形能力，当它穿过毛细血管壁进入结缔组织后，称为巨噬细胞。

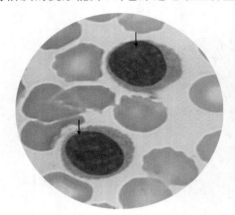
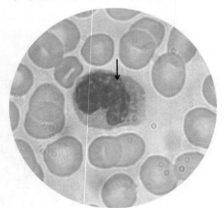

图 2-30　淋巴细胞　　　　　　图 2-31　单核细胞

（三）血小板

血小板是骨髓中巨核细胞胞质脱落下来的小块，呈双凸圆盘状，直径为 2～4μm，无细胞核，但表面有完整细胞膜。其正常值为（100～300）×10⁹/L。在血涂片上，形状不规则，呈多突状，常聚集成群。血小板在止血、凝血过程中有重要作用。

第三节　肌组织

肌组织主要由肌细胞构成。肌细胞细长，呈纤维状，又称肌纤维。肌纤维的细胞膜称肌膜，肌纤维的胞质称肌质（或肌浆），肌质内含多种细胞器，其中的滑面内质网称肌质网。肌质中含有大量与细胞长轴平行排列的肌丝，它是肌纤维收缩和舒张的物质基础。

根据肌组织的形态、结构和功能特点，肌组织可分为骨骼肌、心肌和平滑肌 3 种。骨骼肌收缩力强，其活动受意识支配，属随意肌。骨骼肌纤维的纵切面在光镜下可见明暗相间的横纹，又称为横纹肌。心肌存在于心脏，其舒缩具有自动节律性，不易疲劳。平滑肌主要分布在内脏和血管壁，其收缩力弱。平滑肌和心肌的活动不受意识支配，属不随意肌。

一、骨骼肌

骨骼肌借肌腱附着于骨骼，收缩迅速而有力。每块骨骼肌外包裹有结缔组织称为肌外膜。肌外膜伸向骨骼肌内部，将骨骼肌分成许多肌束，包在肌束外面的结缔组织称为肌束膜。肌束内有许多平行排列的肌纤维，包在每条肌纤维外面的结缔组织称为肌内膜。（图 2-32）

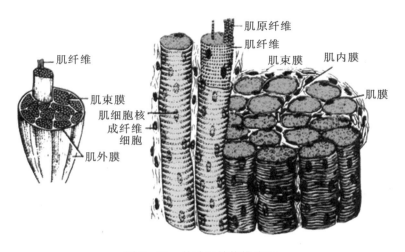

图 2 - 32 骨骼肌结构模式图

（一）骨骼肌纤维的一般结构

骨骼肌纤维呈细长圆柱状，直径为 $10\sim100\mu m$，长短不一，短的仅数毫米，长的可超过 40cm。细胞核呈扁椭圆形，位于细胞周缘，一条肌纤维有数个甚至上百个细胞核。肌浆内含有大量与肌纤维长轴平行排列的肌原纤维。光镜下每条肌原纤维都有许多交替排列的明带和暗带。明带也称 I 带，暗带也称 A 带，电镜下相邻各条肌原纤维的明带和暗带都整齐地排列在同一平面上，所以整条骨骼肌纤维呈现出明暗相间的周期性横纹（图 2 - 33）。

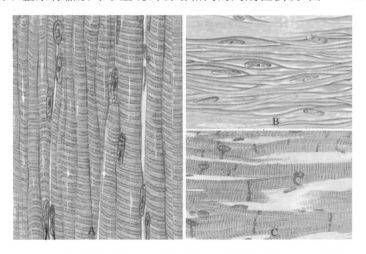

图 2 - 33 三种肌纤维（A.骨骼肌纤维；B.平滑肌纤维；C.心肌纤维）

在暗带的中央，有一浅色的窄带称为 H 带，H 带中央有一条暗线，称为 M 线。在明带中央有一条暗线称为 Z 线。相邻两条 Z 线之间的一段肌原纤维称为肌节。一个肌节由 1/2 I 带 ＋A 带＋1/2 I 带组成，长约 $1.5\sim3.5\mu m$。肌节是骨骼肌收缩的基本结构和功能单位（图 2 - 34）。

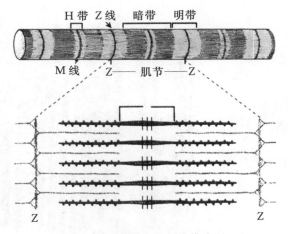

图 2-34　骨骼肌肌纤维模式图

(二)骨骼肌纤维的超微结构

1.肌原纤维

电镜下肌原纤维由许多粗肌丝和细肌丝组成,它们有规律的平行排列,组成明带和暗带。

(1)粗肌丝　粗肌丝由肌球蛋白分子组成,直径 15nm,位于 A 带,中间固定于 M 线上。肌球蛋白分子呈豆芽状,分为头部和杆部,可以屈动,其头部含有 ATP 酶。

(2)细肌丝　细肌丝由肌动蛋白、原肌球蛋白和肌钙蛋白组成,位于 Z 线两侧,一端固定于 Z 线上,另一端游离,伸入粗肌丝之间,达 H 带边缘。

2.横小管

简称 T 小管,是由肌细胞膜向肌纤维内凹陷形成的管状结构,位于明、暗带交界处,垂直于肌膜表面,同水平的横小管相互连通成网(图 2-35)。横小管能快速地将肌膜的兴奋传递到肌纤维内部。

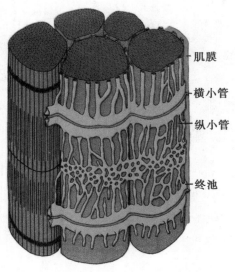

图 2-35　骨骼肌超微结构模式图

3.肌质网

肌质网(肌浆网)是肌纤维内特化的滑面内质网,位于肌原纤维周围相邻的两条横小管之间,呈纵行排列,彼此吻合,又称纵小管(L小管)(图2-35)。肌浆网在横小管两侧形成横向膨大,称为终池(图2-36)。一条横小管及其两侧的终池,合称为三联体。在肌浆网膜上存在钙泵,可调节肌浆中 Ca^{2+} 的浓度。

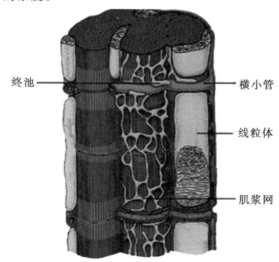

终池　　　　　　　　　　　　　　　横小管

　　　　　　　　　　　　　　　　　　线粒体

　　　　　　　　　　　　　　　　　　肌浆网

图2-36　心肌超微结构模式图

(三)骨骼肌纤维的收缩原理

骨骼肌纤维的收缩原理为肌丝滑行学说。其过程如下:①神经冲动经运动神经末梢传递给肌膜;②肌膜兴奋后再经横小管传向终池,肌浆网内的钙通道开启;③肌浆网内 Ca^{2+} 向肌浆内迅速释放;④Ca^{2+} 与细肌丝肌钙蛋白结合,使原肌球蛋白发生位置或构型改变,暴露出肌动蛋白上与肌球蛋白头部相结合的位点,二者迅即结合;⑤肌球蛋白头部 ATP 酶被激活,使 ATP 分解,释放能量,肌球蛋白的头部发生屈曲转动,将肌动蛋白拉向 M 线,使细肌丝滑入粗肌丝之间,明带缩短,肌节缩短,肌纤维收缩;⑥收缩结束后,肌浆内的 Ca^{2+} 被泵回肌浆网,细肌丝和粗肌丝分离并退回原位,肌节复原,肌纤维舒张。

二、心肌

心肌位于心脏和出入心脏的大血管根部,其收缩具有自动节律性,缓慢而持久,不易疲劳,但不受意识支配,属不随意肌。

(一)心肌纤维的一般结构

心肌纤维呈短圆柱状,多数有分支,彼此连接成网。一般有一个卵圆形的细胞核,偶尔可见双核,核的体积较大,位于肌纤维中央,着色较浅。心肌纤维互相连接处形成特殊的连接结构,在 HE 染色切片上呈染色较深的粗线,称为闰盘。心肌纤维的纵切面也显示有横纹,但不如骨骼肌纤维明显。

(二)心肌纤维的超微结构

心肌纤维的超微结构与骨骼肌纤维相似,但肌原纤维少且不明显,肌丝排列不规则;横小管较粗,位于 Z 线水平;肌质网稀疏不发达,终池较少且扁小,横小管两侧的终池一般不同时存在,三联体极少见,往往是横小管与一侧的终池紧贴形成二联体,所以心肌纤维储存 Ca^{2+} 的能力较差,必须不断地从体液中摄取 Ca^{2+}。(图 2-36)

三、平滑肌

平滑肌广泛存在于血管壁和内脏器官,又称内脏肌。平滑肌的收缩呈阵发性,缓慢而持久,不受意识支配,属不随意肌。光镜下,平滑肌纤维呈梭形,无横纹,不同器官的平滑肌纤维长短不一,如血管壁平滑肌比较短,长约 $20\mu m$;妊娠子宫平滑肌较长,可达 $500\mu m$。平滑肌纤维的细胞核仅有一个,呈椭圆形,位于细胞中央。(图 2-33)

第四节　神经组织

神经组织由神经细胞和神经胶质细胞构成。神经细胞是神经系统的基本结构和功能单位,也称神经元,具有接受刺激、整合信息和传导冲动的功能。神经胶质细胞不具有神经元的上述特性,仅对神经元起支持、保护、营养和绝缘等作用。

一、神经元

(一)神经元的形态结构
神经元形态多样、大小不一,由胞体和突起两部分组成(图 2-37)。

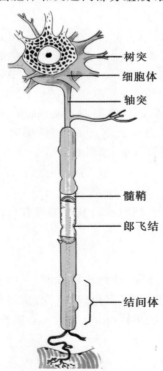

图 2-37　神经元结构模式图

1. 胞体

胞体是神经元的营养代谢中心,形态不一,有圆形、梭形、星形和锥体形;直径大小不等,约4~120μm;由细胞膜、细胞质和细胞核构成。(图 2 - 38)

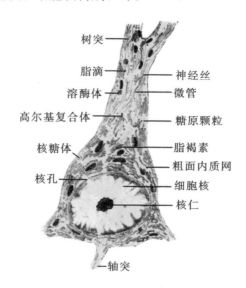

图 2 - 38 神经元胞体电镜结构模式图

(1)细胞膜 为可兴奋膜,可感受刺激、整合信息和传递兴奋。

(2)细胞核 位于胞体中央,大而圆,染色浅,核仁大而明显。

(3)细胞质 其内除含有一般细胞器外,还含有两种神经元特有的细胞器。

①尼氏体:又称嗜染质,HE 染色呈紫蓝色,嗜碱性。光镜下为颗粒状或小块状结构,存在于细胞质和树突内。电镜下为密集排列的粗面内质网和游离核糖体,表明细胞具有旺盛的合成蛋白质、产生神经递质的功能。尼氏体可作为神经元功能状态的标志,当神经元功能受损时,尼氏体减少或消失;当神经元功能恢复时,尼氏体重新出现或增多。

②神经原纤维:在 HE 染色切片中不能分辨,经镀银染色,神经原纤维染成棕黑色,呈细丝状,在胞体内相互交织成网,并伸入到树突和轴突内。电镜下,神经原纤维由许多神经丝和神经微管聚集而成。除具有支持神经元的作用外,还参与营养物质、神经递质及离子等物质的运输。

2. 突起

突起分树突和轴突两种。

(1)树突 每个神经元有一个或多个树突,较短有分支,呈树枝状,树突表面有许多棘状的小突起,称树突棘,是神经元之间形成突触的主要部位。树突的功能是接受刺激,产生兴奋并把兴奋传向胞体。

(2)轴突 每个神经元只有一个轴突,一般比树突细,呈细索状,直径较均一,其长短不一,短的仅数微米,长的可达 1m 以上。其轴突终末分支呈爪样,与其他神经元或效应细胞形成突触。轴突的主要功能是将神经冲动向终末传导。

(二)神经元的分类

1.根据神经元突起的数目分类

(1)多极神经元 神经元有一个轴突,多个树突,如脊髓灰质前角运动神经元。

(2)双极神经元 神经元有一个轴突和一个树突,如耳蜗神经节的双极神经元。

(3)假单极神经元 由神经元胞体发出一个突起,在离开胞体不远处即分为两支,一支伸入脊髓或脑,称中枢突;另一支伸向周围组织或器官,称周围突,具有接受刺激的作用。如脊神经节的感觉神经元。

2.根据功能分类

(1)感觉神经元 又称传入神经元,是将内、外环境的各种信息自周围传向中枢的神经元。如脊神经节的假单极神经元和视网膜的双极神经元。(图2-39)

视网膜双极神经元　　脊神经节假单极神经元　　脊髓前角多级神经元

图2-39 神经元的几种主要类型形态模式图

(2)运动神经元 又称传出神经元,是将中枢的指令传至周围效应细胞的神经元,可支配肌的收缩或腺体的分泌。如脊髓灰质前角运动神经元等。(图2-39)

(3)联络神经元 又称中间神经元,位于感觉神经元和运动神经元之间,此类神经元数量较多,约占神经元总数的99%,在中枢神经系统内构成复杂的神经元网络,是学习、记忆和思维的基础。

二、突触

突触是神经元之间或神经元与效应细胞之间的一种特化的细胞连接,是神经元传递信息的重要结构。最常见的是一个神经元的轴突末端与另一个神经元的树突或胞体形成突触,分为轴—树突触、轴—体突触等。

按传递信息方式的不同,多数突触利用神经递质(化学物质)作为传递信息的介质,称为化学性突触;有的突触通过缝隙连接传递电信息,称为电突触。其中化学性突触在体内最常见。

化学性突触的超微结构由突触前成分、突触间隙和突触后成分三部分构成(图2-40)。突触前、后成分彼此相对的胞膜,分别称为突触前膜和突触后膜,两者之间有宽15~30nm的突触间隙。

突触前成分的细胞质内有突触小泡、线粒体和微丝。突触小泡内含有神经递质(乙酰胆碱、单胺类、氨基酸类等)。突触后膜的表面有突触前膜神经递质的特异性受体。

突触是神经冲动单向传导的重要结构基础。当神经冲动传导到突触前膜时,突触囊泡内

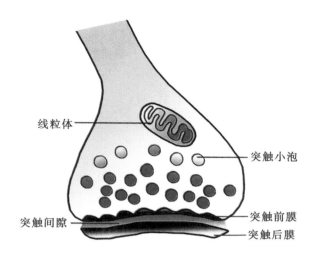

图 2 - 40　化学突触电镜结构模式图

的神经递质释放到突触间隙,神经递质与突触后膜上的受体结合,使突触后神经元兴奋或抑制。

三、神经胶质细胞

神经胶质细胞是多突起的细胞,但无树突、轴突之分,数量较多,根据其位置不同,分为中枢神经系统的神经胶质细胞和周围神经系统的神经胶质细胞两类。

(一)中枢神经系统的神经胶质细胞

此类细胞可分为星形胶质细胞、少突胶质细胞和小胶质细胞三种(图 2 - 41)。

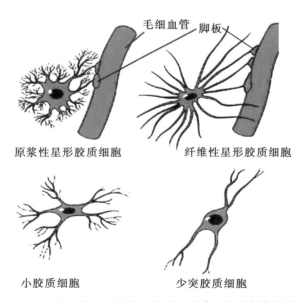

图 2 - 41　中枢神经系统的几种神经胶质细胞形态模式图

1.星形胶质细胞

星形胶质细胞是胶质细胞中体积最大、数量最多的一种。胞体呈星状,自胞体发出的突起呈放射状伸展并反复分支,突起末端膨大形成脚板。星形胶质细胞除了起重要的支持作用外,对神经元的分化、功能的维持等方面也起重要作用。

2.少突胶质细胞

细胞突起较少,突起末端为叶片样膨大,呈同心圆包绕轴突,形成中枢神经系统有髓神经纤维的髓鞘。

3.小胶质细胞

小胶质细胞是神经胶质细胞中体积最小的一种,突起细长、分支,表面形成很多小棘。细胞内含有大量的溶酶体。小胶质细胞来源于血液中的单核细胞,属单核吞噬细胞系统,具有吞噬功能。

(二)周围神经系统的神经胶质细胞

1.神经膜细胞

又称为施万细胞,细胞呈薄片状,细胞质较少,双层细胞膜同心圆状包卷轴突,形成周围神经系统有髓神经纤维的髓鞘。神经膜细胞外覆有基膜,并能分泌神经营养因子,对神经再生起到支持和诱导作用。

2.卫星细胞

又称为被囊细胞。细胞呈扁平或立方形,包裹在神经节细胞的周围。

四、神经纤维和神经末梢

(一)神经纤维

神经纤维是由神经元的长突起(统称轴索)及包绕在外面的神经胶质细胞组成的。根据有无髓鞘,将神经纤维分为有髓神经纤维和无髓神经纤维两大类。

1.有髓神经纤维

(1)周围神经系统的有髓神经纤维 这类神经纤维是由位于中央的轴索及周围的髓鞘(图2-42,图2-43)和神经膜构成。一个神经膜细胞只包裹一段轴索,故髓鞘和神经膜呈节段性,相邻节段间无髓鞘的狭窄处称神经纤维节,又称郎飞结(图2-42,图2-43)。相邻两个郎

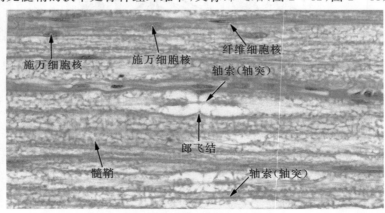

图2-42 坐骨神经有髓神经纤维光镜图

飞结之间的一段神经纤维称结间体。脑神经和脊神经中的大多数神经纤维属于这类神经纤维。

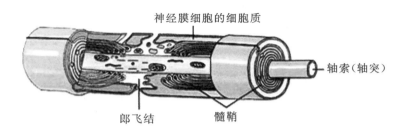

图 2 – 43　有髓神经纤维电镜结构模式图

（2）中枢神经系统的有髓神经纤维　其结构基本与周围神经系统的有髓神经纤维相同，区别在于它的髓鞘由少突胶质细胞突起末端的细胞膜反复包绕而成。

有髓神经纤维神经冲动的传导呈跳跃式。由于有髓神经纤维较粗，并有神经纤维节，加上髓鞘的绝缘作用，所以神经冲动以跳跃的方式传导。结间体越长，跳跃的距离越长，传导的速度也越快。

2. 无髓神经纤维

（1）周围神经系统的无髓神经纤维　由较细的轴索和包在外面的神经膜细胞构成，没有髓鞘，也没有神经纤维节，而且一个神经膜细胞可包裹多条轴索。

（2）中枢神经系统的无髓神经纤维　轴索外面没有神经胶质细胞包裹，裸露地走行于有髓神经纤维或神经胶质细胞之间。

无髓神经纤维没有郎飞结，神经冲动传导是连续式的，其传导的速度比有髓神经纤维慢。

（二）神经末梢

神经末梢是周围神经纤维的末端在各组织器官内形成的特殊结构。根据功能的不同，可分成感觉神经末梢和运动神经末梢两类。

1. 感觉神经末梢

感觉神经末梢又称感受器，由感觉神经元周围突的末梢形成。感觉神经末梢能感受内外环境的刺激，并将刺激转化为神经冲动，神经冲动再经感觉神经纤维传入中枢。

主要的感觉神经末梢有下列两种（图 2 – 44）。

（1）游离神经末梢　神经纤维的末端失去髓鞘，暴露的轴索分支分布在上皮细胞之间。游离神经末梢分布于表皮、角膜、黏膜上皮、骨膜、肌肉及结缔组织内，具有感受痛觉、温度觉的作用。

（2）被囊神经末梢　结构特点是其外面有结缔组织被囊。神经纤维到达被囊时失去髓鞘，轴索伸入结缔组织被囊内。常见的被囊神经末梢有下列三种：①触觉小体，多为卵圆形，主要分布于皮肤真皮乳头内，以手指掌侧皮肤内最多，具有感受触觉的功能。②环层小体，圆形或椭圆形，分布于真皮深层等处，可以感受压觉刺激。③肌梭，呈梭形，分布在骨骼肌内。其功能是感受肌肉的牵张刺激，为本体感受器之一。

2. 运动神经末梢

运动神经末梢又称效应器，由运动神经元的轴突末端形成，分布在骨骼肌、平滑肌和腺体

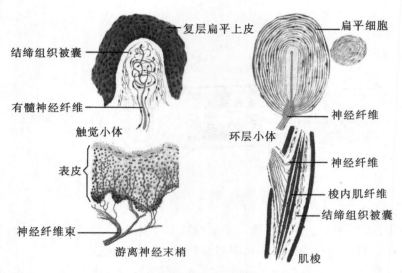

图 2-44 感觉神经末梢光镜结构模式图

等处,分为躯体运动神经末梢和内脏运动神经末梢两类。

(1)躯体运动神经末梢 为支配骨骼肌的运动神经末梢。躯体运动神经元胞体位于脊髓灰质前角或脑干的躯体运动核,它们的轴突随脑神经或脊神经走行,到达所支配的骨骼肌时失去髓鞘,末端分支呈爪状,贴附在骨骼肌细胞的表面,形成运动终板(图 2-45)。

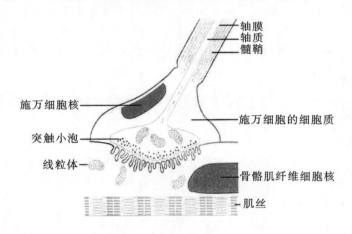

图 2-45 运动终板模式图

(2)内脏运动神经末梢 指分布于平滑肌和腺上皮的运动神经末梢。

本章小结

一、本章提要

通过本章学习,使同学们了解基本组织的相关知识,重点掌握上皮组织、结缔组织、肌组织

和神经组织的结构与功能特点,具体包括以下内容:

1.掌握涉及的一些基本概念,如内皮、间皮、极性、骨板、骨单位、肌节、横小管、尼氏体、突触等。

2.具有归纳总结能力,如归纳总结并区分各种被覆上皮的形态、分布与主要功能;疏松结缔组织中细胞、纤维的主要结构及功能;骨骼肌和心肌的结构异同点;有髓神经纤维和无髓神经纤维的结构及功能特点。

3.了解上皮组织的特殊结构、内外分泌腺;网状组织、脂肪组织、致密结缔组织;平滑肌的超微结构;骨骼肌纤维的收缩原理;中枢和周围神经系统中神经胶质细胞的类型和功能。

二、本章重、难点

1.被覆上皮的形态、分布与主要功能;微绒毛和纤毛的结构特点和功能;上皮组织的特殊结构;皮肤的基本结构。

2.成纤维细胞、巨噬细胞、浆细胞和肥大细胞的结构及功能特点。

3.三种肌肉组织的光镜结构与功能特点;骨骼肌与心肌的超微结构及二者的不同点。

4.神经元的结构;突触的结构;有髓神经纤维的结构。

 课后习题

一、单选题

1.上皮组织的特点不包括(　　)。

A.有丰富的感觉神经末梢　　　　B.有血管　　　　　　C.具有保护功能

D.细胞多、间质少　　　　　　　E.无极性

2.内皮和间皮都是(　　)。

A.单层扁平上皮　　　　　　　B.变移上皮　　　　　C.假复层柱状纤毛上皮

D.单层柱状上皮　　　　　　　E.单层立方上皮

3.人体最耐摩擦的上皮是(　　)。

A.变移上皮　　　　　　　　　B.单层扁平上皮　　　C.复层扁平上皮

D.单层柱状上皮　　　　　　　E.单层立方上皮

4.最牢固的细胞连接是(　　)。

A.紧密连接　　　　　　　　　B.中间连接　　　　　C.缝隙连接

D.桥粒　　　　　　　　　　　E.以上都不对

5.最严密的细胞连接是(　　)。

A.紧密连接　　　　　　　　　B.中间连接　　　　　C.缝隙连接

D.桥粒　　　　　　　　　　　E.以上都不对

6.巨噬细胞来源于(　　)。

A.淋巴细胞　　　　　　　　　B.单核细胞　　　　　C.脂肪细胞

D.网状细胞　　　　　　　　　E.以上都不对

7.浆细胞的胞质嗜碱性是由于其胞质内有丰富的(　　)。

A.线粒体　　　　　　　　　　B.高尔基复合体　　　C.溶酶体

D. 粗面内质网　　　　　　　　　E. 微体

8. 浆细胞的主要功能是（　　）。

A. 吞噬作用　　　　　　　　B. 抗过敏作用　　　　　　C. 形成纤维和基质

D. 分泌抗体　　　　　　　　E. 以上都不对

9. 肥大细胞的颗粒内不含有（　　）。

A. 组织胺　　　　　　　　　B. 白三烯　　　　　　　　C. 嗜酸性粒细胞趋化因子

D. 肝素　　　　　　　　　　E. 以上都不对

10. 固有结缔组织不包括（　　）。

A. 疏松结缔组织　　　　　　B. 致密结缔组织　　　　　C. 脂肪组织

D. 血液　　　　　　　　　　E. 以上都不对

11. 透明软骨基质内含有（　　）。

A. 胶原纤维　　　　　　　　B. 弹性纤维　　　　　　　C. 胶原原纤维

D. 微原纤维　　　　　　　　E. 网状纤维

12. 无核无细胞器的细胞是（　　）。

A. 白细胞　　　　　　　　　B. 红细胞　　　　　　　　C. 粒细胞

D. 单核细胞　　　　　　　　E. 血小板

13. 血小板（　　）。

A. 无核无细胞器　　　　　　B. 无核有细胞器　　　　　C. 有核无细胞器

D. 有核有细胞器　　　　　　E. 以上都不对

14. 成人血中白细胞的正常值为（　　）。

A. $4 \times 10^9 \sim 10 \times 10^9/L$

B. $4 \times 10^9 \sim 10 \times 10^9/mL$

C. $4 \times 10^9 \sim 10 \times 10^9/mm$

D. $4 \times 10^9 \sim 10 \times 10^9/cm^3$

E. $4 \times 10^{12} \sim 10 \times 10^{12}/L$

15. 与肥大细胞结构和功能相似的血细胞是（　　）。

A. 中性粒细胞　　　　　　　B. 嗜酸性粒细胞　　　　　C. 嗜碱性粒细胞

D. 单核细胞　　　　　　　　E. 脂肪细胞

16. 血液中功能相拮抗的两种细胞是（　　）。

A. 嗜酸性粒细胞和嗜碱性粒细胞　　B. 嗜酸性粒细胞和中性粒细胞

C. 中性粒细胞和浆细胞　　　　　　D. 嗜碱性粒细胞和肥大细胞

E. 中性粒细胞和单核细胞

17. 对骨骼肌的描述,错误的一项是（　　）。

A. 长圆柱状　　　　　　　　B. 单核　　　　　　　　　C. 横纹明显

D. 含大量肌原纤维　　　　　E. 多核

18. 骨骼肌呈现横纹是由于（　　）。

A. 每条肌原纤维上有明、暗相间的带

B. 肌细胞膜上有明、暗相间的带

C. 粗肌丝上有明、暗相间的带

D.细肌丝上有明、暗相间的带

E.每条肌原纤维上有肌丝

19.肌纤维内储存钙的结构是（ ）。

A.线粒体   B.高尔基复合体   C.溶酶体

D.肌浆网   E.微管

20.骨骼肌纤维的肌膜向内凹陷形成（ ）。

A.肌浆网   B.微管   C.横小管

D.终池   E.三联体

21.尼氏体相当于电镜下的（ ）

A.溶酶体   B.粗面内质网和游离核糖体

C.线粒体   D.高尔基复合体   E.微丝和微管

22.有髓神经纤维的神经冲动传导方式是（ ）

A.在轴膜上连续进行

B.在髓鞘内跳跃进行

C.由一个郎飞结跳到相邻的郎飞结

D.由一个髓鞘切迹跳到相邻的髓鞘切迹

E.以上都不对

二、填空题

1.上皮组织的主要特点是细胞_____,细胞间质_____,无_____,有_____,有丰富的_____分布。

2.假复层纤毛柱状上皮由_____、_____、_____和_____共4种细胞组成。

3.疏松结缔组织中含有三种纤维：_____、_____和_____。

4.根据软骨基质中纤维的不同,软骨可分为_____、_____和_____三种。

5.白细胞可分为_____、_____、_____、_____和_____。

6.肌细胞称为_____。肌细胞膜称_____,细胞质称_____,细胞内的滑面内质网称_____。

7.感觉神经末梢可分为_____、_____、_____和_____四种。

三、名词解释

1.内皮   2.间皮   3.骨单位   4.尼氏体   5.突触

四、简单题

1.简述假复层柱状纤毛上皮的结构和功能。

2.试述被覆上皮的分类、分布及功能。

3.详述白细胞的种类、结构和功能。

4.详述骨骼肌和心肌结构的异同点。

5.试述突触的定义、分类及光、电镜下的结构。

第三章　运动系统

学习目标

　　1.掌握运动系统的组成；骨的形态，椎骨、胸骨的基本形态；关节的基本结构，躯干骨及其连结，四肢骨及其连结；骨骼肌的形态及构造；膈的位置、形态及裂孔。

　　2.熟悉骨的基本构造及理化性质；关节的辅助结构及运动形式；颅骨及其连结；全身各肌群的名称、位置、功能，主要骨骼肌名称。

　　3.了解重要骨性标志，新生儿颅特点；肌群的配布规律和骨骼肌运动时的相互关系。

　　运动系统由骨、骨连结和骨骼肌组成。全身各骨通过骨连结相连构成坚实的支架，称骨骼，以支撑人体，并为骨骼肌提供附着。在神经支配下，骨骼肌收缩，牵引骨以关节为轴产生运动。运动中，骨为杠杆，骨连结为运动枢纽，骨骼肌为运动的动力器官。

第一节　骨和骨连结

一、概述

　　骨是具有一定形态和功能的器官，主要由骨组织构成，富有血管、淋巴管和神经，能不断进行新陈代谢、生长发育，并具有修复再生和破坏、改建的能力。（图3-1）

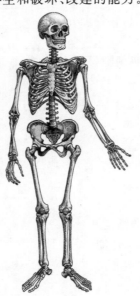

图3-1　全身骨骼

（一）骨的形态

成人全身共有 206 块骨。按在人体的位置分为：颅骨、躯干骨及四肢骨；按其形态分为长骨、短骨、扁骨及不规则骨（图 3-2）。

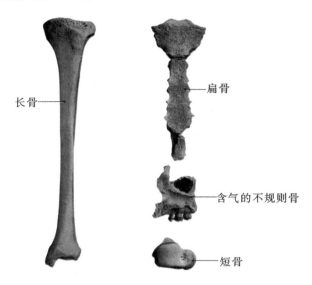

图 3-2　骨的分类

1.长骨

长骨分布于四肢，呈管状，有一体两端。体又叫骨干，其外周部骨质致密，中央为容纳骨髓的骨髓腔。两端较膨大称骺，骺的表面有关节软骨附着，形成关节面。长骨多起支持和杠杆作用。

2.短骨

短骨为形状各异的短柱状或立方形骨块，多分布于手腕和足的后部，如腕骨和跗骨。

3.扁骨

扁骨呈板状，主要构成各体腔的壁，以保护内部的脏器。如顶骨、髋骨等。

4.不规则骨

不规则骨形状不规则，如椎骨、颞骨等。有些骨内还有含气的腔洞，叫做含气骨，如构成鼻旁窦的上颌骨和蝶骨等。

此外，某些关节周围的肌腱内有一种扁圆形小骨，称籽骨，人体内最大的籽骨是膝关节内的髌骨。

（二）骨的构造

骨主要由骨质、骨膜、骨髓三部分构成（图 3-3）。

1.骨质

骨质分为骨密质及骨松质。骨密质质地致密，主要存在于骨的表面，抗压性很强；骨松质呈海绵状，位于骨的内部，按受力的一定方向排列，虽质地疏松但却体现出既轻便又坚固的性能。颅骨的内、外表层为骨密质，分别称内板和外板。颅骨内、外板之间为骨松质，称板障，其

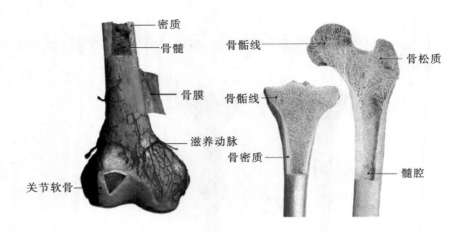

图 3-3 骨的构造

间有静脉通过。

2.骨膜

骨膜由致密结缔组织构成,被覆于除关节面以外的骨内、外表面,富含血管、神经,包括骨内膜和骨外膜两种,骨外膜又分内、外两层。骨外膜的内层及骨内膜有分化成骨细胞和破骨细胞的能力,对骨的发生、生长、修复等具有重要意义。老年人骨膜变薄,成骨细胞和破骨细胞的分化能力减弱,因而骨的修复机能减退。

3.骨髓

骨髓存在于骨髓腔及骨松质的的网眼中。在胚胎和婴幼儿时期(5岁前),所有骨髓均为红骨髓,有造血功能。约从6岁起,长骨髓腔内的红骨髓逐渐为脂肪组织所代替,称黄骨髓。正常情况下,黄骨髓不具备造血功能,但当机体大量失血时,它仍可能转化为红骨髓而恢复造血功能。成人的红骨髓多保留于长骨的骺端及中轴骨的骨松质内,如髂骨、胸骨等。临床上常选取髂结节、胸骨等处进行骨髓穿刺,获取骨髓以检查造血功能。

知识链接

骨质的可塑性

骨质在生活过程中,由于劳动、训练、疾病等各种因素的影响,表现出很大的可塑性,如芭蕾舞演员的足跗骨骨干增粗,骨密质变厚;卡车司机的掌骨和指骨骨干增粗;长期卧床的患者,其下肢骨小梁压力曲线系统变得不明显等。

(三)骨的化学成分和物理性质

骨由有机质和无机质构成。有机质由胶原纤维和粘多糖蛋白组成,使骨具有韧性和弹性。无机质主要是钙盐,主要由羟基磷灰石构成,使骨保持硬度和脆性。在成年人,二者的比例约为3:7最为适合。有机质与无机质的比例随年龄增长而逐渐变化。幼儿骨的有机质较多,柔韧性和弹性大,易变形;遇暴力打击时不易完全折断,常发生青枝样骨折。老年人骨有机质渐减,胶原纤维老化,无机盐增多,骨质变脆,受暴力打击易发生骨折。

（四）骨连结概述

骨与骨之间借纤维结缔组织、软骨和骨相连结，称骨连结。按连结形式的不同分为直接连结和间接连结两种。

1. 直接连结

直接连结是指骨与骨之间借纤维结缔组织、软骨或骨直接相连，连结之处无间隙。直接连结运动范围小或完全不能活动，如颅骨的缝、脊柱的椎间盘及骶椎间的结合等（图3-4）。

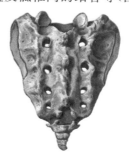

图 3-4　直接连结

2. 间接连结

骨与骨之间借结缔组织囊相连称间接连结，又称关节。在相对的骨面间存在充满滑液的腔隙，这种连结活动度大，是人体骨连结的主要形式，又称滑膜关节。

（1）关节的基本结构　包括关节面、关节囊和关节腔三个部分（图3-5）。

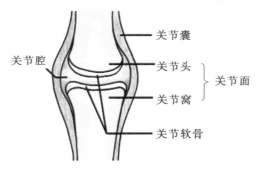

图 3-5　关节的基本结构

①关节面：是构成关节各骨的接触面。每一关节至少包括两个关节面，一般为一凸一凹，凸者称关节头，凹者称关节窝。关节面表面覆以光滑、有弹性的关节软骨，可减轻运动时的摩擦和冲击。

②关节囊：由致密结缔组织构成，附于关节面周围的骨面并与骨膜融合，封闭关节腔。关节囊可分为内、外两层，外层为纤维层，内层为滑膜层，滑膜层可分泌滑液。

③关节腔：由关节软骨和关节囊滑膜层共同围成的密闭腔隙，腔内有少量滑液。关节腔呈负压，可维持关节的稳定性。

（2）关节的辅助结构　关节的辅助结构可增加关节的灵活性及稳定性，主要包括以下3种（图3-6）。

①韧带：是连于相邻两骨之间的致密结缔组织束，可加强关节的稳固性。根据其与关节囊

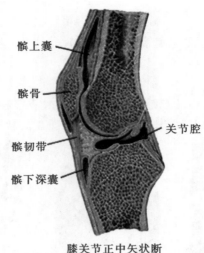

髌上囊

髌骨

髌韧带

髌下深囊

关节腔

膝关节正中矢状断

图 3 - 6　关节的辅助结构

的关系,可分为囊内韧带和囊外韧带两种。

②关节内软骨:为存在于关节腔内的纤维软骨,有关节盘、关节唇两种,可增加关节的灵活性及稳固性。

③滑膜襞和滑膜囊:滑膜襞是滑膜突向关节腔形成的脂肪垫,可缓冲关节面压力。滑膜囊是滑膜于肌腱与骨面之间形成的囊腔,可减少肌肉活动时与骨面之间的摩擦。

(3)关节的运动　关节的运动与四组运动轴有密切联系。

①屈和伸:是关节围绕冠状轴的运动。两骨之间的角度变小称为屈;反之为伸。

②外展和内收:是关节围绕矢状轴的运动。骨向正中矢状面靠拢称内收,反之称外展。

③旋内和旋外:关节围绕垂直轴的运动统称旋转。骨的前面向内侧旋转称旋内,向外侧旋转称旋外。在前臂,将掌心转向内侧的运动称旋前,反之称旋后。

④环转:即骨的近端在原位转动,骨的远侧做圆周运动,运动时全骨(肢体)描绘出一圆锥形的轨迹。环转运动实际为屈、外展、伸和内收的依次连续运动。

第二节　全身骨及其连结

一、躯干骨及其连结

躯干骨包括椎骨、胸骨和肋三部分,共 51 块。它们借助骨连结形成脊柱和胸廓。

(一)躯干骨

1. 椎骨

椎骨在幼年时期有 32～34 块,包括颈椎 7 块,胸椎 12 块,腰椎 5 块,骶椎 5 块及尾椎 3～5 块。成年后,5 块骶椎融合成 1 块骶骨,尾椎也逐渐融合成 1 块尾骨,因此,成人的椎骨总数一般为 26 块。

(1)椎骨的一般形态　椎骨由椎体和椎弓两部分组成(图 3-7)。

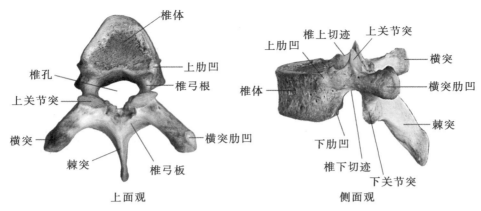

图 3 - 7　椎骨的一般形态（胸椎）

椎体在前，呈短圆柱形，是椎骨的主要承重部分。椎弓呈弓状，位于椎体后方，与椎体共同围成椎孔。全部椎孔连接起来，构成椎管，容纳脊髓。椎弓与椎体连接的缩窄部分，称为椎弓根。根的上、下缘各有一切迹，分别称椎上切迹和椎下切迹。相邻椎骨的上、下切迹，共同围成椎间孔，有脊神经根和血管通过。椎弓根后方板状部分，为椎弓板。从椎弓伸出 7 个突起，向后方伸出的 1 个为棘突；向两侧伸出 1 对横突；向上和向下各伸出 1 对上关节突和下关节突。

（2）各部椎骨的特征

①颈椎：椎体较小，椎孔较大，横突上有横突孔，有椎动脉和静脉穿行。第 2～6 颈椎棘突末端分叉（图 3-8）。

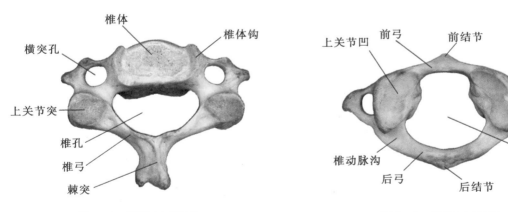

图 3 - 8　颈椎（上面观）

图 3 - 9　寰椎（上面观）

第一颈椎又称寰椎（图 3 - 9），呈环状。无椎体、棘突及关节突，仅由前弓、后弓及两个侧块组成。侧块上面有椭圆形的上关节面，与枕骨髁相关节；下面有稍凹的圆形下关节面，与第二颈椎相关节。前弓后面有齿突凹，与第二颈椎的齿突相关节。

第二颈椎又称枢椎（图 3 - 10）。椎体向上有指状突起，称齿突。齿突与寰椎的齿突凹相关节。

第七颈椎又称隆椎（图 3 - 11）。棘突长而水平，末端不分叉，可在活体扪及，是临床上计数椎骨序数的体表标志。

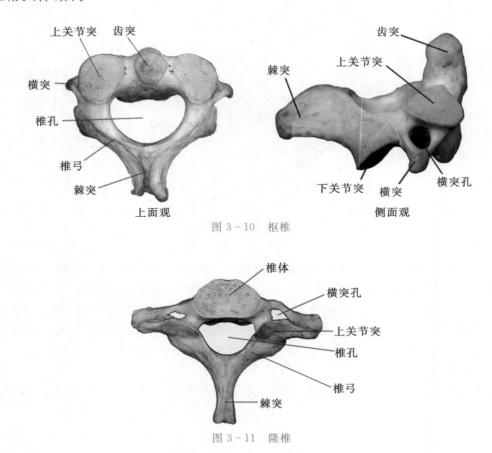

图 3-10 枢椎

图 3-11 隆椎

②胸椎:椎体呈心形,自上而下逐渐增大。椎孔相对较小。椎体两侧与横突末端分别有肋凹,与肋骨相关节。胸椎棘突较长,斜向后下,呈叠瓦状排列。(图 3-7)

③腰椎:椎体粗壮,椎弓发达,椎孔呈椭圆形或三角形。棘突呈板状,几乎水平伸向后方,棘突间隙较宽(图 3-12)。临床常选取第 3～4 或第 4～5 腰椎间隙进行穿刺。

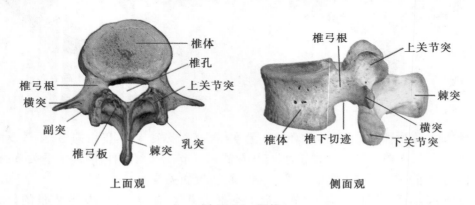

图 3-12 腰椎

④骶骨:由 5 块骶椎融合而成。呈倒三角形,底向上,尖向下(图 3-13)。骶骨底前缘向前突出,称骶岬,是女性骨盆径线测量的一个重要标志。骶骨前方有 4 对骶前孔,后方有 4 对

骶后孔,分别有骶神经的前支和后支通过。骶骨中央有骶管,为椎管的下段,其下端开口于骶管裂孔,骶管裂孔两侧有向下突出的骶角。临床上进行骶管麻醉,常以骶角作为确定骶管裂孔位置的标志。

⑤尾骨:由3~4块退化的尾椎融合而成(图3-13)。上接骶骨,下端游离为尾骨尖。

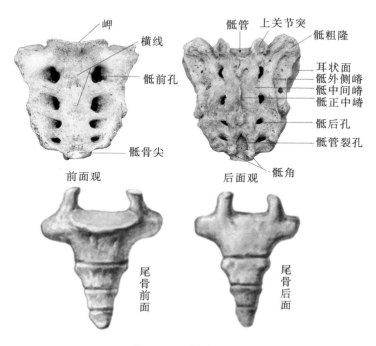

图3-13　骶骨和尾骨

2.胸骨

胸骨位于胸前壁正中,属扁骨。自上而下分为胸骨柄、胸骨体和剑突3部分(图3-14)。胸骨柄上缘有颈静脉切迹,胸骨体两侧与第2~7肋软骨相接。胸骨柄与胸骨体连接处向前微凸形成的骨性隆起称胸骨角,可在体表扪及,其两侧连结第2肋,是胸前部计数肋的重要标志。

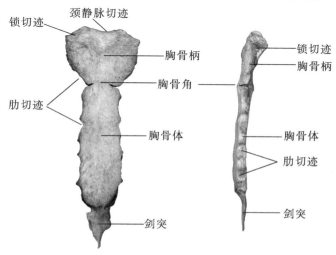

图3-14　胸骨

3.肋

由肋骨和肋软骨组成,共12对。第1～7对肋前端直接与胸骨相连称真肋,第8～12对肋不直接与胸骨相连称假肋。第8～10对肋的前端借肋软骨依次连于上位肋软骨的下缘,形成肋弓,肋弓常作为确定肝、脾位置的标志(图3-15)。第11、12肋的前端游离于腹壁肌层中,称浮肋。

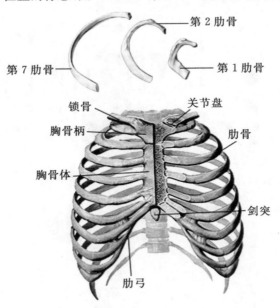

图3-15 肋骨及胸廓(前面观)

(二)躯干骨的连结

1.椎骨间的连结

各椎骨之间借椎间盘、韧带和关节相连结。

(1)椎间盘 指位于相邻两椎体之间的纤维软骨盘(图3-16)。由两部分构成,中央是柔软而富有弹性的胶状物质,称髓核;周围是环形的纤维软骨层,称纤维环。椎间盘坚韧富有弹

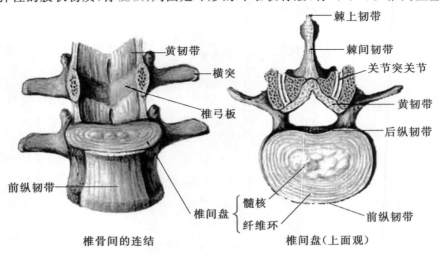

图3-16 椎间盘和椎间关节

性,具有"弹性垫"样作用,可缓冲外力对脊柱的震动,也可增加脊柱的运动幅度。纤维环前厚后薄,纤维环破裂时,髓核多向后外侧脱出,突入椎管或椎间孔,压迫脊髓或脊神经根,临床上称为椎间盘脱出症。椎间盘脱出症多发生在腰部。

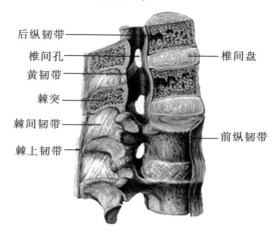

图 3-17　椎间盘和韧带(正中矢状断的椎骨间的连接)

（2）韧带　在各椎体、椎间盘的前面和后面,分别有纵贯脊柱全长的前纵韧带和后纵韧带;在相邻两椎骨的椎弓之间有黄韧带;棘突之间有棘间韧带;横突之间有横突间韧带(图 3-17)。连结胸、腰、骶椎各棘突尖的纵行韧带,称棘上韧带,其到颈部后连结所有颈椎棘突尖并向后扩展成三角形板状的韧带,称项韧带(图 3-18)。上述韧带主要起连结椎骨和限制活动的作用,亦为肌肉提供附着点。

（3）关节　包括关节突关节、寰枕关节和寰枢关节(图 3-19)。寰枢关节能使头连同寰椎绕齿突做旋转运动。寰枕关节和寰枢关节构成联合关节,使头做多轴运动。

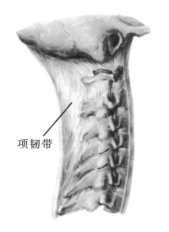

图 3-18　项韧带

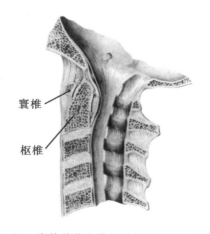

图 3-19　寰枕关节和寰枢关节(正中矢状面)

2.脊柱

（1）脊柱的整体观　脊柱由 24 块椎骨、1 块骶骨和 1 块尾骨借椎间盘、韧带和关节连结而成。(图 3-20)

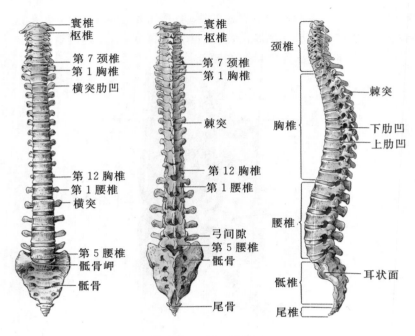

图 3-20　脊柱

①脊柱前面观:脊柱前面直而无弯曲,椎体从上而下逐渐增大,骶骨耳状面以下又渐次缩小,这种变化与负重的增加相关。

②脊柱后面观:脊柱后正中线上所有棘突连贯成纵嵴。颈椎棘突短而分叉,近水平位;胸椎棘突细长,呈叠瓦状斜向后下排列;腰椎棘突呈板状,间隙大,水平伸向后方。

③脊柱侧面观:脊柱侧面可见颈、胸、腰、骶 4 个生理性弯曲,其中颈曲和腰曲凸向前,胸曲和骶曲凸向后。脊柱的弯曲增大了弹性,有利于维持人体的平衡以及运动时减轻震荡。

(2)脊柱的功能和运动　脊柱是躯干的支柱,具有支持和传导重力的作用;脊柱还参与胸廓的构成,具有支持和保护体腔脏器的作用;脊柱内有椎管,可容纳和保护脊髓。

脊柱除支持身体、保护脊髓外,还具有运动功能。虽然各椎间盘和关节突关节允许的运动范围甚微,但各椎间盘和关节突关节运动范围的总和则相当大,使脊柱可作前屈、后伸、左右侧屈、旋转和环转运动。脊柱颈、腰段的活动范围大,受损较为常见。

3.胸廓

胸廓是胸壁的骨性支架。胸廓由 12 块胸椎、12 对肋、1 块胸骨连结而成(图 3-15)。

(1)胸廓的形态　成人胸廓为前后略扁的圆锥形,上口小,下口较大。两侧肋弓之间的夹角称胸骨下角。相邻两肋之间的间隙称肋间隙。肋间隙、肋弓是重要的体表标志。

(2)胸廓的功能和运动　胸廓除具有保护和支持胸腔脏器的作用外,还参与呼吸运动。吸气时,在呼吸肌的作用下,肋上提,胸腔容积增大;呼气时相反,肋下降,胸腔容积减小。

二、四肢骨及其连结

四肢骨又称附肢骨,包括上肢骨、下肢骨。上、下肢骨各分为与躯干骨连接的肢带骨和自由肢骨两部分。

（一）上肢骨及其连结

1.上肢骨

上肢骨包括上肢带骨和自由上肢骨，左右对称，两侧共 64 块。

上肢带骨包括锁骨和肩胛骨；自由上肢骨包括肱骨、桡骨、尺骨和手骨。

（1）锁骨　呈"～"形弯曲，位于胸廓前上方两侧。内侧端粗大，为胸骨端，与胸骨柄相关节；外侧端扁平，为肩峰端，与肩胛骨的肩峰相关节。锁骨内侧 2/3 凸向前，外侧 1/3 凸向后。全长可在体表扪及。（图 3-21）

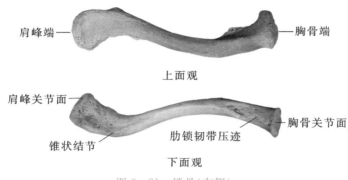

图 3-21　锁骨（右侧）

（2）肩胛骨　为三角形的扁骨（图 3-22），贴于胸廓的后外侧，平第 2～7 肋之间。有前、后两面。前面为一大浅窝，称肩胛下窝。后面有横行高起的骨嵴称肩胛冈。肩胛冈外侧端扁平突出，称肩峰。肩胛骨有上、内侧和外侧 3 缘。上缘外侧有一向前弯曲的指状突起，称喙突。内侧缘称脊柱缘。外侧缘邻近腋窝称腋缘。肩胛骨有外侧、上和下 3 个角。外侧角粗大，有梨形的关节面，称关节盂。上肢自然下垂时，上角平对第 2 肋；肩胛下角约平第 7 肋或第 7 肋间隙，为背部计数肋骨的标志。

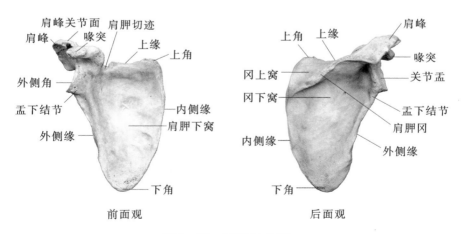

图 3-22　肩胛骨（右侧）

（3）肱骨　位于臂部，有一体两端（图 3-23）。肱骨上端有呈半球形的肱骨头，与肩胛骨的关节盂相关节。在肱骨头外侧和前方各有一隆起，分别是大结节和小结节。两结节间有一纵沟称结节间沟。肱骨头和大、小结节之间的环形沟,称解剖颈。肱骨上端与肱骨体交界处稍细称外科颈,是肱骨骨折的易发部位。肱骨体中部的外侧面有一粗糙骨面,为三角肌粗隆;后面有一条由内上斜向外下的浅沟称桡神经沟,沟内有桡神经和肱深动脉紧贴骨面穿行。肱骨中段骨折时,易损伤桡神经和肱深动脉。肱骨下端前后稍扁,内、外侧各有一突起,分别为内上髁和外上髁。内上髁后面的浅沟称尺神经沟(有尺神经通过)。肱骨下端外侧呈圆形突起称肱骨小头,与桡骨头相关节。肱骨小头内侧的关节面称肱骨滑车,与尺骨相关节;肱骨滑车后面的深窝称鹰嘴窝,伸肘时接纳尺骨鹰嘴;前上方有冠突窝,屈肘时接纳尺骨冠突。

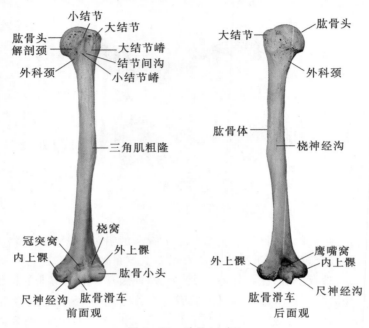

图 3-23　肱骨(左侧)

(4)尺骨　位于前臂内侧,上端粗大,下端细小。上端有半月形的关节面,称滑车切迹,与肱骨滑车相关节。滑车切迹前方较小的突起称冠突;后方较大突起称鹰嘴。冠突外侧缘有一斜方形关节面称桡切迹。尺骨下端称尺骨头,头的后内侧向下伸出的突起称尺骨茎突。(图 3-24)

(5)桡骨　位于前臂外侧,上端细小,下端粗大。上端稍膨大称桡骨头,其上有微凹的关节面与肱骨小头相关节。桡骨头下方缩细为桡骨颈,颈、体相连处的后内侧,有卵圆形隆突称桡骨粗隆。桡骨下端内侧面有尺切迹,与尺骨头相关节;外侧向下的突起称桡骨茎突。桡骨下端远侧面有关节面,与腕骨形成桡腕关节。(图 3-24)

(6)手骨　包括腕骨、掌骨和指骨。(图 3-25)

①腕骨:每侧 8 块,属短骨,排成近侧、远侧两列。近侧列由桡侧向尺侧依次为手舟骨、月骨、三角骨和豌豆骨;远侧列由桡侧向尺侧依次为大多角骨、小多角骨、头状骨和钩骨。

②掌骨:每侧 5 块,由桡侧向尺侧依次称为第 1～5 掌骨。

③指骨:属长骨,每侧 14 块。除拇指为 2 节指骨外,其余各指均为 3 节,由近侧至远侧分别称近节指骨、中节指骨和远节指骨。

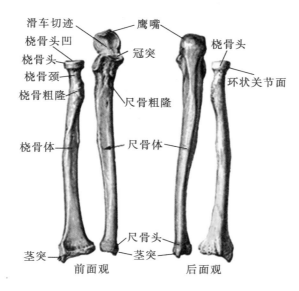

图 3-24 尺骨及桡骨(右侧)

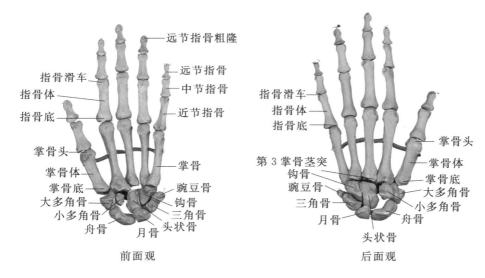

图 3-25 手骨(左侧)

2.上肢骨的连结

上肢骨的连结包括上肢带骨的连结和自由上肢骨的连结。

上肢带骨的连结包括胸锁关节(图 3-26)和肩锁关节,均属微动关节。胸锁关节由胸骨的锁切迹和锁骨的胸骨端构成,是上肢骨与躯干骨之间唯一的关节。

自由上肢骨的连结包括肩关节、肘关节、前臂骨连结和手骨连结。

(1)肩关节 由肱骨头和肩胛骨的关节盂构成,是全身最灵活的关节。肩关节的结构特点是肱骨头大,关节盂浅小,关节盂周缘有纤维软骨环构成的盂唇使之略为加深;关节囊薄而松弛;关节的前、上、后方均有韧带或肌肉加强,唯前下部较薄弱。肩关节脱位时,肱骨头多从前

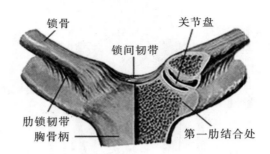

图 3 – 26　胸锁关节（前面观）

下方脱出。（图 3 – 27）

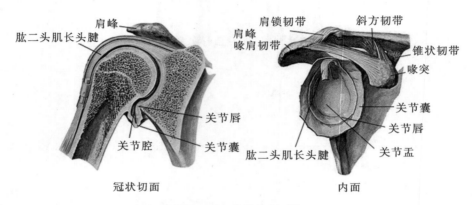

冠状切面　　　　　　　　　　　　内面

图 3 – 27　肩关节（右侧）

肩关节可作前屈、后伸、外展、内收、旋内、旋外以及环转等运动。

（2）肘关节　由肱骨下端与桡、尺骨上端构成，包括 3 个关节。（图 3 – 28）

①肱桡关节：由肱骨小头和桡骨头凹构成，可做屈、伸和旋转运动。

②肱尺关节：由肱骨滑车和尺骨滑车切迹构成，是肘关节的主体，可做屈、伸运动。

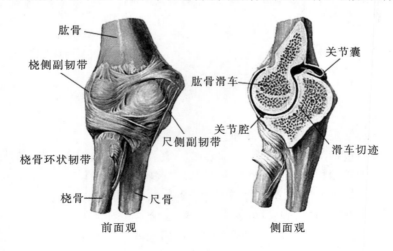

前面观　　　　　　　　　　　　侧面观

图 3 – 28　肘关节（右侧）

③桡尺近侧关节：由桡骨环状关节面和尺骨桡切迹构成，由围绕在桡骨头周围的桡骨环状韧带固定，幼儿此部位环状韧带发育不全，易发生桡骨小头半脱位。

肘关节关节囊把上述 3 个关节共同包裹。关节囊前、后壁薄而松弛，两侧壁厚而紧张，并分别有桡、尺侧副韧带加强。关节囊的后壁最薄弱，故常见桡、尺两骨向后脱位。

肘关节主要作屈、伸运动。肱骨内、外上髁和尺骨鹰嘴都易在体表扪到，当伸肘时，此三点位于一条直线上；当屈肘时，此三点的连线呈一尖端朝下的等腰三角形。肘关节发生后脱位时，三点位置关系发生改变。（图 3-29）

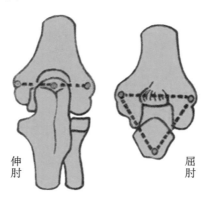

伸肘　　　　屈肘

图 3-29　肘后三角

（3）前臂骨连结　包括桡尺近侧关节（见前述）、桡尺远侧关节和前臂骨间膜。它们是联合关节，可使前臂做旋转运动。（图 3-30）

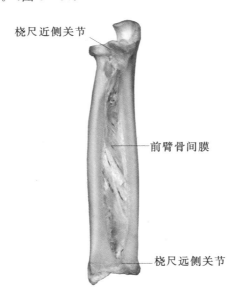

桡尺近侧关节

前臂骨间膜

桡尺远侧关节

图 3-30　前臂骨的连结

（4）手骨连结　包括桡腕关节、腕骨间关节、腕掌关节、掌骨间关节、掌指关节和指骨间关节。（图 3-31）

①桡腕关节（腕关节）：由桡骨下端的腕关节面和尺骨头下方的关节盘与手舟骨、月骨、三

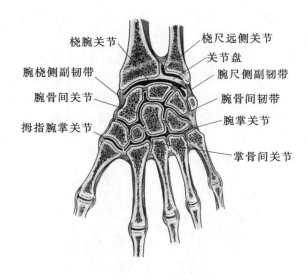

图 3-31 手关节

角骨的近侧关节面构成。关节囊松弛,周围有韧带加强,可作屈、伸、收、展和环转运动。

②腕骨间关节:为腕骨之间的连结。只能做轻微的滑动和转动。

③腕掌关节:由远侧列腕骨与 5 个掌骨底构成。其中拇指腕掌关节由大多角骨与第 1 掌骨底构成,关节囊松弛,能作屈、伸、收、展、环转以及对掌运动。对掌运动即拇指与其他各指的掌面相对,为人类所特有。其他腕掌关节活动范围较小。

④掌指关节:由掌骨头与近节指骨底构成,能作屈、伸、收(向中指靠拢)、展(远离中指)及环转运动。

⑤指骨间关节:共 9 个,都属典型的滑车关节,只能作屈、伸运动。

(二)下肢骨及其连结

1.下肢骨

下肢骨包括下肢带骨和自由下肢骨,左、右对称,两侧共 62 块。

下肢带骨为髋骨;自由下肢骨包括股骨、髌骨、胫骨、腓骨和足骨。

(1)髋骨 为不规则骨,由髂骨、坐骨和耻骨组成。一般在 16 岁以前,3 骨之间借软骨彼此结合,以后软骨逐渐骨化融为一骨。髋骨外侧面有朝向后外侧下方的深窝,称髋臼。髋骨下部的大孔,称闭孔。(图 3-32,图 3-33,图 3-34)

①髂骨:位于髋骨的上部,分体和翼两部分。髂骨体构成髋臼的上 2/5,肥厚粗壮。髂骨翼在体的上方,为宽阔的骨板,其弧形上缘称髂嵴。髂嵴的前端为髂前上棘,后端为髂后上棘,两者下方分别有髂前下棘和髂后下棘。由髂前上棘向后 5~7cm 处,髂嵴向外侧的粗糙突起称髂结节。髂骨内面的浅窝,称髂窝,窝的下界是弧形的骨嵴,称弓状线。髂窝后方有粗糙的耳状关节面,与骶骨的耳状关节面相关节。

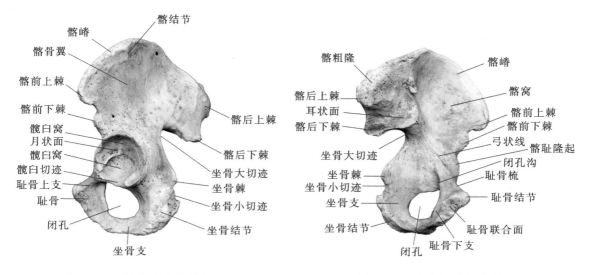

图 3-32 髋骨外面观(左侧)　　　　　图 3-33 髋骨内面观(左侧)

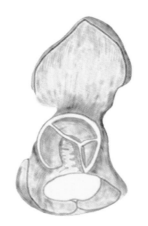

图 3-34 幼儿髋骨

②坐骨:是髋骨的后下部,包括坐骨体和坐骨支。坐骨体构成髋臼的后下部,肥厚粗壮,体向后下延续为坐骨支,其下端后面有肥大而粗糙的坐骨结节,是重要的体表标志。坐骨后缘有一锥状突起称坐骨棘,其上、下方的凹陷分别称坐骨大切迹和坐骨小切迹。

③耻骨:构成髋骨的前下部,分体和上、下两支。耻骨体构成髋臼的前下部,向下延伸为耻骨上支,再转向后下为耻骨下支。左、右两耻骨相对面为耻骨联合面,其外侧在耻骨上缘有向前突出的耻骨结节。自耻骨结节向外上方走行,与弓状线相连续,位于耻骨上支上缘的骨嵴称耻骨梳。

(2)股骨　位于大腿部,为全身最粗大的长骨。股骨上端有球形的股骨头,股骨头中央有股骨头凹。股骨头外下方较细部分为股骨颈,其下端接股骨体。颈与体交界处有两个隆起,外上方为大转子,后内侧为小转子。两个转子之间,前面有粗糙的转子间线,后面有突出的转子间嵴。股骨体后面有纵行骨嵴,称粗线。股骨下端膨大,分别称内侧髁和外侧髁。两髁后面的

深窝称髁间窝。内、外侧髁的侧面,各有较小的隆起,分别称内上髁和外上髁。(图 3-35)

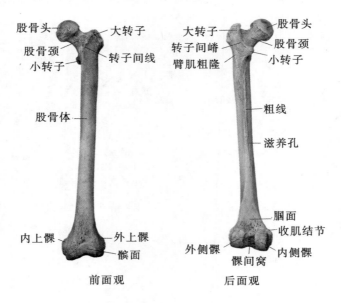

图 3-35 股骨(左侧)

(3)髌骨 为人体最大的籽骨,位于股骨下端前面,包埋于股四头肌腱内。略呈倒置三角形,上宽下尖,前面粗糙,后面为关节面,与股骨髌面相关节,可在体表扪及。(图 3-36)

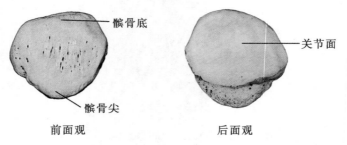

图 3-36 髌骨(右侧)

(4)胫骨 位于小腿内侧。上端膨大,构成内侧髁和外侧髁。两髁前面下部有一较大隆起称胫骨粗隆。胫骨下端稍膨大,内侧向下的突起称内踝,在体表可扪及。(图 3-37)

(5)腓骨 位于小腿外侧。上端稍膨大,称腓骨头。下端外侧膨大呈三角形的部分称外踝,为重要体表标志。(图 3-37)

(6)足骨 包括跗骨、跖骨和趾骨(图 3-38)。跗骨每侧 7 块,属短骨,包括距骨、跟骨、足舟骨、内侧楔骨、中间楔骨、外侧楔骨和骰骨。跟骨后下方稍大的隆突为跟骨结节,是重要的体表标志。跖骨每侧 5 块,由内侧向外侧依次为第 1~5 跖骨。趾骨每侧 14 块。踇趾趾骨 2 节,较粗,其余各趾趾骨均为 3 节,较细小。

2.下肢骨的连结

下肢骨的连结包括下肢带骨的连结和自由下肢骨的连结。

下肢带骨的连结为髋骨的连结。髋骨、骶骨、尾骨及其之间的骨连结共同构成骨盆。

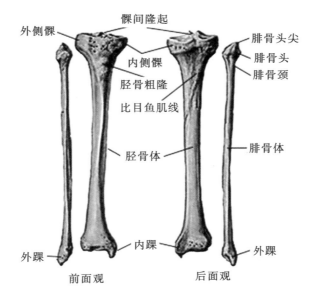

图 3 - 37 胫骨和腓骨（右侧）

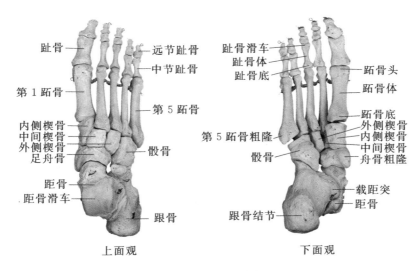

图 3 - 38 足骨（右侧）

自由下肢骨的连结包括髋关节、膝关节、小腿骨的连结和足骨的连结。

（1）骨盆　骨盆由左右髋骨、骶骨、尾骨及其连结共同构成（图 3 - 39）。骨盆有支持体重、保护盆腔器官的功能，在女性还是胎儿娩出的产道。

骨盆前部耻骨联合由左、右髋骨的耻骨联合面借纤维软骨构成的耻骨间盘连结而成（图 3 - 40）。两侧由髋骨与骶骨的耳状面构成骶髂关节（图 3 - 41），在该关节的后方还有骶结节韧带、骶棘韧带加强。

骶岬、两侧弓状线、耻骨梳、耻骨联合上缘组成界线，骨盆由界线分为大、小骨盆。大骨盆腔是腹腔的一部分，小骨盆腔即临床通常所说的盆腔。小骨盆腔有上、下两口，上口由界线围

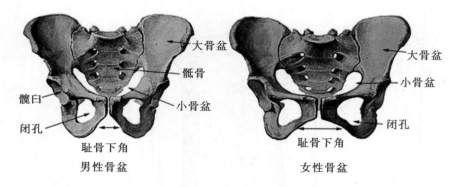

图 3-39 男、女骨盆整体观

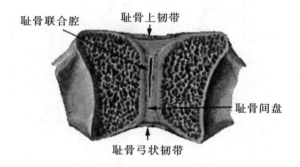

图 3-40 耻骨联合(冠状切面)

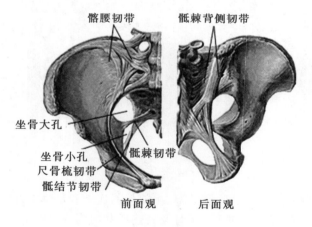

图 3-41 骶髂关节及韧带

成,下口由尾骨、骶结节韧带、坐骨结节、坐骨支、耻骨下支和耻骨联合下缘围成。两耻骨下支之间的夹角称耻骨下角。在人体全身骨骼中,性别差异以骨盆最为显著,这种差异与女性的妊娠和分娩功能有关(表 3-1)。

表 3 - 1 男、女性骨盆比较表

	男性	女性
骨盆形状	高而狭窄	低而宽阔
骨盆腔的形状	形似漏斗	圆桶状
骨盆上口	近似心形	近似圆形
骶骨	较狭长,弯曲度较大	较宽短,弯曲度较小
耻骨下角	$70°\sim75°$	$90°\sim100°$
耻骨联合	狭而长	宽而短

（2）髋关节 由髋臼与股骨头构成。髋臼周缘有纤维软骨构成的髋臼唇加深。关节囊坚韧,其下缘前面附着于股骨转子间线,后面仅包围股骨颈的内侧 2/3。关节囊的前方有韧带加强,可增强关节稳定性,限制大腿过伸,对维持人体直立姿势有重要作用。关节囊后下壁较薄弱,髋关节脱位时,股骨头多向后下方脱出。关节囊内有股骨头韧带,内有营养股骨头的血管通过。（图 3 - 42）

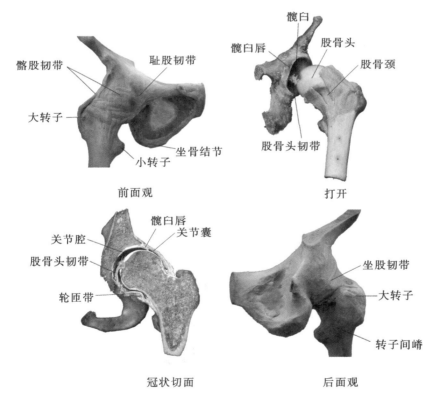

图 3 - 42 髋关节（右侧）

髋关节可作屈、伸、收、展、旋内、旋外及环转运动,其运动的幅度较肩关节小,但具有较大的稳定性,以适应下肢负重行走的需要。

（3）膝关节 是人体最大、最复杂的关节（图 3 - 43,图 3 - 44）,由股骨下端、胫骨上端和髌骨构成。关节囊宽大松弛,周围有韧带加强。囊的前壁有髌韧带,外侧有腓侧副韧带,内侧有胫侧副韧带。关节囊内还有膝交叉韧带,分前、后交叉韧带,连于股骨和胫骨之间,可防止胫骨向前后移位。在关节面之间有内侧半月板和外侧半月板。内侧半月板较大,呈"C"形,外侧半月板较小,近似"O"形。半月板周缘厚,内缘较薄,以增强膝关节的稳固性。

膝关节主要做屈、伸运动。处于半屈位时,还可做轻度的旋内、旋外运动。

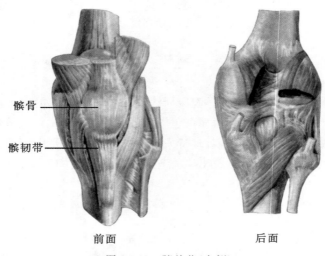

前面　　　　　　　　后面

图 3 - 43　膝关节(右侧)

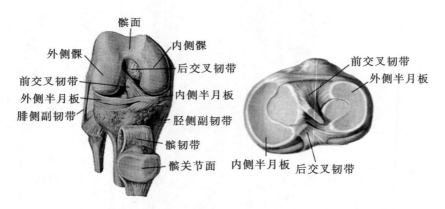

图 3 - 44　膝关节内部结构(前面)及半月板(右侧上面)

(4)足关节　包括距小腿关节、跗骨间关节、跗跖关节、跖骨间关节、跖趾关节和足趾间关节。

①距小腿关节:又称踝关节。由胫、腓骨下端与距骨滑车构成。关节囊前、后壁薄而松弛,两侧有侧副韧带加强。内侧为三角韧带,外侧韧带较薄弱,足过度内翻时容易导致外侧韧带损伤。踝关节可做背屈(伸)和跖屈(屈)运动。(图 3-45)

②跗骨间关节:跗骨间的小关节数目较多,重要的有距跟关节、距跟舟关节和跟骰关节。它们都是由相关同名骨的关节面构成,各关节只能做轻微的滑动。(图 3-46)

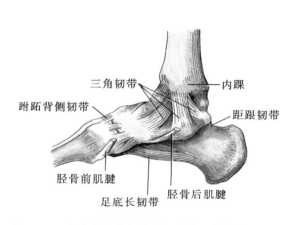

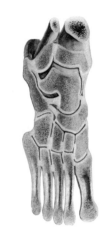

图 3 - 45　距小腿关节与跗骨间关节及其韧带（内侧面）　　图 3 - 46　足关节（水平切面）

③足弓：跗骨和跖骨借韧带牢固相连，构成一个凸向上的弓，称为足弓（图 3 - 47）。足弓可分前后方向的纵弓和内外方向的横弓。纵弓又可分为内侧纵弓和外侧纵弓。足弓是人类站立、行走及负重的重要装置。人体站立时，足以跟骨结节、第 1 跖骨头和第 5 跖骨头三点着地，保证了站立时足底着地支持的稳固性，减轻行走或跑跳时地面对人体的冲击，同时保护足底血管和神经免受压迫。

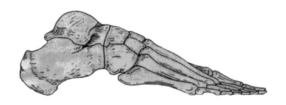

图 3 - 47　足弓

三、颅骨及其连结

颅分为脑颅和面颅两部分，共有 23 块骨（中耳的 3 对听小骨未计入）。

（一）脑颅

脑颅位于颅的后上部，共有 8 块骨构成（图 3 - 48），其中不成对的有额骨、筛骨、蝶骨和枕骨，成对的有顶骨和颞骨。它们共同围成颅腔，容纳并保护脑。

（二）面颅

面颅位于颅的前下方，由 15 块骨组成（图 3 - 48）。其中成对的有上颌骨、颧骨、鼻骨、泪骨、腭骨及下鼻甲；不成对的有下颌骨、犁骨和舌骨。它们形成面部的骨性基础，参与构成眶、骨性鼻腔和骨性口腔，分别容纳视觉、嗅觉和味觉器官。

下颌骨（图 3 - 49）呈马蹄铁形，由一体两支构成。下颌体呈凸向前的弓形，下颌支是体两侧向后上伸出的长方形骨板。两侧下颌支与下颌体下缘相交处形成的角，称下颌角，可于体表扪及。

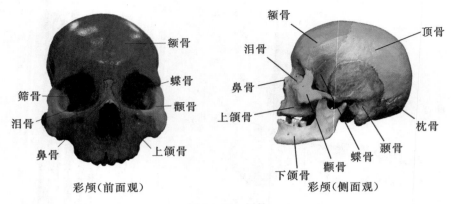

图 3-48 颅骨

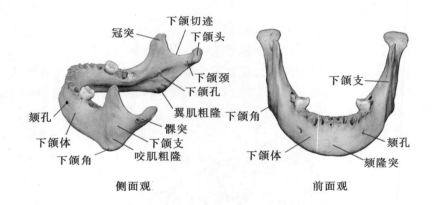

图 3-49 下颌骨

(三)颅骨的连结

颅骨的连结有直接连结和间接连结两种,以直接连结为多。

1. 颅骨的直接连结

颅盖诸骨之间,多以缝、软骨或骨直接相连(图 3-48)。这些连结极其牢固,不能运动。随着年龄的增长,缝可发生骨化而消失,软骨连结也可骨化而成为骨连结。

2. 颞下颌关节

颞下颌关节又称下颌关节(图 3-50),由颞骨的下颌窝、关节结节和下颌骨的髁突构成。

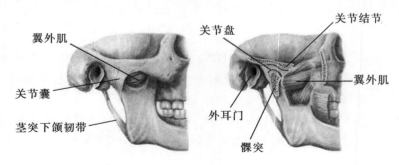

图 3-50 颞下颌关节

关节囊较松弛,囊内有关节盘,将关节腔分成上、下两部。颞下颌关节属联合关节,两侧关节须同时运动,可进行下颌骨上提(闭口)与下降(开口)、向前与向后以及侧方运动。若关节囊过分松弛,张口过大可使下颌头和关节盘向前滑至关节结节的前方,而不能向后退回关节窝,造成下颌关节的脱位。

(四)颅的整体观

1.颅的前面观

颅的前面中央有骨性鼻腔,骨性鼻腔的外上方为左、右眶(腔),下方为骨性口腔。

(1)眶　是呈四棱锥形的腔,容纳眼球及其附属结构。可分底、尖,以及上、下、内、外四壁。

(2)骨性鼻腔　位于面颅中央。上方以筛板与颅腔相隔;下方以硬腭与口腔分界;两侧邻接筛窦、眶和上颌窦。骨性鼻腔的前口称梨状孔;后口为鼻后孔。内腔借骨性鼻中隔分为左、右两半。骨性鼻中隔由犁骨和筛骨垂直板构成(图3-51)。

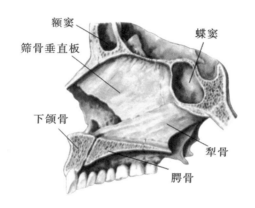

图3-51　骨性鼻中隔

骨性鼻腔的外侧壁结构复杂(图3-52),由上而下有3个向下卷曲的骨片,依次称上、中、下鼻甲。每个鼻甲下方的间隙,分别称上、中、下鼻道。位于骨性鼻腔周围的额骨、上颌骨、筛骨和蝶骨内有含空气的腔,称为鼻旁窦(图3-53)。鼻旁窦有4对,分别位于同名骨内,均与

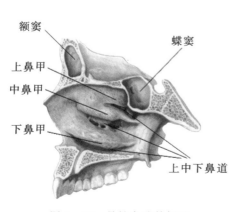

图3-52　骨性鼻腔外侧壁

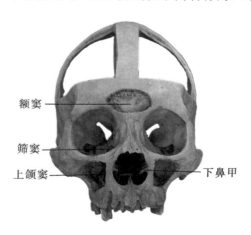

图3-53　鼻旁窦

鼻腔相通。其中蝶窦开口于蝶筛隐窝,筛窦后群开口于上鼻道;筛窦前、中群、额窦和上颌窦开口于中鼻道。下鼻道前部则有鼻泪管的开口。鼻旁窦对减轻颅骨重量和发音共鸣起一定的作用。

(3)骨性口腔 由上颌骨、腭骨及下颌骨围成。顶为骨腭,前壁及外侧壁由上、下颌骨的牙槽突及牙齿围成。

2.颅的侧面观

此面中部下方有外耳门。外耳门后方为乳突,前方是颧弓,二者均为在体表可摸到的骨性标志。颧弓下缘近中点处的隆起,称关节结节,其后方有下颌窝,容纳下颌头,形成下颌关节。颧弓将颅侧面分为上方的颞窝和下方的颞下窝。颞窝底(内侧壁)的前下部较薄,其中以额、顶、颞、蝶四骨的会合处最薄弱,此处常构成 H 形的缝,称为翼点。翼点内面有脑膜中动脉前支通过,骨折时易受损伤,导致颅内出血。(图 3 - 54)

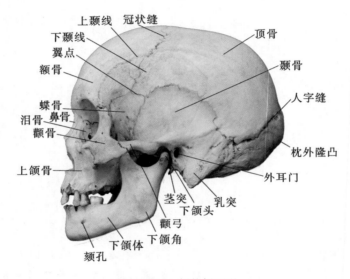

图 3 - 54 颅的侧面观

3.颅的顶面观

颅呈卵圆形,前窄后宽。额骨与两侧顶骨之间有冠状缝,左、右顶骨之间有矢状缝,顶骨和枕骨之间有人字缝。(图 3 - 55)

4.颅底外面观

颅底外面高低不平,结构复杂,有许多神经、血管通过的孔裂。颅底外面前部有由两侧上颌骨牙槽突合成的牙槽弓和由两侧上颌骨腭突与腭骨水平板构成的骨腭。颅底外面后部,中央有一大孔,即枕骨大孔。(图 3 - 56)

5.颅底内面观

颅底内面高低不平,呈三级阶梯状。前部最高,后部最低,分别称为颅前窝、颅中窝和颅后窝。窝内有很多孔和裂,大多与颅底外面相通,为血管、神经穿过的通道。(图 3 - 57)

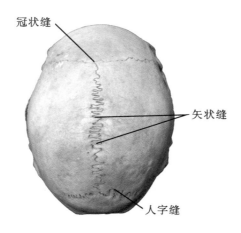

图 3 - 55 颅的上面观

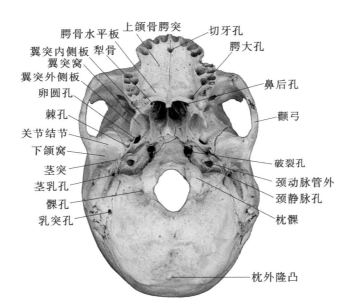

图 3 - 56 颅底外面观

（1）颅前窝 中央低凹部分是筛骨的筛板。筛板正中有高耸的鸡冠；两侧有筛孔。

（2）颅中窝 主要由蝶骨和颞骨岩部构成。蝶鞍中央凹陷，容纳垂体，故称垂体窝。蝶鞍两侧紧靠垂体窝处，左、右各有矢状位的浅沟，称颈动脉沟。在颈动脉沟外侧，由前向后依次为圆孔、卵圆孔和棘孔。

（3）颅后窝 最深，主要由枕骨和颞骨岩部后面构成。窝的中央有枕骨大孔。

（五）新生儿颅的特征及生后的变化

新生儿脑颅大于面颅，其比例为 1/8，而成人面颅却是脑颅的 1/4。新生儿颅骨尚未发育完全，在颅盖各骨交接处间隙较大，由结缔组织膜连结，称颅囟。最大的颅囟位于矢状缝的前端，呈菱形，称前囟（额囟）。在矢状缝与人字缝相交处，有三角形的后囟（枕囟）。顶骨前下角

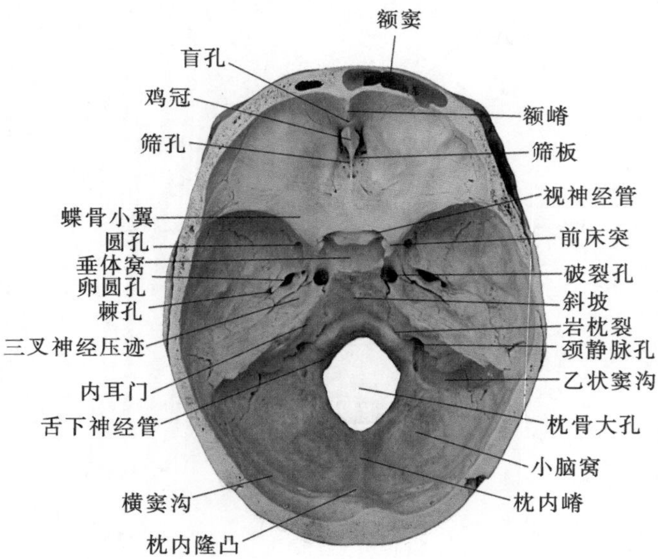

额窦

盲孔
鸡冠
筛孔

额嵴
筛板

蝶骨小翼
圆孔
垂体窝
卵圆孔
棘孔
三叉神经压迹
内耳门
舌下神经管

视神经管
前床突
破裂孔
斜坡
岩枕裂
颈静脉孔
乙状窦沟
枕骨大孔
小脑窝
枕内嵴

横窦沟
枕内隆凸

图 3-57 颅底内面观

处有前外侧囟（蝶囟）。在顶骨后下角处为后外侧囟（乳突囟）。前囟在生后 1～2 岁时闭合，其余各囟都在生后不久闭合。（图 3-58）

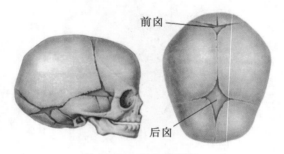

前囟

后囟

图 3-58 新生儿颅骨

第三节 骨骼肌

一、骨骼肌概述

运动系统的肌肉属骨骼肌。人体的骨骼肌约有 600 多块，约占体重的 40%（图 3-59）。每块肌都具有一定的形态、结构、位置和辅助装置，有丰富的血管和淋巴管分布，接受一定的神经支配，所以，每一块肌都是一个器官。

（一）肌的形态和结构

根据外形，肌可分为长肌、短肌、扁肌（阔肌）和轮匝肌（图 3-60）。长肌呈长条状，收缩时可引起大幅度的运动，多见于四肢。短肌较短，收缩的幅度小，但收缩力强大而持久，多见于椎骨之间。阔肌宽扁呈薄片状，多见于胸腹壁。轮匝肌位于孔裂周围，收缩时可关闭孔裂。

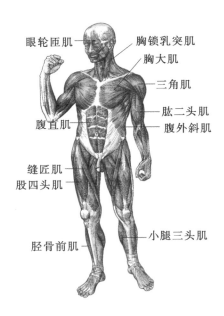

图 3 - 59　全身肌肉(前面观)

眼轮匝肌
胸锁乳突肌
胸大肌
三角肌
肱二头肌
腹直肌
腹外斜肌
缝匠肌
股四头肌
小腿三头肌
胫骨前肌

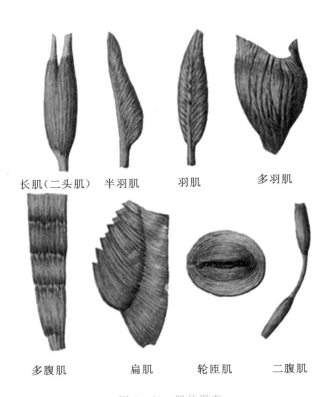

长肌(二头肌)　半羽肌　羽肌　多羽肌

多腹肌　扁肌　轮匝肌　二腹肌

图 3 - 60　肌的形态

每一块骨骼肌均由肌腹和肌腱两部分组成。

(二)肌的起止和作用

骨骼肌通常以两端附着于相关节的两骨或数骨上，中间跨过一个或多个关节。当肌收缩时，可牵拉两骨或数骨而产生运动。一般情况下，将肌在固定骨上的附着点称定点；在移动骨上的附着点称动点(图3-61)。把接近身体正中面或四肢近侧的附着点定义为骨骼肌的起点，远离正中面或在四肢远侧的附着点定义为止点。在某些情况下，肌的定点和动点可互相转化。身体的每一动作都是由许多骨骼肌在神经系统的统一支配下，互相协调、互相配合共同完成的。骨骼肌在动作中所起的作用不同：发起和完成动作的主要肌，称为原动肌；与原动肌功能相反的肌，称为拮抗肌。此外，还有一些肌协助配合原动肌，这些肌称为协同肌。

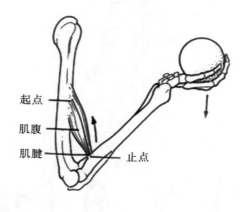

起点
肌腹
肌腱
止点

图3-61　肌的起止点

(三)肌的命名

肌可根据其形状、大小、位置、起止点、作用和肌束走行方向等命名。根据位置，如胸肌、腹肌等；根据机能，如屈肌、伸肌、收肌和展肌等；根据形态，如直肌、斜肌和横肌等；根据起止，如肱桡肌等。也有综合命名的，如桡侧腕长伸肌。了解肌的命名原则有助于学习和记忆。

(四)肌的辅助装置

在肌的周围有辅助装置协助肌的活动，具有保护肌肉和辅助肌肉工作的作用。辅助装置包括筋膜、腱鞘、滑膜囊等。

1. 筋膜

筋膜遍布全身，分浅、深筋膜。(图3-62)

(1)浅筋膜　又名皮下组织，位于皮肤深面，由疏松结缔组织构成，内含浅血管、浅淋巴管、皮神经及脂肪组织等，对深部组织具有保护和缓冲作用。临床上常见的皮下注射，即将药物注入此层内。

(2)深筋膜　又称固有筋膜，由致密结缔组织构成，位于浅筋膜的深面，分布全身。它包被骨骼肌，形成鞘状结构，并伸入肌群之间，附着于骨，构成肌间隔。

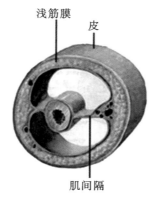

图 3 - 62　筋膜

2.腱鞘

腱鞘是包裹在肌腱外面的鞘管,有固定肌腱、减少腱与骨面摩擦的作用。腱鞘由纤维层和滑膜层组成。(图 3 - 63)

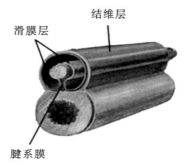

图 3 - 63　腱鞘模式图

3.滑膜囊

滑膜囊为圆形或椭圆形的膜性囊,内有滑液,多位于肌或肌腱与骨面相接之处,有减少两者间摩擦的作用。

(五)肌的血管和神经

肌有丰富血管,通常来自附近的血管干,一般与支配该肌的神经一起入肌,其数目与排列常有变异。骨骼肌是躯体运动神经的效应器官,接受来自神经丛或附近神经干而来的神经支配。

二、头颈肌

(一)头肌

头肌分为面肌和咀嚼肌两部分。

1.面肌

面肌为扁薄的皮肌,位置浅表,附着于面部皮肤,当面肌收缩时能产生喜、怒、哀、乐等各种表情,因此又称为表情肌。(图 3 - 64)

(1)枕额肌　由两个肌腹和中间的帽状腱膜构成。前部肌腹称额腹;后部肌腹称枕腹。枕腹可向后牵拉帽状腱膜,额腹收缩时可提眉并使额部皮肤出现皱纹。

(2)眼轮匝肌 位于眼睛周围,呈扁圆形,收缩时能使睑裂闭合(闭眼)。

(3)口周围肌 位于口裂周围,包括辐射状肌和环形肌。在面颊深部有一对颊肌,此肌紧贴口腔侧壁,帮助咀嚼和吸吮。环绕口裂的环形肌称口轮匝肌,收缩时关闭口裂(闭嘴)。

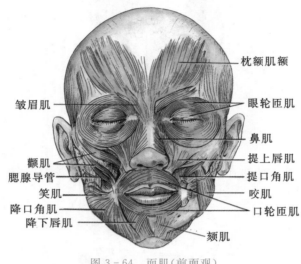

图 3-64 面肌(前面观)

2.咀嚼肌

咀嚼肌是上提下颌骨、使口闭合的一组头肌(图 3-65)。咀嚼肌包括颞肌、咬肌、翼内肌和翼外肌,配布于颞下颌关节周围,收缩时运动下颌骨,参与咀嚼。

(1)咬肌 起自颧弓,肌束向后下止于下颌角的咬肌粗隆。紧咬牙时,在颧弓下可清晰见到长方形的咬肌轮廓。

(2)颞肌 起自颞窝,肌束呈扇形向下聚集,越过颧弓的深面止于下颌骨冠突。

(3)翼内肌和翼外肌 均位于下颌支的内侧面,力量较弱。

作用:咬肌、颞肌、翼内肌为闭口肌,能上提下颌骨,使上、下颌牙齿互相咬合;翼外肌为张口肌。

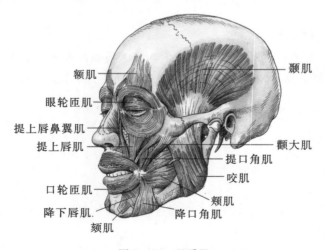

图 3-65 咀嚼肌

(二)颈肌

颈肌可分浅、中、深三群:颈浅肌群指颈阔肌和胸锁乳突肌,颈中肌群包括舌骨上肌群和舌骨下肌群,颈深肌群有前斜角肌、中斜角肌和后斜角肌。

1. **颈浅群肌**(图3-66)

(1)颈阔肌　位于颈部浅筋膜内。作用:紧张颈部皮肤,拉口角向下。

(2)胸锁乳突肌　位于颈部两侧,并形成明显颈部标志。起自胸骨柄前面和锁骨的胸骨端,二头会合斜向后上方,止于颞骨的乳突。作用:一侧肌收缩使头向同侧倾斜,脸转向对侧;两侧收缩可使头后仰。

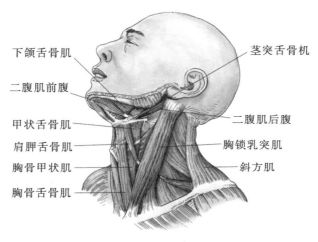

图3-66　颈浅肌群

2. **颈中群肌**(图3-67)

(1)舌骨上肌群　在舌骨与下颌骨之间,每侧4块肌肉:二腹肌、下颌舌骨肌、茎突舌骨肌、颏舌骨肌。舌骨上肌群的作用:可协助张口、吞咽等动作。

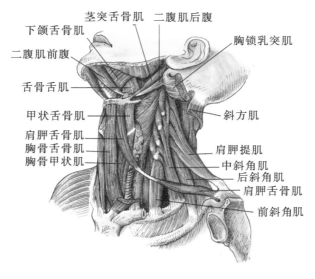

图3-67　颈中肌群和颈深肌群

（2）舌骨下肌群　位于颈前部，在舌骨下方正中线的两旁，居喉、气管、甲状腺的前方。每侧有4块肌：胸骨舌骨肌、胸骨甲状肌、甲状舌骨肌、肩胛舌骨肌。舌骨下肌群的作用为协助吞咽。

3. 颈深群肌（图3-67）

颈深群肌位于脊柱颈段的两侧，有前斜角肌、中斜角肌、后斜角肌。各肌均起自颈椎横突，其中前、中斜角肌止于第1肋，后斜角肌止于第2肋，前、中斜角肌与第1肋之间的空隙为斜角肌间隙，有锁骨下动脉和臂丛通过。

三、躯干肌

躯干肌包括背肌、胸肌、膈、腹肌和会阴肌。

（一）背肌

1. 斜方肌（图3-68）

斜方肌位于项、背部的浅层，一侧呈三角形，两侧合起来为斜方形。起自枕外隆凸、项韧带、第7颈椎和全部胸椎的棘突，止于肩胛冈、肩峰和锁骨外侧1/3，收缩时使肩胛向脊柱靠拢。该肌瘫痪时产生"塌肩"。

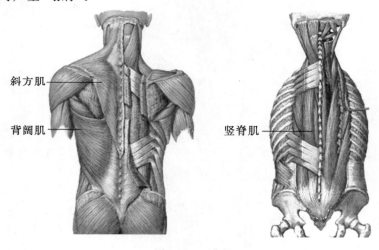

图3-68　背肌

2. 背阔肌（图3-68）

背阔肌为全身最大的扁肌，位于背下部、腰部和胸廓后外侧壁。起自第6胸椎以下的全部椎骨棘突和髂嵴后份，肌束向外上方集中，止于肱骨的小结节嵴，收缩时使臂内收、旋内和后伸，如背手姿势。

3. 竖脊肌（图3-68）

竖脊肌位于背部深层，棘突两侧的纵沟内，为两条强大的纵行肌柱。起自骶骨背面和髂嵴后份，向上分别止于椎骨、肋骨和颞骨乳突。竖脊肌收缩时使脊柱后伸，是维持人体直立姿势的重要肌。

包绕竖脊肌的深筋膜称胸腰筋膜，分前、后两层，后层在腰部显著增厚。

(二)胸肌

胸肌包括胸上肢肌和胸固有肌。

1.胸上肢肌(图 3-69)

(1)胸大肌　位于胸前壁的浅层。起自锁骨内侧、胸骨和第 1～6 肋软骨,肌束向外汇集,止于肱骨大结节下方。收缩时使肩关节内收、旋内和前屈,如上肢固定,可上提躯干,还可提肋助吸气。

(2)胸小肌　位于胸大肌深面,呈三角形。收缩时可牵拉肩胛骨向前下,当肩胛骨固定时,可提肋助吸气。

(3)前锯肌　紧贴胸廓外侧壁,收缩时拉肩胛骨向前紧贴胸廓。当肩胛骨固定时,可提肋助深吸气。当前锯肌瘫痪时可出现"翼状肩"。

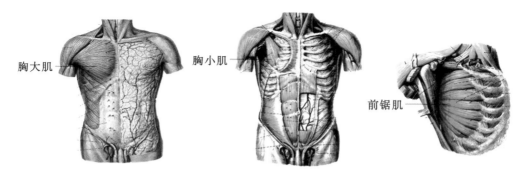

胸大肌　胸小肌　前锯肌

图 3-69　胸上肢肌

2.胸固有肌(图 3-70)

胸固有肌位于肋间隙,主要包括肋间外肌和肋间内肌。肋间外肌可提肋助吸气;肋间内肌可降肋助呼气。

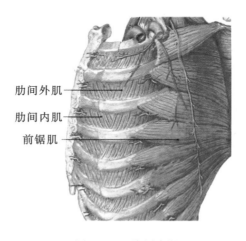

肋间外肌
肋间内肌
前锯肌

图 3-70　胸固有肌

(三)膈

膈为位于胸、腹腔之间,向上膨隆的一块穹窿状扁肌(图 3-71)。周围部为肌性部分,附于胸廓下口;中央部为腱膜,称中心腱。膈上有三个裂孔。

(1)主动脉裂孔　位于第12胸椎前方,有降主动脉和胸导管通过。

(2)食管裂孔　位于第10胸椎水平,有食管和迷走神经通过。

(3)腔静脉孔　位于第8胸椎水平,有下腔静脉通过。

膈是重要的呼吸肌。膈收缩时,膈穹窿下降,胸腔容积扩大,助吸气;膈舒张时,膈穹窿上升,胸腔容积缩小,助呼气。若膈与腹肌同时收缩,则使腹压增加,有协助排便、分娩等功能。

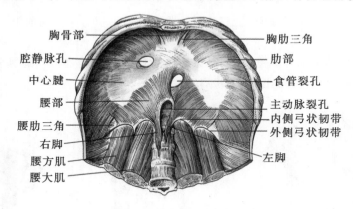

图 3-71　膈(下面观)

(四)腹肌

腹肌参与组成腹腔的前壁、侧壁和后壁,分为前外侧群和后群。(图 3-72)

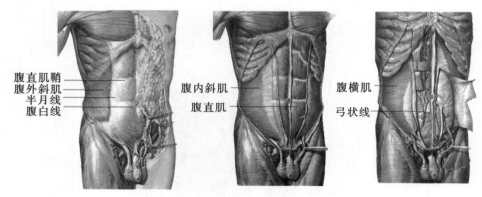

图 3-72　腹肌

1. 前外侧群

(1)腹直肌　位于腹前壁正中线两侧的一对带状肌,表面被腹直肌鞘包裹。该肌被3～4条横行的腱划分成多个肌腹。

(2)腹外斜肌　为一宽阔的扁肌,位于腹前外侧壁的最浅层。肌束自外上斜向前下方,近腹直肌外缘移行为腱膜,其腱膜参与组成腹直肌鞘的前层。腹外斜肌腱膜下缘连于髂前上棘与耻骨结节间,增厚并向后卷曲形成腹股沟韧带。

(3)腹内斜肌　位于腹外斜肌深面的扁肌。上部肌束行向前上与腹外斜肌的肌束交叉。全部肌束行至腹直肌外侧移行为腱膜。腹内斜肌腱膜分为两层,包绕腹直肌,终于白线。

（4）腹横肌 位于腹内斜肌深面的扁肌，肌束向前内横行，移行为腱膜，经腹直肌后面终于白线。

腹前外侧群肌有保护和固定腹腔器官的作用；收缩时可增加腹压，协助排便、呕吐和分娩；可使脊柱作前屈、侧屈和旋转等运动，还可降肋助呼气。

2.后群

后群有腹后壁的腰大肌和腰方肌。腰方肌位于腹后壁腰椎两侧，呈长方形，收缩时使脊柱侧屈（图 3 - 73）。腰大肌见下肢肌叙述。

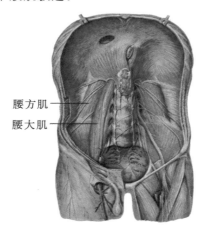

图 3 - 73　腹肌后群

3.肌间结构

（1）腹直肌鞘 是腹前外侧群三块扁肌的腱膜前、后两层包绕腹直肌而成。

（2）白线 位于腹前壁正中线上，由两侧的腹直肌鞘纤维在中线交织而成。

（3）腹股沟管 位于腹股沟韧带内侧半的上方，为腹前壁三层扁肌间的一条斜行裂隙。该管长约 4～5cm，有内、外两口，内口称腹股沟管深（腹）环，位于腹股沟韧带中点上方约一横指处，为腹横筋膜向外突出而成；外口即腹股沟管浅（皮下）环，为腹外斜肌腱膜在耻骨结节外上方形成的三角形裂孔。此管在男性有精索通过，在女性有子宫圆韧带通过。（图 3 - 74）

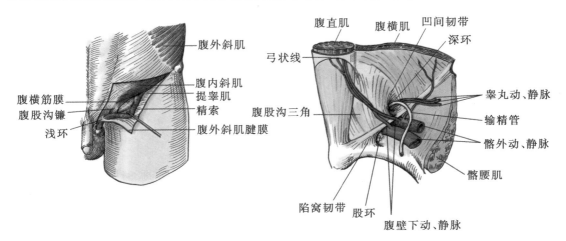

图 3 - 74　腹股沟管

（4）腹股沟（海氏）三角　位于腹前壁上部，由腹直肌外侧缘、腹股沟韧带和腹壁下动脉围成的三角区。（图3-74）

 **知识链接**

腹股沟疝

老年人和儿童腹股沟区腹壁肌肉及软组织结构薄弱。当腹内压增高时，腹腔内脏器可通过腹股沟区的缺损向体表突出形成包块，称为腹股沟疝，俗称"疝气"。腹股沟疝内容物多数为肠管或大网膜，根据疝囊是否经过腹股沟管分为直疝与斜疝。直疝绝大多数为后天形成，而斜疝先天形成的较多。

（五）会阴肌

会阴肌指封闭小骨盆下口的肌，主要包括会阴深横肌、尿道括约肌、肛提肌、尾骨肌等。

四、四肢肌

（一）上肢肌

上肢肌包括上肢带肌、臂肌、前臂肌和手肌。

1. 上肢带肌

上肢带肌包括三角肌、冈上肌、冈下肌、小圆肌、大圆肌、肩胛下肌。它们附着于肩关节周围，可运动肩关节。（图3-75）

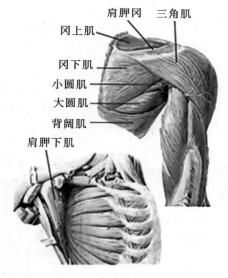

图3-75　上肢带肌

三角肌位于肩部，呈三角形。起自锁骨的外侧段、肩峰和肩胛冈，肌束从前、外、后包裹肩关节，逐渐向外下方集中，止于肱骨体外侧的三角肌粗隆。作用：使肩关节外展，前部肌束可使肩关节前屈和旋内，而后部肌束能使肩关节后伸和旋外（图3-75）。肱骨上端由于三角肌的覆盖，使肩部呈圆隆形。三角肌是肌内注射的常用部位。

2.臂肌

臂肌分布于肱骨周围,按其所在的部位和作用分为前群肌(屈肌)和后群肌(伸肌)。

(1)前群 包括浅层的肱二头肌和深层的肱肌、喙肱肌。(图3-76)

①肱二头肌:呈梭形,起端有两个头,长头以长腱起自肩胛骨盂上结节,通过肩关节囊,经结节间沟下降;短头在内侧,起自肩胛骨喙突。两头在臂的下部合并成一个肌腹,并以肱二头肌腱止于桡骨粗隆。作用:屈肘关节;当前臂处于旋前位时,能使其旋后。此外,还能协助屈肩关节。

②喙肱肌:在肱二头肌短头的后内方,起自肩胛骨喙突,止于肱骨中部的内侧骨面。作用:协助肩关节前屈和内收。

③肱肌:位于肱二头肌下半部的深面,起自肱骨下半部的前面,止于尺骨粗隆。作用:屈肘关节。

(2)后群 只有1块肱三头肌。肱三头肌起端有3个头,长头以长腱起自肩胛骨盂下结节,向下行经大、小圆肌之间;外侧头起自肱骨后面桡神经沟的外上方的骨面;内侧头起自桡神经沟以下的骨面。3个头向下会合成肌腹以一个坚韧的腱止于尺骨鹰嘴。作用:伸肘关节,长头还可使肩关节后伸和内收。(图3-77)

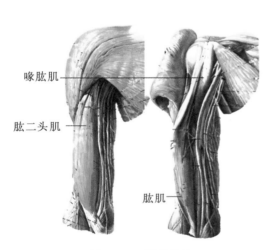

图3-76 臂前群肌

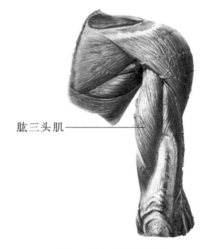

图3-77 臂后群肌

3.前臂肌

前臂肌位于尺、桡骨的周围,分为前(屈肌)、后(伸肌)两群。

(1)前群 位于前臂的前面和内侧面,共9块,分4层排列(图3-78,图3-79)。

第一层有5块肌,自桡侧向尺侧依次为肱桡肌、旋前圆肌、桡侧腕屈肌、掌长肌、尺侧腕屈肌。作用:前臂屈曲、旋前、屈腕等。

第二层只有1块肌,即指浅屈肌。作用:屈近侧指骨间关节、屈掌指关节、屈腕和屈肘。

第三层有2块肌,位于桡侧的拇长屈肌和位于尺侧的指深屈肌。作用:屈腕、屈拇指、屈2~5指的远侧与近侧指骨间关节、掌指关节等。

第四层为旋前方肌。作用:使前臂旋前。

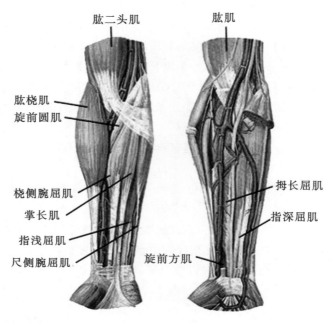

图 3 - 78　前臂前群肌浅层

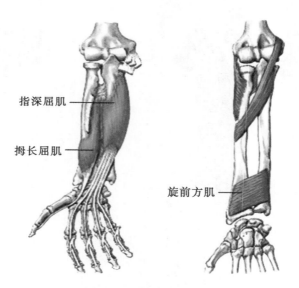

图 3 - 79　前臂前群肌深层

（2）后群　共有 10 块肌，分为浅、深两层。（图 3 - 80）

浅层有 5 块肌，自桡侧向尺侧依次为桡侧腕长伸肌、桡侧腕短伸肌、指伸肌、小指伸肌和尺侧腕伸肌。这 5 块肌以一个共同的伸肌总腱起自肱骨外上髁。作用：伸腕、伸指等。

深层也有 5 块肌，从上外向下内依次为旋后肌、拇长展肌、拇短伸肌、拇长伸肌和示指伸肌。作用：使前臂旋后、拇指外展、伸拇指、伸示指等。

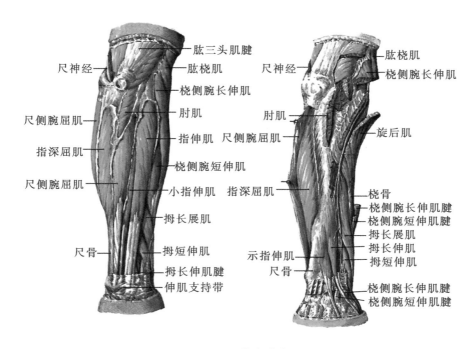

图 3-80 前臂后群肌

4.手肌

运动手指的肌,除来自前臂的长肌以外,还有位于手掌部止于手指的手肌,手肌分为外侧、中间和内侧 3 群。(图 3-81)

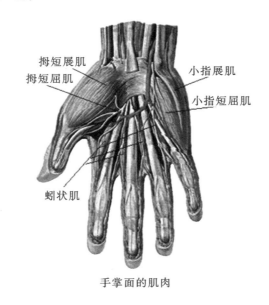

手掌面的肌肉

图 3-81 手肌

(1)外侧群 较为发达,在手掌拇指侧形成一隆起,称鱼际。其包括拇短展肌、拇短屈肌、拇对掌肌、拇收肌。作用：使拇指做展、屈、对掌和收等动作。

（2）内侧群　在手掌小指侧，形成一隆起称小鱼际。包括：小指展肌、小指短屈肌、小指对掌肌。作用：使小指做屈、外展和对掌等动作。

（3）中间群　位于掌心，包括4块蚓状肌和7块骨间肌。蚓状肌作用：屈掌指关节，伸指骨间关节。

（二）下肢肌

下肢肌包括髋肌、大腿肌、小腿肌和足肌。

1. 髋肌

髋肌按其所在的部位和作用，可分为前、后两群。（图3-82）

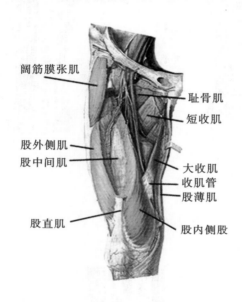

图 3-82　前群髋肌

（1）前群　包括髂腰肌和阔筋膜张肌。

①髂腰肌：由腰大肌和髂肌组成。腰大肌起自腰椎体两侧。髂肌起自髂窝。两肌向下会合，经腹股沟韧带深面止于股骨小转子。作用：使大腿前屈和旋外。下肢固定时，可使躯干和骨盆前屈。

②阔筋膜张肌：位于大腿上部前外侧，起自髂前上棘，肌腹在阔筋膜两层之间，向下移行于髂胫束，止于胫骨外侧髁。作用：使阔筋膜紧张并屈大腿。

（2）后群　主要位于臀部，又称臀肌。（图3-83）

后群髋肌主要包括臀大肌、臀中肌、臀小肌、梨状肌、闭孔内肌、股方肌和闭孔外肌。

①臀大肌：位于臀部浅层、大而肥厚，覆盖臀中肌下半部及其他小肌。其起自髂骨翼外面和骶骨背面，止于髂胫束和股骨的臀肌粗隆。作用：使大腿后伸和外旋。下肢固定时，能伸直躯干，防止躯干前倾，是维持人体直立的主要肌之一。

②臀中肌及臀小肌：均位于臀大肌的深面。

③梨状肌：起自骨盆内骶骨前面，经坐骨大孔达臀部，止于股骨大转子。作用：外展、外旋大

腿。梨状肌覆盖坐骨大孔,并将其分为梨状肌上孔及梨状肌下孔,孔内有重要的血管、神经通过。

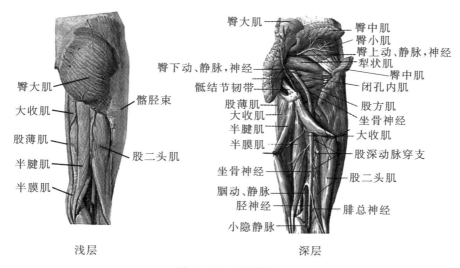

浅层　　　　　　　　　深层

图 3 - 83　后群臀肌

2.大腿肌

大腿肌分为前群、内侧群和后群。

(1)前群　有缝匠肌和股四头肌。(图 3 - 84)

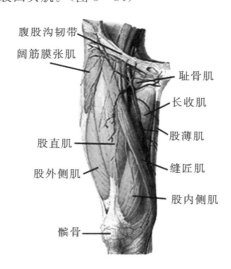

图 3 - 84　股部前群肌

①缝匠肌:是全身最长的肌,起于髂前上棘,经大腿的前面,斜向内下,止于胫骨上端的内侧面。作用:屈大腿和屈膝关节,并使已屈的膝关节旋内。

②股四头肌:是全身最大的肌,有 4 个头:股直肌起自髂前下棘;股内侧肌和股外侧肌分别起自股骨粗线内、外侧;股中间肌位于股直肌的深面,在股内、外侧肌之间,起自股骨体的前面。4 个头向下形成一强腱,包绕髌骨的前面和两侧,向下延续为髌韧带,止于胫骨粗隆。作用:屈髋关节,伸膝关节。

（2）内侧群　有5块肌，包括耻骨肌、长收肌、股薄肌、短收肌和大收肌。作用：髋关节内收、外旋。

（3）后群　股二头肌、半腱肌和半膜肌，均跨越髋关节和膝关节。作用：伸髋关节、屈膝关节。

3. 小腿肌

小腿肌分为前群、后群和外侧群。（图3-85）

（1）前群　有3块肌，包括胫骨前肌、趾长伸肌、踇长伸肌。作用：伸踝关节（背屈）、足内翻、伸趾等。

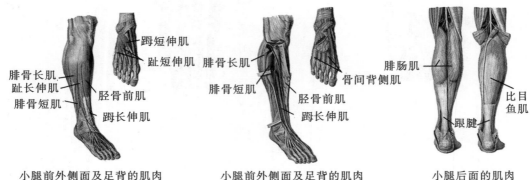

踇短伸肌
趾短伸肌
腓骨长肌
趾长伸肌
腓骨短肌
胫骨前肌
踇长伸肌

小腿前外侧面及足背的肌肉

腓骨长肌
腓骨短肌
骨间背侧肌
胫骨前肌
踇长伸肌

小腿前外侧面及足背的肌肉

腓肠肌
比目鱼肌
跟腱

小腿后面的肌肉

图3-85　小腿肌及足肌

（2）后群　有5块肌。小腿三头肌位于浅层，其余4块位于深层。

①浅层肌　为小腿三头肌。两个浅表的头称腓肠肌，位置较深的一个头是比目鱼肌，三块肌的肌腱合成人体最粗大跟腱，止于跟骨结节。作用：屈踝关节（跖屈）和屈膝关节。

②深层肌　包括腘肌、趾长屈肌、踇长屈肌和胫骨后肌。作用：屈踝关节、足内翻、屈趾等。

（3）外侧群　包括腓骨长肌和腓骨短肌。作用：屈踝关节，使足外翻。

4. 足肌

足肌分为足背肌和足底肌（图3-85，图3-86）。

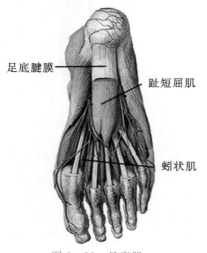

足底腱膜
趾短屈肌
蚓状肌

图3-86　足底肌

（1）足背肌 较薄弱,包括伸踇趾的踇短伸肌和伸第 2~5 趾的趾短伸肌,位于趾长伸肌腱深面。

（2）足底肌 足底肌的作用是协助屈趾和维持足弓。

📚 本章小结

一、本章提要

通过本章学习,使同学们了解运动系统的相关知识,重点掌握运动系统的组成,具体包括以下内容:

1. 掌握各节涉及的一些基本概念,如椎孔、椎间孔、胸骨角、翼点、鼻旁窦等。

2. 能够理解运动系统中各个组成部分在运动过程中所发挥的作用,能够辨别骨的类型,比较上、下肢骨的区别,理解肌肉的配布和作用。具有正确描述辨认运动系统中的骨骼、重点关节及骨骼肌的能力。

3. 了解骨的表面形态;骨的化学成分和物理性质;骨连结的类型;骨骼肌的构成。

二、本章重、难点

1. 运动系统的组成。

2. 骨的形态,主要躯干骨、四肢骨的基本形态。

3. 胸骨角、翼点的概念。

4. 关节的基本结构。

5. 胸廓、脊柱的组成及特征。

6. 肩、肘、髋、膝四关节的组成、特点及运动形式。

7. 膈的形态、位置及裂孔。

 课后习题

一、单选题

1. 有关长骨的描述,正确的是（ ）。

A. 是指所有形状长的骨　　　　B. 具有一体两端的骨

C. 骨干内具有含气的腔　　　　D. 肋骨属于典型长骨

E. 骨干与骺相邻的部分称干骺端

2. 椎弓和椎体围成（ ）。

A. 椎间孔　　　　　　B. 横突孔　　　　　　C. 椎孔

D. 椎骨上、下切迹　　　E. 椎管

3. 胸骨角（ ）。

A. 向后平对第 4 胸椎体上缘　　B. 与第 3 肋软骨相接

C. 参与构成胸锁关节　　　　　D. 两侧平对第 2 肋

E. 与肩胛下角平齐

4.上肢带骨为（　）。

A.肋骨和锁骨　　　　　　B.锁骨和肩胛骨　　　　C.肩胛骨和胸骨

D.胸骨和锁骨　　　　　　E.肩胛骨和肋骨

5.关于锁骨的叙述，下列哪项是正确的？（　）

A.与喙突相关节　　　　　B.胸骨端扁平　　　　　C.借关节盘与胸骨体相关节

D.肩峰端粗大　　　　　　E.常见骨折在中、外 1/3 交点处

6.关于肩胛骨的叙述，下列哪项是正确的？（　）

A.位于胸廓的后内下份　　　　　B.喙突与肩胛冈相延续

C.上角平对第 3 肋　　　　　　D.下角平对第 7 肋或第 7 肋间隙

E.上角增厚形成关节盂

7.人体最大、最复杂的关节是（　）。

A.肩关节　　　　　　　　B.肘关节　　　　　　　C.髋关节

D.膝关节　　　　　　　　E.腕关节

8.构成肩关节的关节面有（　）。

A.肱骨头和肩胛骨肩峰关节面　　　　B.肱骨头和肩胛下窝

C.肱骨滑车与肩胛骨关节盂　　　　　D.肱骨头与肩胛骨关节盂

E.肱骨滑车与肩胛骨肩峰关节面

9.通过肩关节囊内的肌腱是（　）。

A.肱二头肌短头腱　　　　B.肱二头肌长头腱　　　C.肱三头肌长头腱

D.喙肱肌的肌腱　　　　　E.岗上肌的肌腱

10.桡腕关节（　）。

A.由桡骨、尺骨和近侧列腕骨组成

B.可做屈、伸、收、展和旋内、旋外运动

C.包括桡尺远侧关节

D.关节囊紧张

E.四周有韧带加强

11.肘关节（　）。

A.由肱骨和尺骨组成　　　　　　B.由肱骨和桡骨组成

C.关节囊前后有韧带加强　　　　D.由肱骨、桡骨和尺骨组成

E.可做屈、伸、收、展运动

12.髋关节（　）。

A.由髋臼窝与股骨头构成　　　　B.属球窝关节

C.股骨头韧带内有血管　　　　　D.髂股韧带限制过伸

E.以上都对

13.膝关节（　）。

A.由股骨下端、胫骨和腓骨上端组成　　　B.关节囊紧张，四周有韧带加强

C.外侧半月板较小呈"O"型　　　　　　　D.内侧半月板较大呈"O"型

E.无上述情况

14.三角肌的作用（　）。

A.内收肩关节　　　　　　　　B.外旋肘关节　　　　　　　C.外展肩关节

D.伸肘关节　　　　　　　　　E.环转肩关节

15.三角肌的止点（　）。

A.臀肌粗隆　　　　　　　　　B.肩峰　　　　　　　　　　C.尺骨鹰嘴

D.三角肌粗隆　　　　　　　　E.桡骨小头

16.缝匠肌的作用（　）。

A.屈髋伸膝　　　　　　　　　B.屈髋屈膝　　　　　　　　C.同股二头肌

D.屈肩关节　　　　　　　　　E.伸肘关节

17.小腿三头肌中位于深层者是（　）。

A.跟腱　　　　　　　　　　　B.趾长屈肌　　　　　　　　C.比目鱼肌

D.腓肠肌　　　　　　　　　　E.胫骨后肌

18.下列不属于背肌的是（　）。

A.斜方肌　　　　　　　　　　B.肩胛提肌　　　　　　　　C.背阔肌

D.竖脊肌　　　　　　　　　　E.胸锁乳突肌

19.全身最大的扁肌是（　）。

A.腹直肌　　　　　　　　　　B.腹外斜肌　　　　　　　　C.背阔肌

D.胸大肌　　　　　　　　　　E.枕额肌

20.瘫痪时产生"塌肩"体征的骨骼肌是（　）。

A.三角肌　　　　　　　　　　B.大圆肌　　　　　　　　　C.冈上肌

D.斜方肌　　　　　　　　　　E.胸大肌

二、填空题

1.躯干骨包括椎骨_____、_____和_____。它们分别参与脊柱、骨性胸廓和骨盆的构成。

2.骨由骨质、_____和_____构成。

3.锁骨呈"∽"形弯曲,内侧 2/3 _____,外侧 1/3 _____。

4.上肢肌包括上肢带肌、臂肌、_____和_____。

5.小腿三头肌是由_____和_____而组成的。

6.每块骨骼肌包括_____和_____两部分。

7.骨盆由 2 块_____、1 块_____、尾骨和它们之间的骨连结共同构成。

三、名词解释

1.胸骨角　　2.翼点　　3.椎间孔

四、简答题

1.请描述鼻旁窦的名称、位置及开口。

2.试述关节的基本构造和辅助结构。

3.试述膈的位置、重要结构和主要功能。

附　内脏学概述

⬤ 学习目标

1.掌握内脏的组成;胸部的标志线和腹部的分区。
2.了解内脏的一般结构;内脏的特点。

内脏包括消化系统、呼吸系统、泌尿系统和生殖系统,其器官主要位于胸腔、腹腔和盆腔内。内脏在功能上参与新陈代谢和繁衍后代,在形态结构上借孔道与外界相通。

一、内脏的一般结构

内脏各器官分为中空性器官和实质性器官两大类。

(一)中空性器官

此类器官呈管状或囊状,内部均有空腔,如胃、肠、气管、输尿管、膀胱、子宫、输精管等。其管壁由数层组织构成,如消化管壁由4层组织构成,呼吸系统、泌尿系统和生殖系统的中空性器官的壁由3层组织构成。

(二)实质性器官

此类器官表面包以结缔组织被膜,如肝、胰、肺、肾、卵巢等。被膜深入器官实质内,将器官的实质分为若干小叶,如肝小叶、肺小叶等。分布于实质性器官的血管、神经和淋巴管以及器官的功能性管道出入之处称为该器官的"门",如肺门、肝门等。

二、胸部标志线和腹部分区

大部分内脏器官位于胸、腹和盆腔内,位置相对固定。为描述各器官的位置及其体表投影,通常在胸、腹部体表确定若干标志线,将腹部分成若干区域。

常用的胸部标志线有前正中线、胸骨线、锁骨正中线、胸骨旁线等九条,如图附-1所示。

(一)胸部的标志线

1.前正中线

沿人体前面正中所做的垂直线为前正中线。

2.胸骨线

沿胸骨最宽处的外侧缘所做的垂直线为胸骨线。

3.锁骨中线

通过锁骨中点所做的垂直线为锁骨中线。

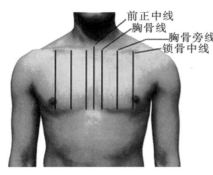
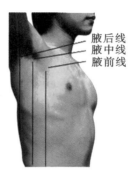
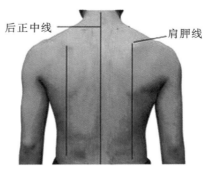

图附-1 胸部标志线

4.胸骨旁线

通过胸骨线与锁骨中线之间的中点所做的垂直线为胸骨旁线。

5.腋前线

通过腋前襞所做的垂直线为腋前线。

6.腋后线

通过腋后襞所做的垂直线为腋后线。

7.腋中线

通过腋前、后线之间的中点所做的垂直线为腋中线。

8.肩胛线

通过肩胛骨下角所做的垂直线为肩胛线。

9.后正中线

沿人体后面正中所做的垂直线为后正中线。

(二)腹部的分区

腹部分区方法较多,通常采用"9分法",在腹部前面采用两条横线和两条纵线将腹部分为9个区。两条横线分别是两肋弓最低点间的连线和两髂结节间的连线。两条纵线分别是通过左、右腹股沟韧带中点所做的垂直线。以此将腹部分成9个区(图附-2),分别是左、右季肋区,腹上区,左、右腹外侧区,脐区,左、右腹股沟区和耻区。临床上亦常用"4分法",即通过脐做一水平线和一垂直线,将腹部分为左上腹、右上腹、左下腹和右下腹4个区。

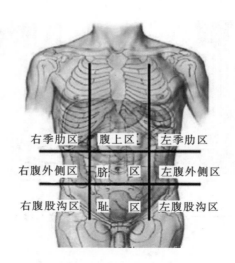

图附-2　腹部分区(9分法)

 本章小结

一、提要

通过本章学习,使同学们了解内脏的相关知识,重点掌握内脏的组成,胸部标志线的概念,以及腹部的分区方法等相关知识。具体包括以下内容:

1.掌握内脏包括的 4 个系统,以及各胸部标志线的概念。

2.明确 9 分法和 4 分法的描述方法和意义,为后面学习各内脏器官的位置和体表投影打好基础。

3.了解内脏的划分依据和共同特点。

二、重难点

1.常用的 3 条胸部标志线:锁骨中线、腋中线和肩胛线。

2.9 分法、4 分法的划分和应用。

课后习题

一、单选题

1.不属于内脏范畴的器官是(　)。

A.肝　　　　B.胃　　　　　　B.肾　　　　　　D.脾　　　　　　E.子宫

2.中空性器官不包括(　)。

A.胃　　　　B.小肠　　　　C.膀胱　　　　D.肺　　　　　E.子宫

3.关于胸部标志线,错误的是(　)。

A.沿人体前面正中所做的垂直线称前正中线

B. 通过锁骨中点所做的垂直线称锁骨中线

C. 通过腋前襞所做的垂直线称腋前线

D. 通过腋后襞所做的垂直线称腋中线

E. 通过肩胛骨下角所做的垂直线称肩胛线

4. 关于腹部标志线错误的是（　　）。

A. 上横线是两肋弓最低点的连线

B. 下横线是两髂结节间的连线

C. 两条纵线分别是通过左、右腹股沟韧带中点的垂直线

D. 分右上腹、左上腹、右下腹、左下腹 4 个区

E. 分左、右季肋区，腹上区，左、右腹外侧区，脐区，左、右腹股沟区和腹下区 9 个区

二、填空题

1. 内脏器官从基本结构上分为＿＿＿＿＿、＿＿＿＿＿两大类。

2. 腹部分区（9 分法），上腹部包括＿＿＿＿＿和左、右＿＿＿＿＿；中腹部包括＿＿＿＿和左、右＿＿＿＿＿；下腹部包括＿＿＿＿＿和左、右＿＿＿＿＿。

三、名词解释

肩胛线

四、简答题

简述中空性器官和实质性器官有何区别？

第四章 消化系统

学习目标

　　1.掌握消化系统的组成及上、下消化道的概念;咽峡的组成;舌的形态,舌乳头的名称及功能;咽的分部;食管的三个狭窄;胃的位置、形态和分部,胃的微细结构,胃腺的功能;十二指肠的分部、形态特点;大肠的分部、形态特点,阑尾的位置及其根部的体表投影;肝的形态、位置、体表投影及微细结构;胆囊的形态、位置及胆囊底的体表投影;输胆管道的组成。

　　2.熟悉消化管的一般结构;小肠的分部及微细结构;直肠的位置、形态;肛管的结构特点;口腔3对唾液腺位置及开口部位;胰腺的位置、形态及微细结构。

　　3.了解牙的形态、结构及排列方式;肝门管区组成。

第一节　概　述

一、消化系统的组成

　　消化系统(图4-1)是内脏的一部分,由消化管和消化腺组成;其主要功能是消化食物,吸收营养物质,排出食物残渣。口腔和咽还参与呼吸和语言活动。舌有味觉功能。

　　消化管为中空性器官,是从口腔到肛门粗细不等的迂曲管道,包括口腔、咽、食管、胃、小肠

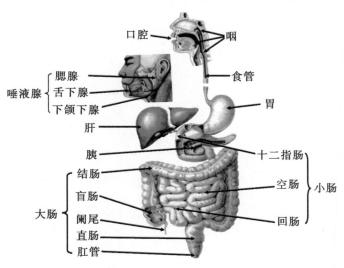

图4-1　消化系统概观

（分为十二指肠、空肠、回肠）和大肠（分为盲肠、阑尾、结肠、直肠、肛管）。临床上通常把十二指肠及以上的消化管称为上消化道；空肠及以下的消化管称为下消化道。消化腺包括口腔腺（腮腺、舌下腺、下颌下腺）、肝、胰以及消化管壁内的小腺体（如食管腺、胃腺、肠腺）；它们均开口于消化管内，分泌液参与对食物的消化。

二、消化管壁的分层

除口腔与咽外，消化管壁一般从内向外可分为黏膜、黏膜下层、肌层和外膜四层。（图4-2）

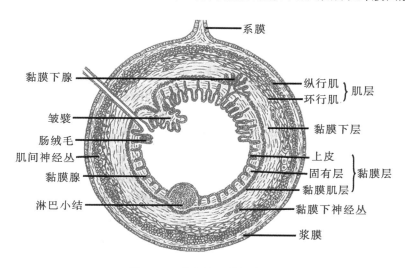

图4-2 消化管壁结构模式图

（一）黏膜

黏膜位于管壁最内层，是消化管进行消化、吸收活动最重要的部分，表面润滑，便于食物的运输和消化吸收。黏膜自内向外由上皮、固有层和黏膜肌层三部分组成。

1. 上皮

上皮衬于黏膜的表层，类型因其所在位置而异。消化管两端（口腔、咽、食管及肛门）分布有复层扁平上皮，以保护功能为主；其余节段分布有单层柱状上皮，以消化、吸收功能为主。

2. 固有层

固有层由疏松结缔组织构成，内含有小消化腺、血管、神经、分散的平滑肌、淋巴管和淋巴组织。淋巴组织以咽、回肠、阑尾等处较多。胃肠道的上皮和腺体内有散在分布的内分泌细胞，分泌的激素对胃肠道和其他器官的功能具有重要的调节作用。

3. 黏膜肌层

黏膜肌层一般由内环行和外纵行两薄层平滑肌组成。平滑肌的收缩和舒张可改变黏膜形态，有利于营养物质吸收、血液运行和腺体分泌物的排出。

（二）黏膜下层

黏膜下层又称黏膜下组织，为疏松结缔组织，含有较大的血管、淋巴管和黏膜下神经丛。食管和十二指肠的黏膜下层分别有食管腺和十二指肠腺。

黏膜和部分黏膜下层常共同向腔内突出,形成纵行或环行的皱襞,借以扩大黏膜的表面积。

(三)肌层

消化管两端为骨骼肌,其余部分由平滑肌组成。一般分为内环行和外纵行两层,肌层之间有肌间神经丛。某些部位环行肌增厚,形成括约肌。肌层的收缩和舒张,形成消化管的蠕动,使消化液与食物充分混合,并不断将食物向下推进。

(四)外膜

外膜位于管壁最外层,为纤维膜或浆膜。咽、食管、直肠下部的外膜,由结缔组织构成,称纤维膜,起固定作用;其他部分的外膜,由少量结缔组织及其表面的间皮共同构成,称浆膜,表面光滑,有利于器官的活动。

第二节　消化管

一、口腔

口腔是消化管的起始部。其前壁为上、下唇;上壁为腭;下壁为口腔底;两侧壁为颊。口腔向前经口裂通向外界,向后经咽峡与咽相通。口腔内有舌、牙等器官。(图4-3)

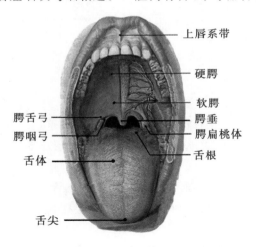

图4-3　口腔及咽峡

口腔以上、下牙弓(包括牙槽突、牙列)和牙龈为界分为口腔前庭和固有口腔两部分,当上、下牙列咬合时,二者仍可借第3磨牙后方的间隙相通。临床上可通过此间隙对牙关紧闭的患者灌注营养物质或急救药物。

(一)口唇与颊

口唇分为上唇和下唇,两唇之间的裂隙称口裂。在口裂的两侧,上、下唇结合处称口角。上唇外面正中线处有一纵行浅沟称人中,为人类所特有。昏迷患者急救时,可在此处进行指压或针刺,促使患者苏醒。上唇两侧与颊交界处的弧形浅沟称鼻唇沟。

　　颊位于口腔两侧,由皮肤、颊肌及黏膜组成。在上颌第二磨牙牙冠相对的颊黏膜上有腮腺导管的开口。

(二)腭

　　腭构成口腔的上壁,分隔鼻腔与口腔。腭的前 2/3 以骨性结构为基础,被覆黏膜,与骨膜紧密结合,称硬腭;后 1/3 以骨骼肌和黏膜为基础,称软腭。软腭后缘游离,中央有一向下的突起称腭垂或悬雍垂。腭垂两侧有两对黏膜皱襞:前方的一对向外、向下续于舌根,称腭舌弓;后方的一对向外、向下延至咽侧壁,称腭咽弓。两弓之间的凹陷,称扁桃体窝,容纳腭扁桃体。腭垂、左右腭舌弓与舌根共同围成咽峡,是口腔与咽的分界(图 4-3)。

(三)舌

1.舌的形态

　　舌位于口腔底,呈扁椭圆形,分为上、下两面,上面拱起称舌背。在舌背以"人"字形的界沟为界,舌后 1/3 为舌根,舌前 2/3 为舌体,舌体的前端,称舌尖(图 4-4)。舌具有搅拌食物、协助吞咽、感受味觉和辅助发音的功能。

　　舌下面正中线处有连口腔底的黏膜皱襞,称舌系带。舌系带根部两侧各有一个圆形隆起,称舌下阜,是下颌下腺导管和舌下腺大管的共同开口。舌下阜向后外侧延续成带状的黏膜皱襞,称为舌下襞,其深面有舌下腺,舌下腺小管开口于舌下襞。(图 4-5)

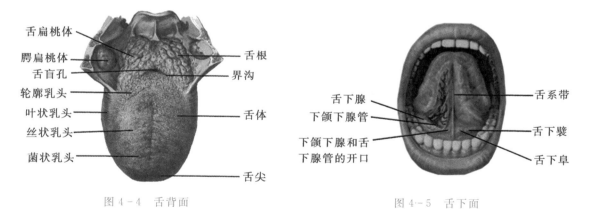

图 4-4　舌背面　　　　　　　　　　　　　　图 4-5　舌下面

2.舌黏膜

　　舌黏膜呈淡红色,覆于舌的表面。舌根背面的黏膜内有淋巴组织聚集成的突起,称舌扁桃体。在舌体和舌尖的黏膜上有大小不等的突起,称舌乳头。舌乳头有 4 种(图 4-4):丝状乳头、菌状乳头、叶状乳头和轮廓乳头。丝状乳头为一般感受器,感受触觉、痛觉和温度觉,其余舌乳头内均含有味蕾,是味觉感受器,能感受酸、甜、苦、咸等味觉刺激。舌黏膜表面的上皮细胞角化脱落后,与食物残渣、细菌等混杂在一起,附着于舌体形成舌苔。正常的舌苔呈淡薄乳白色。

知识链接

酸甜苦咸与辣

　　味觉是食物刺激味觉器官产生的一种感觉。从味觉的生理角度分类,有四种基本味觉:

酸、甜、苦、咸，他们是食物直接刺激味蕾产生的。舌头前部，即舌尖有大量感觉到甜的味蕾，舌头两侧前半部感觉咸味，后半部感觉酸味，近舌根部分感觉苦味。

辣不属于味觉，乃属于痛觉。

3.舌肌

舌肌(图4-6)为骨骼肌，分为舌内肌和舌外肌。舌内肌起、止点均在舌内，构成舌的主体，肌束呈纵、横和垂直3个方向排列，收缩时可改变舌的外形；舌外肌起自舌的周围结构而止于舌内，收缩时可改变舌的位置。最重要的舌外肌是颏舌肌，该肌左、右各一，起自下颌骨体内面中线两侧，肌束向后呈扇形止于舌内。颏舌肌两侧同时收缩，舌前伸；一侧收缩，舌尖伸向对侧。如一侧颏舌肌瘫痪，伸舌时舌肌偏向瘫痪侧。

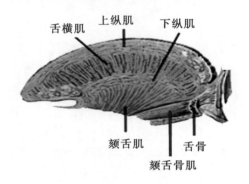

图4-6　舌肌

(四)牙

牙是人体最坚硬的器官，嵌于上、下颌骨的牙槽内，具有咀嚼食物和辅助发音等功能。

1.牙的形态和构造

牙分为牙冠、牙颈和牙根三部分。暴露于口腔内的部分称牙冠，嵌入牙槽内的部分称牙根，介于牙冠、牙根之间被牙龈覆盖的部分称牙颈。牙中间的空腔称牙腔，牙冠内的部分称牙冠腔，牙根内的部分称牙根管(图4-7)。

牙由牙质、釉质、牙骨质和牙髓构成。牙质构成牙的主体，呈淡黄色，硬度仅次于釉质。牙

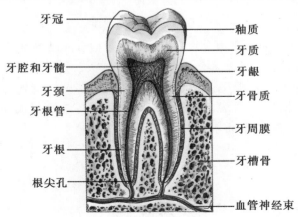

图4-7　牙的构造模式图(纵切)

冠的表面覆有一层洁白的釉质,为人体内最坚硬的组织。在牙颈和牙根,牙质的表面包有牙骨质。牙髓位于牙腔内,由神经、血管、淋巴管和结缔组织共同构成。牙髓内有丰富的感觉神经末梢,牙髓炎时疼痛剧烈。

2.牙的分类和排列

人的一生共有两组牙:乳牙和恒牙。乳牙共 20 颗,分为乳切牙、乳尖牙和乳磨牙(图4-8),一般在出生后 6 个月开始萌出,3 岁前出齐。6～7 岁起乳牙开始脱落,恒牙相继萌出。恒牙共 32 颗,分为切牙、尖牙、前磨牙和磨牙,14 岁左右基本出齐。第三磨牙往往在 18～28 岁或更晚才萌出,又称迟牙或智齿,有的人第三磨牙终生不萌出(图 4-9)。

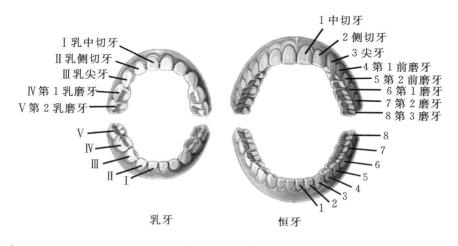

图 4-8　牙的排列

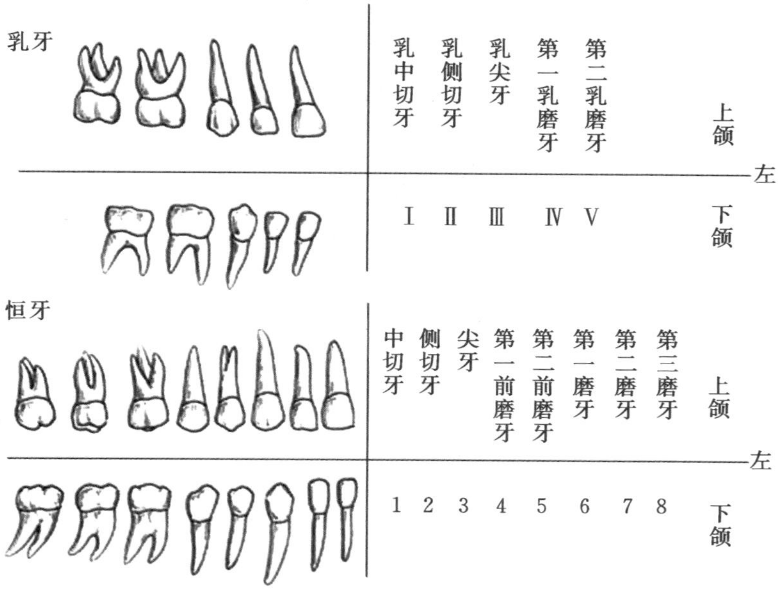

图 4-9　牙的名称及符号

临床上为了记录牙的位置,以被检查者的方位为准,以"十"记号划分为 4 区,表示左上颌、右上颌、左下颌及右下颌的牙位,以罗马数字 I～V 表示乳牙,以阿拉伯数字 1～8 表示恒牙。如"$\underline{V}$"表示左上颌第 2 乳磨牙,"$\overline{6}$"表示左下颌第 1 磨牙。

3. 牙周组织

牙周组织包括牙槽骨、牙周膜和牙龈三部分,对牙起支持、保护和固定作用。

牙槽骨是牙根周围的骨质。牙周膜是介于牙槽骨与牙根之间的致密结缔组织,可固定牙根、缓冲咀嚼时的压力。牙龈是包被牙槽骨、牙颈表面的口腔黏膜,富含血管,色淡红。老年人由于牙龈和骨膜的血管萎缩退化,营养降低,牙根萎缩,以致牙逐渐松动。

二、咽

(一)位置与形态

咽是消化道和呼吸道的共用通道,为前后略扁的漏斗形肌性管道。咽位于第 1～6 颈椎前方,上起颅底,下至第 6 颈椎体下缘平面与食管相续,长约 12cm。

(二)咽的分部

咽的后壁和侧壁完整;前壁不完整,分别与鼻腔、口腔和喉腔相通。咽分为鼻咽、口咽和喉咽三部分。(图 4-10)

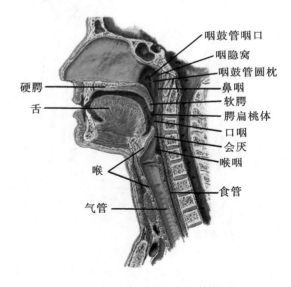

图 4-10　头颈部正中矢状断面

1. 鼻咽

鼻咽位于鼻腔后方,软腭平面以上,向前经鼻后孔通鼻腔。在两侧壁,下鼻甲后方约 1.5cm 处,各有一咽鼓管咽口,经此口借咽鼓管与中耳鼓室相通。咽鼓管咽口后上方的凹陷,称咽隐窝,是鼻咽癌的好发部位。在咽后上壁的黏膜内有丰富的淋巴组织,称咽扁桃体,在幼儿时期最为发达,6～7 岁开始萎缩,10 岁以后几乎完全退化。

2. 口咽

口咽位于口腔后方,软腭与会厌上缘平面之间,向前经咽峡通口腔。其外侧壁腭舌弓与腭咽弓之间的凹陷称扁桃体窝,容纳有腭扁桃体。腭扁桃体表面的黏膜内陷形成 10～20 个扁桃体小窝,是食物残渣、脓液易于滞留的部位。

咽扁桃体、腭扁桃体和舌扁桃体等共同围成咽淋巴环。咽扁桃体、腭扁桃体和舌扁桃体由淋巴组织构成,是消化管和呼吸道上端的防御性结构,具有重要的防御功能。

3. 喉咽

喉咽位于喉的后方,向前经喉口通喉腔,是咽腔中最狭窄的部位,自会厌上缘平面向下,至第 6 颈椎体下缘平面移行于食管。在喉口两侧各有一个深窝,称梨状隐窝,是异物易滞留的部位。

三、食管

(一)位置与形态

食管上端于第 6 颈椎下缘平面与咽相连,下行穿膈的食管裂孔,下端于第 11 胸椎体的左侧与胃的贲门相续,为肌性管道,全长约 25cm。按其行程可分为颈部、胸部和腹部(图 4 - 11)。颈部长约 5cm,自起始端至平胸骨颈静脉切迹平面,其前壁与气管相贴,后方与脊柱相邻,两侧有颈部大血管;胸部约 18～20cm,自颈静脉切迹至穿膈食管裂孔处,自上而下前方依次为气管、左主支气管和心包;腹部最短,长 1～2cm,在膈的下方与贲门相连。

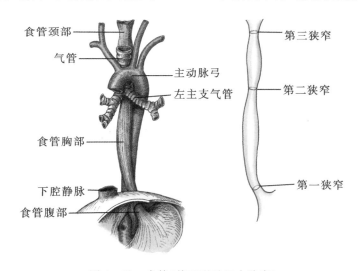

图 4 - 11 食管(前面观及三个狭窄)

(二)食管的狭窄部

食管全长有三处生理性狭窄。第 1 处狭窄在食管起始处,距中切牙约 15cm。第 2 处狭窄在食管与左主支气管交叉处,距中切牙约 25cm。第 3 处狭窄在食管穿膈处,距中切牙约 40cm。这些狭窄处常为异物滞留和食管肿瘤的好发部位。进行食管内插管时,应注意这 3 处狭窄。

（三）食管壁的微细结构

食管壁腔面有 7～10 条纵行黏膜皱襞（图 4 - 12），当食物通过时，食管扩张，皱襞消失。

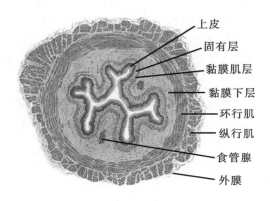

图 4 - 12　食管壁的微细结构

食管的黏膜上皮为复层扁平上皮，耐摩擦，有保护作用。黏膜下层富含食管腺。食管腺分泌的黏液经导管排入食管腔内，利于食物通过。食管肌层上 1/3 段为骨骼肌，下 1/3 段为平滑肌，中 1/3 段由骨骼肌与平滑肌混合组成。外膜较薄，为纤维膜。

四、胃

胃是消化管中最膨大的部分，上接食管，下续十二指肠。胃具有容纳食物、调和食糜、分泌胃液、初步消化食物以及内分泌等功能。成人胃容量约 1500mL，新生儿胃容量约 30mL。

（一）形态和分部

胃有前后两壁、入出两口和上下两缘（图 4 - 13）。两壁为前壁和后壁。入口称贲门，与食管相接；出口称幽门，与十二指肠相续。上缘较短，凹向右上方，称胃小弯，其最低处形成一切

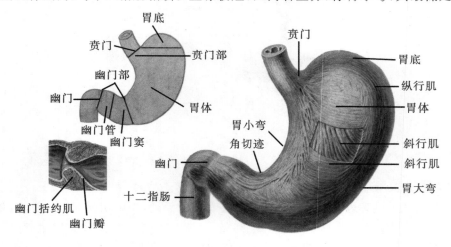

图 4 - 13　胃的形态、分部及胃壁构造

迹,称角切迹;下缘较长,凸向左下方,称胃大弯。胃的形态可因体型、体位、性别、年龄以及充盈程度的不同而有所变化。

胃可分为四部分:贲门附近的部分称贲门部,贲门平面以上凸出的部分称胃底,胃的中间部分称胃体,自角切迹至幽门之间的部分称幽门部。幽门部分为左侧宽大的幽门窦和右侧较窄的幽门管。胃癌和胃溃疡多发生于幽门窦胃小弯附近。

(二)位置和毗邻

在中等充盈时,胃大部分位于左季肋区,小部分位于腹上区。贲门和幽门的位置较为固定,贲门位于第11胸椎体左侧,幽门位于第1腰椎体右侧。

胃前壁的右侧部与肝左叶相邻;左侧部与膈相邻,前方有左肋弓;在剑突下,胃的前壁与腹前壁直接相贴,该处是胃的触诊部位。胃后壁与左肾、左肾上腺、横结肠、脾和胰等器官相邻。

(三)胃壁的微细结构

胃壁由黏膜、黏膜下层、肌层、浆膜四层组成。其结构特点主要表现在黏膜层和肌层。

1. 黏膜

胃黏膜(图4-14)柔软,胃空虚时形成许多黏膜皱襞,胃充盈时皱襞变低或消失。在胃小弯处,有4~5条纵行皱襞较恒定。幽门处黏膜皱襞呈环形,称幽门瓣。胃黏膜表面有许多针孔状小窝,称胃小凹,其底部有胃腺开口。

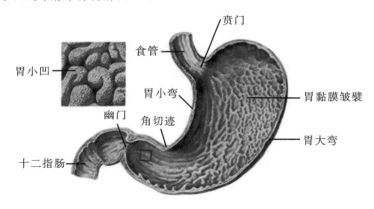

图4-14 胃的黏膜

(1)上皮 为单层柱状上皮,其中无杯状细胞。上皮细胞分泌黏液,覆盖于上皮的游离面。黏液与上皮细胞之间的紧密连接组成胃黏膜屏障,能阻止胃液中的盐酸与胃蛋白酶对黏膜自身的消化。(图4-15)

(2)固有层 内有大量管状的胃腺。根据结构与分布部位的不同,胃腺可分为贲门腺、幽门腺与胃底腺。

贲门腺和幽门腺分别位于贲门部和幽门部的固有层内,分泌黏液和溶菌酶。幽门腺还有内分泌功能的G细胞,产生胃泌素。

胃底腺位于胃底与胃体部的固有层内,是分泌胃液的主要腺体。它主要由三种细胞组成。

①壁细胞:又称泌酸细胞,多分布在腺的上、中部。细胞较大,圆形或三角形,核圆居中,少数有双核,胞质呈嗜酸性。壁细胞可合成和分泌盐酸及内因子。盐酸具有杀菌作用,并能激活

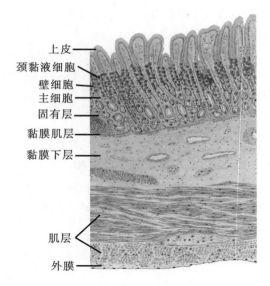

上皮
颈黏液细胞
壁细胞
主细胞
固有层
黏膜肌层
黏膜下层

肌层
外膜

图 4-15　胃壁的微细结构

胃蛋白酶原转变成胃蛋白酶。内因子与维生素 B_{12} 结合成复合物，以便回肠吸收维生素 B_{12}。若内因子缺乏，维生素 B_{12} 的吸收障碍，红细胞生成受阻，会出现恶性贫血。

②主细胞：又称胃酶细胞，数量较多，多分布在腺的中、下部。细胞呈柱状，核圆，居于细胞的基底部。胞质嗜碱性。主细胞分泌胃蛋白酶原。胃蛋白酶原经盐酸激活转变成有活性的胃蛋白酶，在酸性环境下参与蛋白质的分解。婴儿的主细胞还能分泌凝乳酶，使乳汁凝固。

③颈黏液细胞：数量较少，分布于腺的颈部，常夹在壁细胞之间。细胞呈柱状或烧瓶状，核扁圆，位于基底部。颈黏液细胞分泌黏液。

2.肌层

肌层较厚，可分为内斜、中环和外纵三层平滑肌（图 4-13）。环行肌较发达，在幽门处增厚，形成幽门括约肌，它既能调节胃内容物进入小肠的速度，又可防止小肠内容物逆流入胃。

五、小肠

小肠是消化管中最长的一段，长 5～7m，是消化与吸收的主要场所。它上起幽门，下连盲肠，自上向下依次分为十二指肠、空肠和回肠。

（一）十二指肠

十二指肠为小肠的起始段，长约 25cm，呈"C"形从右侧包绕胰头，紧贴腹后壁。十二指肠可分为四部分。（图 4-16）

1.上部

上部在第 1 腰椎体的右侧起自幽门，斜向右上方至肝门下方急转向下移行为降部。上部近幽门处肠壁较薄，黏膜光滑无皱襞，称十二指肠球，是十二指肠溃疡的好发部位。

2.降部

降部在第 1 腰椎右侧下降，至第 3 腰椎体水平转向左接水平部。降部后内侧壁上有一纵行黏膜皱襞，称十二指肠纵襞，其下方圆形隆起称十二指肠大乳头，是胆总管和胰管的共同开

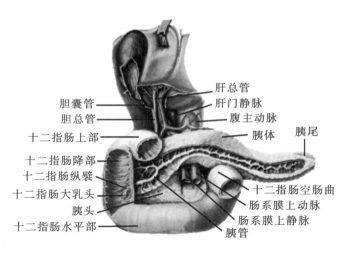

图 4-16　胆道、十二指肠和胰（前面观）

口处。十二指肠大乳头距中切牙约 75cm。

3. 水平部

水平部在第 3 腰椎平面横向左,跨过下腔静脉至腹主动脉前方与升部相连,肠系膜上动、静脉紧贴该部前方。

4. 升部

升部自第 3 腰椎左侧上升,至第 2 腰椎体左侧急转向前下方,形成十二指肠空肠曲,续为空肠。十二指肠空肠曲被十二指肠悬肌固定于腹后壁。十二指肠悬肌和包绕其下段的腹膜皱襞共同构成十二指肠悬韧带,又称 Treitz 韧带(图 4-17),手术时可作为确认空肠起始部的标志。

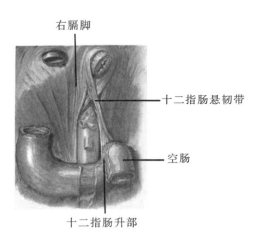

图 4-17　十二指肠悬韧带

(二)空肠和回肠

空肠上端接十二指肠,回肠下端连盲肠,在腹腔的中下部迂回盘曲形成肠襻。空、回肠均由系膜连于腹后壁,有较大的活动度。空、回肠之间无明显界线,空肠占全长近侧 2/5,位于腹腔左上,管径粗,管壁厚,血液循环丰富,颜色红润,黏膜皱襞高而密集;回肠占全长远侧 3/5,位于腹腔右下,管径细,管壁薄,血管少,颜色灰暗,黏膜皱襞低平而稀疏。(图 4 - 18)

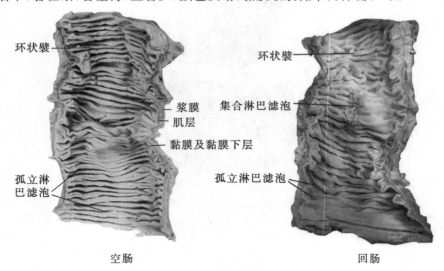

图 4 - 18 空肠与回场的比较

(三)小肠壁的微细结构

小肠管壁均由黏膜、黏膜下层、肌层和浆膜组成。其结构特点主要是管壁腔面有环形皱襞和肠绒毛,固有层内有肠腺和淋巴组织(图 4 - 19)。

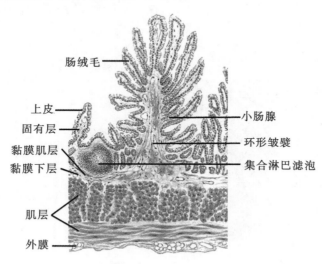

图 4 - 19 回肠壁的微细结构

1.环形皱襞

小肠的腔面,除十二指肠球和回肠末端外,其余各部分均有环形皱襞,由黏膜和黏膜下层向腔内凸出而成,在十二指肠远端与空肠近端最明显。

2.肠绒毛

小肠黏膜表面有许多细小的指状凸起,称肠绒毛,由黏膜上皮和固有层向肠腔内凸出而成,是小肠黏膜特有的结构。(图 4-20)

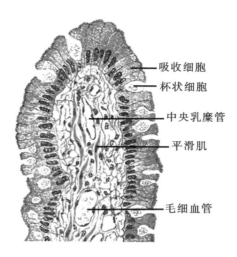

吸收细胞
杯状细胞
中央乳糜管
平滑肌
毛细血管

图 4-20 小肠绒毛

(1)上皮 为单层柱状上皮,由吸收细胞和杯状细胞组成。吸收细胞数量多,细胞呈高柱状,核椭圆形,位于细胞基底部;细胞游离面有明显的纹状缘,它由许多排列紧密而整齐的微绒毛组成。环形皱襞、肠绒毛和微绒毛可扩大小肠的表面积,有利于小肠的吸收功能。杯状细胞分散于吸收细胞之间,分泌黏液;黏液附于上皮表面,有润滑与保护作用。

(2)固有层 由结缔组织组成,形成肠绒毛中轴,中央有 1~2 条纵行毛细淋巴管,称中央乳糜管。中央乳糜管周围有丰富的毛细血管网,毛细血管的内皮有孔,有利于物质的通过。绒毛中轴内有散在的平滑肌,它的收缩可使绒毛缩短,有助于推动淋巴与血液的运行。

3.肠腺

相邻肠绒毛基部的上皮下陷至固有层内,形成管状肠腺,开口于相邻肠绒毛之间。肠绒毛和肠腺的上皮相连续。肠腺主要由柱状细胞、杯状细胞和潘氏细胞组成。其中,柱状细胞最多,分泌多种消化酶。潘氏细胞分布于腺基底部,呈锥体形,细胞顶部有粗大的嗜酸性分泌颗粒,内含溶菌酶,有杀灭肠道细菌的作用。(图 4-21)

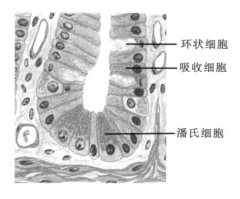

环状细胞
吸收细胞
潘氏细胞

图 4-21 肠腺纵切

十二指肠的黏膜下层内有十二指肠腺。腺导管穿黏膜肌层,开口于肠腺底部。该腺分泌碱性黏液,保护十二指肠黏膜免受酸性胃液的侵蚀。

4.淋巴组织

固有层富有淋巴组织,包括淋巴小结与弥散淋巴组织。空肠的淋巴小结较少,回肠的淋巴小结发达,多聚集成集合淋巴小结,是小肠重要的防御结构。

六、大肠

大肠全长约1.5m,起自回肠末端,终于肛门,可分为盲肠、阑尾、结肠、直肠和肛管五部分。

盲肠和结肠有三个特征性结构,即结肠带、结肠袋和肠脂垂。结肠带有三条,由肠壁的纵行平滑肌增厚而成,沿肠管的纵轴排列,汇于阑尾根部。结肠袋是肠壁呈囊袋状向外膨出的部分。肠脂垂是沿结肠带分布的大、小不等的脂肪突起(图4-22)。结肠带、结肠袋和肠脂垂是肉眼区分大肠和小肠的特征性结构。

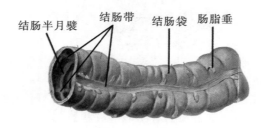

图4-22 结肠的特征

(一)盲肠

盲肠是大肠的起始段,长6~8cm,呈囊袋状,位于右髂窝内。回肠末端突入盲肠左侧壁开口于盲肠,在开口处形成上、下两片唇状黏膜皱襞称回盲瓣,此瓣既可控制小肠内容物过快进入盲肠,又可防止大肠内容物逆流到回肠。在回盲瓣下方约2cm处,有阑尾的开口(图4-23)。

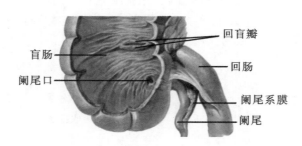

图4-23 盲肠和阑尾

(二)阑尾

阑尾(图4-24)长6~8cm,是一蚓状突起。多位于右髂窝内,其末端游离,位置变异较大,但其根部位置固定,位于三条结肠带汇集处。手术时可沿结肠带向下寻找阑尾。

阑尾根部的体表投影称麦氏点（McBurney点），在脐与右髂前上棘连线的中、外1/3交点处。急性阑尾炎时，此处常有明显的压痛、反跳痛，有一定诊断价值。

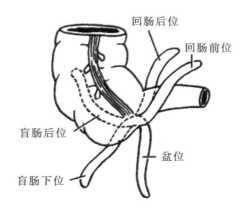

图4-24 阑尾的位置

（三）结肠

结肠围绕在空、回肠周围，可分为升结肠、横结肠、降结肠和乙状结肠四部分。（图4-25）

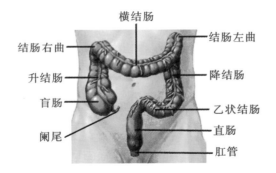

图4-25 大肠

1. 升结肠

升结肠直接续于盲肠，在右腹外侧区上升至肝右叶下方，转向左形成结肠右曲（或称肝曲），移行为横结肠。

2. 横结肠

横结肠起自结肠右曲，向左横行至脾的下方转折向下，形成结肠左曲（或称脾曲）与降结肠相连。横结肠借横结肠系膜连于腹后壁，活动度较大，常呈弓形下垂。

3. 降结肠

降结肠起自结肠左曲，沿左侧腹后壁下降，至左髂窝处移行为乙状结肠。

4. 乙状结肠

乙状结肠在左髂窝内，呈"乙"形弯曲，至第3骶椎平面移行为直肠。乙状结肠借乙状结肠系膜连于骨盆侧壁，活动度较大。

(四)直肠

直肠位于盆腔后部,长 10~14cm,在第 3 骶椎前方续自乙状结肠,沿骶、尾骨前方下行,穿盆膈移行为肛管。直肠并不直,在矢状面上有两个弯曲:骶曲位于骶骨前方,凸向后;会阴曲位于尾骨尖前方转向后下,凸向前(图 4 - 26)。

直肠的下段肠腔膨大,称直肠壶腹,腔面有三个半月形皱襞,称直肠横襞(图 4 - 26)。中间的直肠横襞最大且位置最为恒定,位于直肠右前壁,距肛门约 7cm。临床上做直肠镜、乙状结肠镜检查时,应注意直肠的弯曲和横襞,以免损伤肠壁。

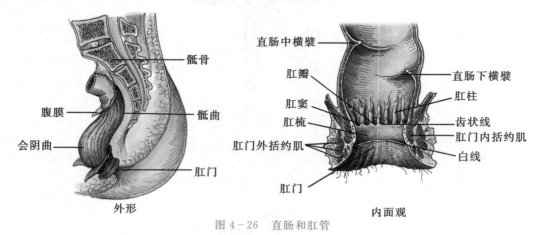

图 4 - 26 直肠和肛管

(五)肛管

肛管是盆膈以下的消化管(图 4 - 26)。上接直肠,末端终于肛门,长 3~4cm。肛管内面有 6~10 条纵行的黏膜皱襞,称肛柱。各肛柱下端相连的半月状黏膜皱襞称肛瓣。肛瓣与相邻的肛柱下端共同形成开口向上的小隐窝,称肛窦。窦内常有粪便积存,易发生感染,严重时可形成肛门周围脓肿或肛瘘。

各肛柱下端和肛瓣共同连成锯齿状的环形线,称齿状线,又称肛皮线;此线是皮肤与黏膜的分界线。肛管黏膜下组织和皮下组织有丰富的静脉丛,病理情况下静脉丛可曲张突起形成痔。发生在齿状线以上的痔称内痔,齿状线以下的痔称外痔。在齿状线下方有约 1cm 宽的环形带,表面光滑,称肛梳或痔环。肛梳下缘距肛门约 1.5cm 处有一浅沟,称白线,此线在肛门内、外括约肌的分界处。在肛管周围有肛门内、外括约肌围绕。肛门内括约肌由直肠壁环行平滑肌增厚而成,有协助排便的作用;肛门外括约肌由骨骼肌构成,有括约肛门和控制排便的作用。

第三节　消化腺

一、唾液腺

唾液腺又称口腔腺,分泌唾液,具有湿润口腔黏膜、帮助消化和杀菌等功能。其包括唇腺、颊腺、腭腺等小腺体和腮腺、下颌下腺、舌下腺三对大唾液腺(图 4 - 27)。

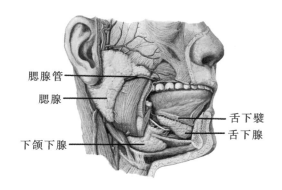

图 4-27　唾液腺

(一)腮腺

腮腺最大,位于耳郭的前下方,呈不规则的三角形。腮腺管从腮腺前缘发出,在颧弓下一横指处沿咬肌表面前行至该肌前缘转向内,穿颊肌,开口于平对上颌第 2 磨牙的颊黏膜上。

(二)下颌下腺

下颌下腺位于下颌骨体的内面,呈卵圆形,其导管开口于舌下阜。

(三)舌下腺

舌下腺位于口腔底舌下襞的深面,略扁长,其导管开口于舌下阜和舌下襞。

二、肝

肝是人体内最大的腺体。肝不仅能分泌胆汁,参与食物的消化,还具有解毒、代谢、储存、防御和造血等功能。

(一)外形

肝呈红褐色,质软而脆,受暴力冲击易破裂出血。肝似楔形,分上、下两面和前、后两缘。肝上面隆凸,与膈相贴,称膈面(图 4-28);借矢状位的镰状韧带分为肝左叶和肝右叶。肝膈面后部无腹膜覆盖的部分,称肝裸区。肝下面凹凸不平,与腹腔脏器相邻,称脏面(图 4-29)。

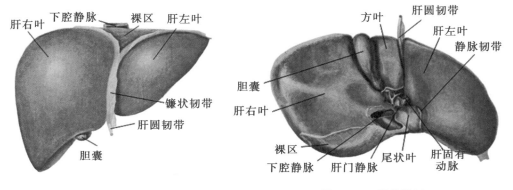

图 4-28　肝的膈面　　　　　　　　　图 4-29　肝的脏面

脏面有呈"H"形的三条沟,其正中的横沟称肝门,是左右肝管、肝门静脉、肝固有动脉、神经、淋巴管等出入肝的部位。出入肝门的结构被结缔组织包绕,形成肝蒂。左纵沟前部有肝圆韧带,后部有静脉韧带。右纵沟前部为胆囊窝,容纳胆囊;后部为腔静脉沟,有下腔静脉通过。肝的脏面被"H"形的沟分为四叶:右纵沟右侧为肝右叶,左纵沟左侧为肝左叶,左、右纵沟之间横沟之前称方叶,横沟后方为尾状叶。

(二)位置和体表投影

肝大部分位于右季肋区及腹上区,小部分位于左季肋区。肝大部分被肋弓遮盖,在腹上区左、右肋弓间的部分直接和腹前壁相贴。

肝的上界与膈穹窿一致。其最高点在右侧相当于右锁骨中线和右第 5 肋的交点处;左侧略低,相当于左锁骨中线和左第 5 肋间隙的交点处。肝的下界,右侧部和右肋弓一致,在腹上区肝下界可达剑突下方 3~5cm。7 岁以下的儿童,肝下界可超出右肋弓下缘 2cm 以内;7 岁以后肝下界接近成人。肝的位置随膈的运动上、下移动,平静呼吸时肝可上、下移动 2~3cm。

(三)肝的微细结构

肝表面被覆致密结缔组织被膜,并富有弹性纤维。肝门处的结缔组织随血管、肝管的分支伸入肝实质,将实质分隔成许多肝小叶(图 4 - 30)。

图 4 - 30　肝小叶模式图

1. 肝小叶

肝小叶是肝的基本结构和功能单位,呈多面棱柱状,主要由肝细胞组成。人的肝小叶间结缔组织较少,小叶分界不明显。每个肝小叶的中央有一条中央静脉,肝板、肝血窦、窦周间隙及胆小管以中央静脉为中心,呈放射状排列,共同组成肝小叶的复杂立体构型(图 4 - 31)。

(1)中央静脉　位于肝小叶中央,由许多肝血窦汇集而成,管壁不完整,肝血窦中的血液均流入中央静脉。

(2)肝板　由肝细胞单行排列形成有孔的板状结构,称肝板。肝板以中央静脉为中心,呈放射状排列,并相互吻合连成网状。在肝切面中,肝板呈条索状,又称肝索。

肝细胞是构成肝实质的主要成分。肝细胞体积较大,呈多面体形,细胞核大而圆,居于细

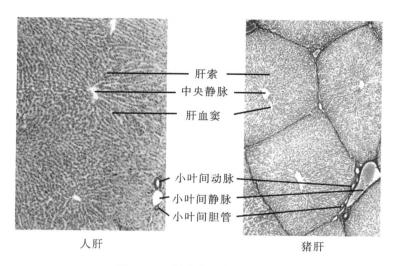

肝索
中央静脉
肝血窦

小叶间动脉
小叶间静脉
小叶间胆管

人肝　　　　　　　　　　　　　　　猪肝

图 4 - 31　肝的微细结构(低倍)

胞中央,核仁明显,有时可见双核,一般认为双核细胞的功能比较活跃。肝细胞质内含有丰富的细胞器,这与肝功能的多样性有关。线粒体数量很多,为细胞的各种机能活动提供能量。粗面内质网常成群分布,能合成多种血浆蛋白质,如纤维蛋白原、白蛋白和凝血酶原等。滑面内质网数量多,广泛分布于细胞质内,具有合成胆汁,参与脂类、糖、激素代谢及解毒等功能。高尔基复合体与肝细胞的分泌活动密切相关。溶酶体较多,参与肝细胞的细胞内消化、胆红素的转运和铁的贮存。微体内的酶可水解过氧化氢等代谢产物,以消除对细胞的毒害作用。(图 4 - 32)

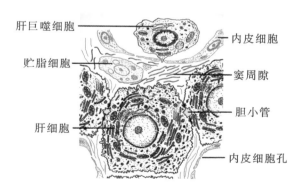

肝巨噬细胞
贮脂细胞
肝细胞

内皮细胞
窦周隙
胆小管
内皮细胞孔

图 4 - 32　肝细胞、肝血窦、窦周隙、胆小管的超微结构

(3)肝血窦　位于肝板之间,窦腔大而不规则,相互吻合成网,其内充满血液(图 4 - 33)。窦壁主要由内皮细胞构成,细胞有孔,细胞之间有较大的间隙,内皮外无基膜,上述结构有利于肝细胞和血液间的物质交换。血窦内还有肝巨噬细胞(库普弗细胞),该细胞可清除由胃肠道进入门静脉内的细菌、病毒和异物,也可吞噬衰老的红细胞,还能处理抗原,参与免疫应答。血窦内的血液来自肝门静脉和肝固有动脉,血液从肝小叶周边经血窦汇入中央静脉。

(4)窦周隙　又称 Disse 间隙,是肝血窦内皮细胞与肝细胞之间的狭窄间隙(图 4 - 32),宽

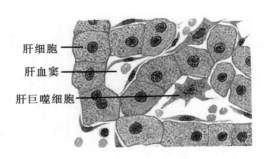

肝细胞
肝血窦
肝巨噬细胞

图4-33 肝的微细结构（高倍）

约0.4μm，其内充满从血窦内渗出的血浆；肝细胞的微绒毛伸入其中，有利于肝细胞与血液之间进行物质交换。窦周隙内还有一种散在的贮脂细胞，其主要功能是贮存脂肪和维生素A，合成网状纤维和基质。

（5）胆小管　是相邻肝细胞之间质膜局部凹陷形成的微细管道。胆小管周围相邻的肝细胞膜形成紧密连接，封闭胆小管腔（图4-32），可阻止胆汁外溢入窦周隙。胆小管位于肝板内，互相通连成网状，从肝小叶中央向周边走行。当肝的病变引起肝细胞的紧密连接遭到破坏时，胆汁可经肝细胞之间的间隙，溢入到窦周隙和肝血窦而入血，导致黄疸。

综上所述，每个肝细胞均具有三种邻接面：相邻肝细胞的连接面；通过窦周隙与肝血窦进行物质交换的肝血窦面；局部肝细胞膜还特化形成胆小管，称胆小管面。肝细胞通过这三种邻接面实现其多种多样的功能。

2.肝门管区

在相邻几个肝小叶之间的区域，结缔组织较多，内有肝固有动脉的分支称小叶间动脉，肝门静脉的分支称小叶间静脉，以及胆小管汇集而成的小叶间胆管，此区称肝门管区。小叶间动脉管径细，管壁厚，内皮细胞外有数层环行平滑肌围绕；小叶间静脉管腔大而不规则，管壁薄；小叶间胆管的管径细，管壁为单层立方上皮。

3.肝血液循环

肝的血液供应丰富，有两套血管入肝：肝门静脉是肝的功能性血管；肝固有动脉是肝的营养性血管。出肝的血管是肝静脉，汇入下腔静脉（图4-34）。

功能性血管:肝门静脉→小叶间静脉
↓
肝血窦→中央静脉→小叶下静脉→肝静脉→下腔静脉
↑
营养性血管:肝固有动脉→小叶间动脉

图4-34 肝的血液循环

（四）肝外胆道系统

肝外胆道系统包括胆囊、肝左右管、肝总管和胆总管。

1.胆囊

胆囊位于肝脏面的胆囊窝内，上面借结缔组织和肝相连，下面游离与横结肠的起始部和十二指肠上部相邻。胆囊容积为40～60mL，具有贮存和浓缩胆汁的功能。胆囊呈梨形，分为底、体、颈、管四部分。前端钝圆称胆囊底,常露出于肝的前缘,与腹前壁相贴,其体表投影在右锁骨中线和右肋弓交点处的稍下方,胆囊炎时,此处常有明显的压痛;中间称胆囊体,是胆囊的主体;后端称胆囊颈,弯向下移行成胆囊管。胆囊内衬黏膜,胆囊管和胆囊颈处黏膜呈螺旋状突入管腔,形成螺旋襞,有控制胆汁进出的作用,胆囊结石易嵌顿在此。(图 4-35)

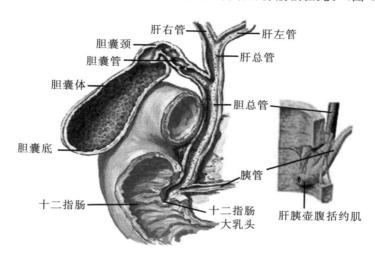

图 4-35 胆囊及输胆管道

2.肝管与肝总管

肝左、右管出肝门后合成肝总管,肝总管下行与胆囊管汇合成胆总管。

3.胆总管

胆总管长 4~8cm,直径 0.6~0.8cm。在肝十二指肠韧带游离缘内下行,经十二指肠上部后方,斜穿十二指肠降部与胰管汇合,形成肝胰壶腹(Vater 壶腹),开口于十二指肠大乳头。在肝胰壶腹周围有增厚的环行平滑肌,称肝胰壶腹括约肌(Oddi 括约肌)。肝胰壶腹括约肌的收缩与舒张,可控制胆汁和胰液的排出。

胆汁由肝细胞分泌排出至十二指肠腔的途径如下(图 4-36)。

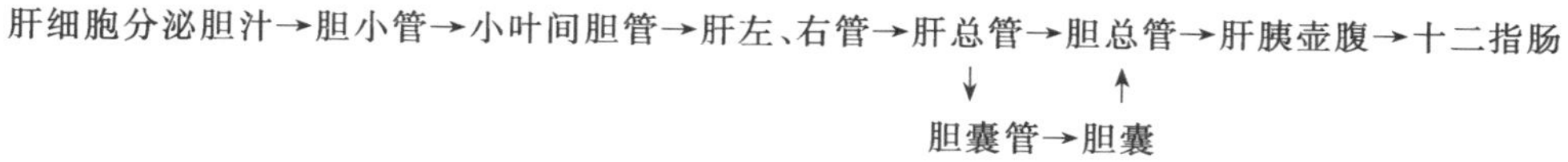

肝细胞分泌胆汁→胆小管→小叶间胆管→肝左、右管→肝总管→胆总管→肝胰壶腹→十二指肠

胆囊管→胆囊

图 4-36 胆汁的产生与排出途径

三、胰

胰是人体第二大腺体,由内分泌部和外分泌部两部分组成,具有消化和参与调节糖代谢的功能。

(一)位置

胰位于胃的后方,在第 1、2 腰椎水平横贴于腹后壁,其前面被有腹膜,是腹膜外位器官。由于胰的位置较深,前方有横结肠、大网膜和胃等掩盖,故胰病变时,早期腹壁体征常不明显,从而加大了早期诊断的难度。

(二)形态和分部

胰质地软,色灰红,可分为胰头、胰体和胰尾三部分。其右端膨大被十二指肠所包绕,称胰头;中间部呈棱柱状,称胰体;末端较细,伸向脾门,称胰尾。在胰实质内,有一条纵贯全长的输出管,称胰管,它沿途收集各级小管,输送胰液,与胆总管汇合后,共同开口于十二指肠大乳头。

(三)胰的微细结构

胰的实质由外分泌部和内分泌部两部分组成。(图4-37)

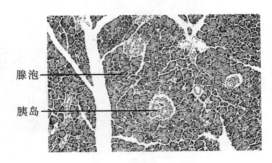

腺泡

胰岛

图4-37 胰的微细结构

1.外分泌部

外分泌部占胰的大部分,包括腺泡和导管。腺泡由浆液性腺细胞构成,细胞呈锥体形,细胞核圆,居于基底部。导管起自腺泡腔,逐级汇合形成胰管。外分泌部分泌胰液,含有胰蛋白酶、胰脂肪酶、胰淀粉酶和核糖核酸酶等多种消化酶,排入十二指肠,参与蛋白质、脂肪和糖的消化。

2.内分泌部

内分泌部又称胰岛,是散在于腺泡之间、大小不等的内分泌细胞团。胰岛主要有 A、B、D 三种内分泌细胞。在 HE 染色标本中不易区分,应用特殊染色法可显示。A 细胞多分布于胰岛外周,分泌胰高血糖素,能促进糖原分解为葡萄糖并抑制糖原合成,使血糖升高。B 细胞数量较多,多位于胰岛中央,分泌胰岛素,可促进糖原合成和葡萄糖分解,使血糖浓度降低。D 细胞数量较少,分泌生长抑素,调节 A、B 细胞的分泌功能。

📖 本章小结

一、本章提示

通过本章学习,使同学们了解消化系统的相关知识,重点掌握消化系统的组成及各器官的形态、结构、功能等知识。具体包括以下内容:

1.掌握各节涉及的一些基本概念,如咽峡、咽淋巴环、肝门、麦氏点、腹膜和腹膜腔等。

2.通过本章学习,能够说出插胃管术、灌肠术等护理操作的相关解剖学知识,为后面专业课学习打好基础。

二、本章重、难点

1.消化系统组成及上、下消化道的划分;咽峡的组成;牙的形态、构造及排列方式。

2.咽的分部;食管的三处狭窄;胃的形态、分部及微细结构特点;大肠位置、形态及大肠的特征性结构;阑尾的位置及其根部的体表投影。

3.肝的位置、形态和分部及微细结构特点(肝小叶及门管区);胆囊和输胆管道的组成;胆汁的排出途径。

 课后习题

一、单选题

1.牙式 |6 代表的是(　　)。

A.右上颌第 1 磨牙　　　　　　B.右上颌第 2 乳磨牙　　　　　C.左上颌第 1 磨牙

D.右上颌第 3 磨牙　　　　　　E.左上颌第 2 磨牙

2.食管的第 3 处狭窄距中切牙(　　)。

A.15cm　　　　B.25cm　　　　C.35cm　　　　D.40cm　　　　E.45cm

3.十二指肠球位于(　　)。

A.十二指肠升部　　　　　　B.十二指肠上部　　　　　　C.十二指肠降部

D.十二指肠水平部　　　　　E.以上答案都不对

4.手术中寻找阑尾的可靠方法(　　)。

A.沿盲肠内侧缘寻找　　　B.沿回肠末端寻找　　　　C.以 McBurney 点为标志

D.沿结肠带寻找　　　　　E.沿大网膜寻找

5.肛管内腔面皮肤与黏膜的分界标志是(　　)。

A.肛梳　　　　　　　　B.痔环　　　　　　　　C.齿状线

D.白线　　　　　　　　E.直肠横襞

6.下列哪项只有一般感觉功能(　　)。

A.菌状乳头　　　　　　B.丝状乳头　　　　　　C.轮廓乳头

D.叶状乳头　　　　　　E.腭扁桃体

7.关于胃的描述,下列哪项是正确的(　　)。

A.贲门又称贲门部　　　B.幽门部通常位于胃的最底部　　　C.幽门低于贲门

D.角切迹位于胃大弯的最低点　　　E.幽门又称幽门部

8.不属于消化腺的是(　　)。

A.肝　　　　　B.肾上腺　　　　C.胰　　　　D.肠腺　　　　E.唾液腺

9.肝脏面的结构不包括(　　)。

A.肝圆韧带　　　　　　B.静脉韧带　　　　　　C.胆囊窝

D.腔静脉沟　　　　　　E.冠状韧带

10.胆总管是由(　　)汇合而成。

A.肝右管与肝左管　　　B.胆囊颈与肝总管　　　　C.胆囊管与肝总管

D.肝右管与肝总管　　　E.肝总管与胰管

11. 下列哪项不属于肝小叶（　　）。

　A. 肝细胞　　　　　　　　B. 肝血窦　　　　　　　　C. 中央静脉

　D. 肝管　　　　　　　　　E. 胆小管

12. 分泌胆汁的结构是（　　）。

　A. 胆小管　　　　　　　　B. 胆囊　　　　　　　　　C. 肝细胞

　D. 小叶间胆管　　　　　　E. 肝巨噬细胞

13. 肝细胞和血浆在何处进行物质交换（　　）。

　A. 肝血窦　　　　　　　　B. 窦周隙　　　　　　　　C. 中央静脉

　D. 肝细胞之间　　　　　　E. 胆小管

14. 下列哪些不是胃黏膜上皮的结构特点（　　）。

　A. 单层柱状上皮　　　　　B. 表面覆盖黏液　　　　　C. 含有少量杯状细胞

　D. 细胞间有紧密连结　　　E. 黏膜表面有许多小凹

15. 胃小弯的最低点为（　　）。

　A. 贲门　　　　　　　　　B. 中间沟　　　　　　　　C. 幽门

　D. 贲门平面　　　　　　　E. 角切迹

16. 关于肝的位置描述不正确的是（　　）。

　A. 小部分位于剑突下直接与腹前壁相接触

　B. 前面大部分为肋弓掩盖

　C. 大部分位于右季肋区

　D. 上界在右锁骨中线平第 6 肋

　E. 平静呼吸时，肝可上下移动的范围约为 2～3cm

二、填空题

1. 临床上通常将口腔到十二指肠的部分称为_____；空肠以下部分称为_____。

2. 胃可分为四部分，分别为_____、_____、_____、_____。

3. 阑尾根部的体表投影在_____。

4. 盲肠和结肠的特征性结构是_____、_____、_____。

5. 肝大部分位于_____和_____，小部分位于_____。

6. 每个肝细胞周围有三种类型的功能面，即_____、_____和_____。

7. 消化管壁一般由内向外分为_____、_____、_____和_____四层。

8. 扩大小肠吸收面积的结构包括_____、_____、_____。

三、名词解释

1. 肝门管区　　2. 咽峡　　3. 麦氏点　　4. 肝门

四、简答

1. 简述胆汁的排出途径。

2. 简述食管的三个狭窄的位置及其临床意义。

3. 简述胃的形态和分部。

第五章　呼吸系统

🌐 学习目标

　　1.掌握呼吸系统的组成;上、下呼吸道的概念;左、右主支气管的形态特点;气管壁的组织结构特点;肺的位置、形态、分叶、导气部及呼吸部组成。
　　2.熟悉鼻腔形态结构;鼻旁窦的名称、位置及开口部位;胸膜和胸膜腔的概念;胸膜与肺下界的体表投影。
　　3.了解喉的位置、喉软骨的名称和喉腔的分部。

　　呼吸系统由呼吸道和肺两部分组成(图 5-1)。其主要功能是与外界进行气体交换,吸入氧气、呼出二氧化碳;此外还有嗅觉、发音、协助静脉血回流入心等功能。

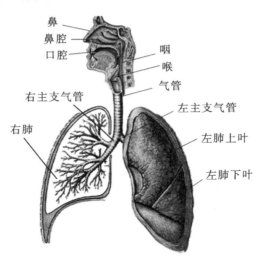

图 5-1　呼吸系统概况

第一节　呼吸道

　　呼吸道是人体输送气体的通道,包括鼻、咽、喉、气管及各级支气管。临床上将鼻、咽、喉,称为上呼吸道;气管和各级支气管,称为下呼吸道。

一、鼻

　　鼻是呼吸道的起始部,由外鼻、鼻腔和鼻旁窦三部分构成,具有通气、嗅觉和辅助发音的功能。

(一)外鼻

外鼻位于面部中央,呈三棱锥体形,以鼻骨和鼻软骨为支架,被覆皮肤和皮下组织构成。位于两眶之间较窄的部分为鼻根,向下延伸隆起为鼻背,末端突出为鼻尖。鼻尖两侧弧形膨大称鼻翼。自鼻翼至口角的斜行浅沟为鼻唇沟。鼻翼下方的一对开口为鼻孔。(图5-2)

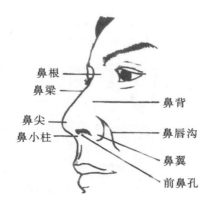

图5-2 外鼻

(二)鼻腔

鼻腔(图5-3)以骨和软骨为基础,覆以皮肤,内面覆以黏膜构成。鼻腔前借鼻孔通外界,向后经鼻后孔通鼻咽。鼻腔借鼻中隔分为左、右两个鼻腔。每侧鼻腔以鼻阈为界,分为前下部的鼻前庭和后上部的固有鼻腔两部分。

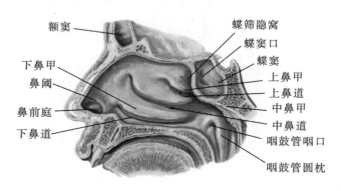

图5-3 鼻腔外侧壁

1.鼻前庭

鼻前庭内覆皮肤,生有鼻毛,可过滤净化空气。

2.固有鼻腔

固有鼻腔内覆黏膜,外侧壁上自上而下有突向鼻腔的上、中、下三个鼻甲。各鼻甲下方的通道,分别称为上、中、下鼻道。鼻甲可增大鼻腔内黏膜面积,有利于温暖、湿润吸入的气体。鼻腔黏膜按功能不同可分为嗅区和呼吸区两部分。嗅区位于上鼻甲以上及其相对的鼻中隔黏膜,内含嗅细胞,可感受嗅觉刺激,为嗅神经的起始部位。呼吸区为嗅区以外的鼻黏膜,内含丰富血管和腺体,可加温、湿润气体,润滑鼻黏膜,粘着细菌和异物。

　　鼻中隔前下部黏膜中血管丰富且表浅,是鼻出血的好发部位,称为易出血区(Little 区)。

(三)鼻旁窦

　　鼻旁窦(图 5-4)是鼻腔周围含气的空腔,由骨性鼻旁窦内衬黏膜而成,可温暖湿润空气,并具有发音共鸣作用。其包括上颌窦、额窦、筛窦和蝶窦四对。筛窦分为前、中、后三群,上颌窦、额窦、筛窦前中群开口于中鼻道,筛窦后群开口于上鼻道,蝶窦开口于上鼻甲后上方的蝶筛隐窝。上颌窦最大,开口于中鼻道,其开口位置高于窦底,因此直立位时不易引流。鼻旁窦黏膜与鼻腔黏膜相延续,鼻腔炎症可蔓延至鼻旁窦引起鼻窦炎。

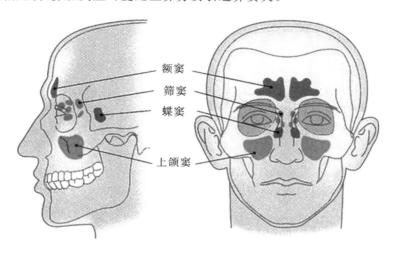

额窦
筛窦
蝶窦
上颌窦

图 5-4　鼻旁窦

二、喉

　　喉是呼吸道,又是发音器官。喉位于颈前部正中,第 3～6 颈椎体前方,由喉软骨、关节、韧带和喉肌构成。上连舌骨,并经喉口通喉咽,下接气管。前方有皮肤等软组织覆盖,后邻喉咽,两侧有颈部血管、神经及甲状腺侧叶。喉可随吞咽或发音而上、下移动。

(一)喉软骨

　　喉软骨(图 5-5)构成喉的支架,包括单块的甲状软骨、环状软骨、会厌软骨及成对的杓状软骨等。

　　1.甲状软骨

　　甲状软骨是喉软骨中最大的一块,由左、右两块软骨板构成。两板前缘融合成前角,上端向前突出称喉结,成年男性尤为显著。两板向后张开,后缘向上、下各发出一对突起,分别称为上角和下角。上角借韧带与舌骨相连,下角与环状软骨形成关节。

　　2.环状软骨

　　环状软骨位于甲状软骨下方,为唯一完整的环形软骨。前部低窄,称为环状软骨弓,平对第 6 颈椎;后部高宽,称为环状软骨板。下缘借韧带与气管软骨环相连。环状软骨可保持呼吸道畅通,损伤后易引起喉狭窄。

3.会厌软骨

会厌软骨位于舌骨体后方,呈上宽下窄的树叶状。下端借韧带连于甲状软骨前角后面,上端游离。会厌软骨被覆黏膜构成会厌。吞咽时喉上提,会厌可封闭喉口,防止食物误入喉腔。

4.杓状软骨

杓状软骨成对,位于环状软骨板上方,形似三棱锥体,分为一尖、一底和两突。底向前伸出声带突,有声韧带附着,向外侧伸出肌突,有喉肌附着。

(二)喉的连结

喉的连结包括喉软骨间的连结以及喉与舌骨、气管间的连结。(图 5-5)

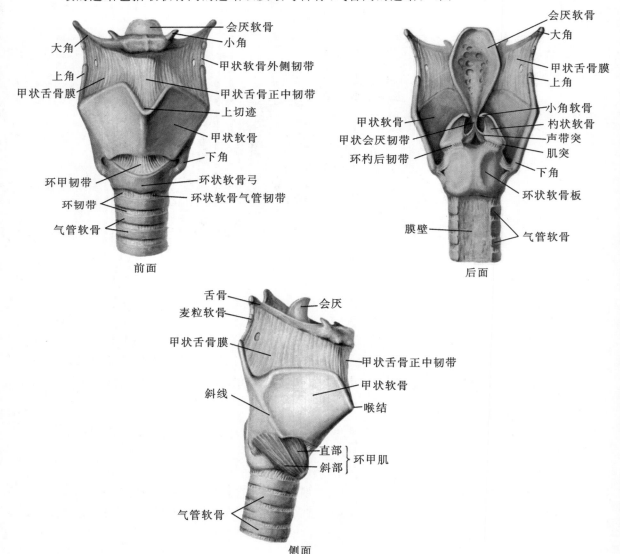

图 5-5 喉软骨及连结

1. 环甲关节

环甲关节是由环状软骨两侧的关节面与甲状软骨下角构成。甲状软骨可借此关节在冠状轴上做前倾和复位运动,紧张或松弛声带。

2. 环杓关节

环杓关节是由环状软骨板上缘的关节面与杓状软骨底构成。杓状软骨可围绕垂直轴做旋转运动,使声带突向内、外侧转动,开大或缩小声门裂。

3. 弹性圆锥

弹性圆锥是张于甲状软骨前角后面与环状软骨弓上缘及杓状软骨声带突之间的膜状结构。上缘游离为声韧带,构成声带的基础。前部连于甲状软骨下缘与环状软骨弓上缘之间,称为环甲正中韧带。急性喉阻塞时,可在此穿刺建立暂时的气体通道。

4. 甲状舌骨膜

甲状舌骨膜是连于甲状软骨上缘与舌骨之间的薄膜。

(三)喉肌

喉肌属骨骼肌,附着于喉软骨表面,受迷走神经控制,可调节声带紧张度和声门裂大小,控制音调高低和发音强弱。喉肌瘫痪时,会引起声音嘶哑或失语。

(四)喉腔

喉腔是指喉内的空腔,由喉软骨、韧带、喉肌、喉黏膜等围成(图 5-6)。上借喉口通喉咽,下通气管。在喉腔两侧壁有上、下两对前后方向的黏膜皱襞,上方一对称前庭襞,呈粉红色,其间的裂隙称为前庭裂;下方一对为声襞,颜色较白,覆盖深面的声韧带,是发声的结构。两侧声襞之间的裂隙称为声门裂,是喉腔最狭窄的部位。

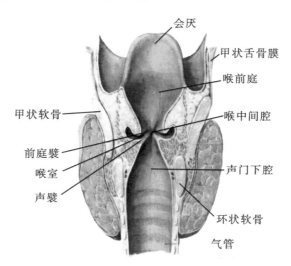

图 5-6　喉冠状切面

喉腔借两对黏膜皱襞分为上、中、下三部分:①喉口至前庭裂平面之间的部分称为喉前庭;②前庭裂至声门裂平面之间的部分称为喉中间腔,其向两侧延伸形成喉室;③声门裂至环状软骨下缘平面之间的部分称为声门下腔。声门下腔黏膜下组织较疏松,炎症时易引起水肿,阻塞气道,导致呼吸困难。

三、气管与主支气管

(一)气管和主支气管的形态及位置

气管位于食管前方,上续于喉,向下进入胸腔,在胸骨角水平分支形成左、右主支气管,分叉处称气管杈。成人气管长约11~14cm,由14~16个"C"形软骨环借韧带连成,软骨环缺口向后,由结缔组织和平滑肌封闭。(图5-7)

以胸骨颈静脉切迹为界将气管分为颈段和胸段。气管颈段较短,位置表浅,临床上通常在第3~5气管软骨环处行气管切开术。

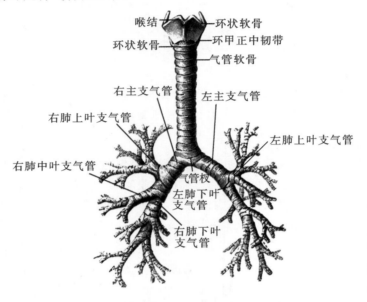

图5-7 气管与主支气管

主支气管是气管分出的第1级分支,左、右各一,位于气管杈与肺门之间。左主支气管细而长,走行较水平;右主支气管粗而短,走行接近垂直。因此,气管异物易坠入右主支气管。

(二)气管和主支气管的微细结构

气管和主支气管的管壁自内向外依次由黏膜、黏膜下层和外膜构成(图5-8)。

1. 黏膜

黏膜由上皮和固有层构成。上皮为假复层纤毛柱状上皮,由纤毛细胞、杯状细胞、刷细胞、基细胞和弥散的神经内分泌细胞等组成。杯状细胞可分泌黏蛋白,黏蛋白与气管腺的分泌物在黏膜表面构成黏液性屏障,黏附气体中的灰尘、细菌等。纤毛细胞呈柱状,游离面有向咽侧快速摆动的纤毛,可将黏附灰尘和细菌的黏液推向咽部咳出,故纤毛细胞有净化吸入空气的作用。基细胞呈锥形,位于上皮深部,可分化形成前述两种细胞。

固有层由富含弹性纤维的结缔组织构成,内有小血管、淋巴组织等。

2. 黏膜下层

黏膜下层由疏松结缔组织构成,与固有层和外膜无明显界限,内含混合性气管腺、淋巴组织等。气管腺可分泌黏液,参与气体净化。

3.外膜

外膜较厚,由疏松结缔组织和"C"形透明软骨构成。

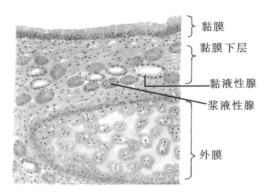

黏膜

黏膜下层

黏液性腺

浆液性腺

外膜

图5-8 气管与主支气管的微细结构

第二节 肺

一、肺的位置和形态

肺位于胸腔内,纵隔两侧,左右各一。肺质软呈海绵状,富有弹性。幼儿肺呈淡红色,随着年龄增长,肺内尘埃沉积,肺颜色逐步变暗呈暗红色或深灰色,吸烟者尤为明显。

肺呈半圆锥形,每侧肺均可分为一尖、一底、两面、三缘(图5-9)。上部钝圆称肺尖,突出胸廓上口至颈根部,高出锁骨内侧上方2~3cm;下部肺底与膈相邻,又称膈面;外侧面与肋相邻,又称肋面;内侧面与纵隔相贴,又称纵隔面。纵隔面中间凹陷,有主支气管、肺动脉、肺静脉、神经和淋巴管等出入,称为肺门(图5-10)。出入肺门的结构被结缔组织包绕,称为肺根。肺肋面与纵隔面移行形成肺前缘和肺后缘,前缘薄锐,后缘钝圆。右肺前缘近于垂直,左肺前缘下部有左肺心切迹。肺肋面与膈面移行形成肺下缘。下缘锐利,其位置可随呼吸而上、下移动。

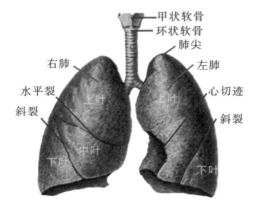

甲状软骨

环状软骨

肺尖

右肺

左肺

水平裂

心切迹

斜裂

斜裂

上叶

上叶

中叶

下叶

下叶

图5-9 肺的形态

左肺受心的影响,较狭长;右肺受肝的影响,较宽短。左肺有斜裂,分为上、下两叶;右肺有斜裂和水平裂,分为上、中、下三叶。

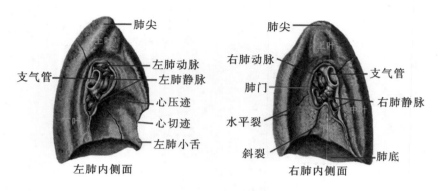

图 5-10　肺的内侧面

二、肺段支气管与支气管肺段

左、右主支气管进入肺门后分出肺叶支气管,肺叶支气管入肺叶后分出肺段支气管。每一肺段支气管及其分支和所属的肺组织构成一个支气管肺段,简称肺段(图 5-11)。肺段似圆锥体形,尖朝向肺门,底朝向表面。每侧肺有 10 个肺段,每一肺段的结构和功能相对独立,临床上常以肺段为依据作定位诊断或手术切除。

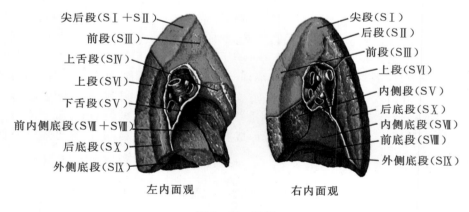

图 5-11　肺段

三、肺的微细结构

肺组织包括肺实质和肺间质两部分。肺内各级支气管及肺泡构成肺实质;肺内的血管、淋巴管、神经、结缔组织等构成肺间质。

主支气管从肺门进入肺后,逐级分支呈树枝状,称支气管树。主支气管先后分支为肺叶支气管、肺段支气管、小支气管、细支气管、终末细支气管、呼吸性细支气管、肺泡管、肺泡囊等。后三者管壁均有肺泡开口。每个细支气管及其分支和连属肺泡构成一个肺小叶(图 5-12)。

肺小叶是肺的结构和功能单位,肺小叶似锥体形,其底朝向肺表面,呈多边形,直径1～2cm,尖端指向肺门,每一肺叶约有50～80个肺小叶,临床上提及的支气管肺炎即肺小叶范围的炎症。

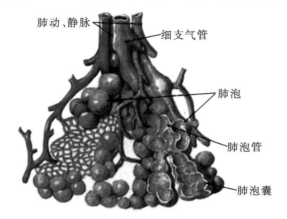

图5-12　肺小叶模式图

肺实质按功能可分为导气部和呼吸部。

(一)导气部

导气部指肺叶支气管至终末细支气管之间的各级支气管分支。导气部只能输送气体,不能进行气体交换。

导气部各级支气管管径逐级减小、管壁变薄、管壁结构也相应发生变化:①上皮变薄,假复层纤毛上皮渐变为单层纤毛柱状上皮;②杯状细胞和腺体逐渐减少至消失;③软骨逐渐减少至消失;④平滑肌逐渐增多并形成环形肌层。

细支气管和终末细支气管管壁软骨消失,有环形肌分布。平滑肌可在自主神经支配下收缩或舒张,从而调节进入肺小叶的气体流量。过敏性疾病时,细支气管的环形肌层发生痉挛性收缩,可造成呼吸困难,称支气管哮喘。

(二)呼吸部

呼吸部包括呼吸性细支气管、肺泡管、肺泡囊和肺泡,是气体交换的部位。

1.呼吸性细支气管

呼吸性细支气管为终末细支气管的分支,管壁不完整,有少量肺泡的开口。管壁由单层立方或单层扁平上皮、结缔组织和环形平滑肌纤维构成。

2.肺泡管

肺泡管为呼吸性细支气管的分支,末端连大量肺泡。其管壁极不完整,仅在相邻肺泡之间呈结节状膨大,由平滑肌、弹性纤维及胶原纤维构成。

3.肺泡囊

肺泡囊为多个肺泡的共同开口处,无明显囊壁,无结节状膨大。

4.肺泡

肺泡为半球囊泡,开口于呼吸性细支气管、肺泡管及肺泡囊,是气体交换的部位。每肺约有3亿～4亿个肺泡,总面积可达100m²,肺泡壁极薄,由Ⅰ型肺泡细胞、Ⅱ型肺泡细胞及其基膜构成(图5-13)。

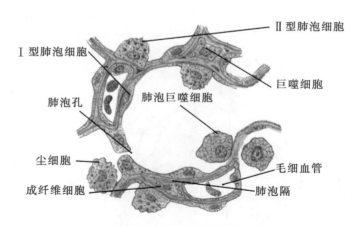

图 5-13　肺泡结构模式图

（1）Ⅰ型肺泡细胞　扁平状，细胞无核部分极薄，细胞间紧密相连，覆盖肺泡内表面大部分，为气体交换的场所。

（2）Ⅱ型肺泡细胞　立方形，位于Ⅰ型肺泡细胞之间，内含嗜锇板层小体。板层小体主要成分有二棕榈酰卵磷脂、蛋白质、糖胺多糖等，释放到肺泡内表面成为肺泡表面活性物质，可降低肺泡表面张力，防止肺泡塌陷。某些早产儿缺乏表面活性物质，肺泡不张，导致呼吸困难甚至死亡。

（三）肺间质

肺内的血管、淋巴管、神经、结缔组织称肺间质（图 5-14）。相邻肺泡之间的结缔组织称肺泡隔，内含丰富的毛细血管网、胶原纤维、弹性纤维、成纤维细胞、巨噬细胞等。毛细血管和肺泡间气体交换所通过的结构叫做气-血屏障，由肺泡表面液体层、Ⅰ型肺泡细胞与基膜、薄层结缔组织、毛细血管基膜、毛细血管内皮组成。

相邻肺泡间有肺泡孔，为气体流通的通道。肺泡感染时，病原体可借此扩散。

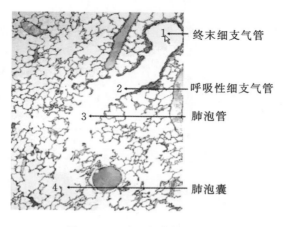

图 5-14　肺组织结构（低倍）

📖 **知识链接**

吸烟、雾霾与肺癌

吸烟会大大增加肺癌发生概率，这一点毋庸置疑。90%的肺癌患者都是吸烟者，男性吸烟者患肺癌的几率是不吸烟者的 23 倍，女性是 13 倍。由吸烟而引发的肺癌也是长期以来医学界关注的重点。由于环境污染和二手烟、三手烟带来的危害，不吸烟者（国际医学界默认"不吸烟者"的定义是，一生吸烟少于 100 支的人）患肺癌的问题在全球各地也越来越突显。

除了二手烟外，雾霾也是非吸烟者致癌的又一重要原因。世界著名医学杂志《柳叶刀肿瘤》上发表的研究表明，当 1 立方米空气中的 PM2.5 每增加 5 微克时，患肺癌的风险会增加 18%；当 1 立方米空气中的 PM10 每增加 10 微克时，患上肺癌的风险会增加 22%。

第三节　胸　膜

一、胸膜与胸膜腔

胸膜是覆盖于胸壁内面、膈上面、纵隔两侧和肺表面的一层薄而光滑的浆膜，由单层扁平上皮及其深面的结缔组织构成，可分为脏胸膜和壁胸膜两部分（图 5－15）。脏胸膜覆盖在肺表面，并伸入肺裂内分隔肺叶；壁胸膜贴附于胸壁内面、膈上面及纵隔两侧，依据分布位置不同分为四部分：贴附胸壁内面的部分称肋胸膜，贴附于膈上面的部分称膈胸膜，贴附于纵隔两侧面的部分称纵隔胸膜，覆盖于肺尖上方的部分为胸膜顶。

胸膜腔是脏胸膜与壁胸膜在肺根处相互移行围成的密闭的潜在性腔隙，左、右各一，互不相通。腔内呈负压。胸膜腔含少量浆液，可减少呼吸运动时脏、壁胸膜之间的摩擦。肋胸膜与膈胸膜移行转折形成肋膈隐窝，是胸膜腔的最低部位，深吸气时，肺下缘也不能深入。胸膜腔积液常积聚于此，临床上常在此处行胸膜腔穿刺，引流积液。

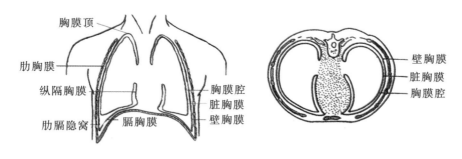

图 5－15　胸膜

二、肺下界与胸膜下界的体表投影

肺下界在锁骨中线处与第 6 肋相交，腋中线处与第 8 肋相交，肩胛线处与第 10 肋相交，后正中线处平第 10 胸椎棘突。

胸膜下界在锁骨中线处与第 8 肋相交，在腋中线处与第 10 肋相交，肩胛线处与第 11 肋相

交,后正中线处平第 12 胸椎棘突。(图 5-16)

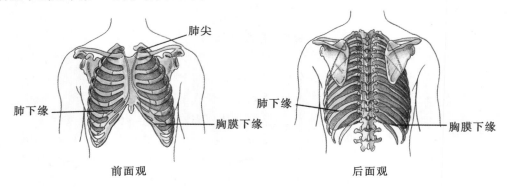

肺尖

肺下缘
胸膜下缘

前面观

肺下缘
胸膜下缘

后面观

图 5-16 胸膜与肺的体表投影

第四节 纵 隔

纵隔是两侧纵隔胸膜之间所有器官、结构的总称。前界为胸骨,后界为脊柱胸段,两侧界为纵隔胸膜,上界为胸廓上口,下界为膈。以胸骨角平面为界分上纵隔和下纵隔(图 5-17)。

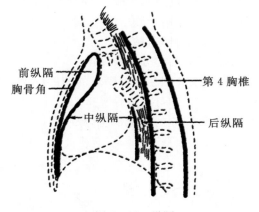

前纵隔
胸骨角

第 4 胸椎

中纵隔

后纵隔

图 5-17 纵隔

一、上纵隔

上纵隔位于胸廓上口与胸骨角平面之间,内有胸腺、主动脉及其分支、头臂静脉、上腔静脉、膈神经、迷走神经、喉返神经、食管、气管、胸导管和淋巴结等结构。

二、下纵隔

下纵隔位于胸骨角平面与膈之间,以心包为界分为前、中、后三部分。前纵隔位于胸骨与心包之间,内有少量淋巴结和疏松结缔组织;中纵隔由心包、心、心底大血管及淋巴结等构成;后纵隔位于心包脊柱之间,内有气管权、主支气管、胸主动脉、奇静脉、半奇静脉、迷走神经、食管、胸导管、胸交感干和淋巴结等结构。

本章小结

一、本章提要

通过本章学习,使同学们了解呼吸系统的相关知识,重点掌握呼吸系统的组成与分部,具体包括以下内容:

1.掌握各节涉及的一些基本概念,如呼吸道、鼻旁窦、肺门、肺段、纵隔等。

2.具有归纳呼吸系统划分的能力,如区分上下呼吸道、左右肺、左右主支气管,辨识喉软骨、识别纵隔分部等。

3.了解呼吸系统损伤后对机体的影响及临床意义。

二、本章重、难点

1.呼吸系统的组成,上、下呼吸道,肺小叶,气-血屏障等概念。

2.鼻旁窦的位置及开口;喉软骨及喉腔分部;左、右主支气管结构特点;肺形态特点;胸膜分部;纵隔分部等。

课后习题

一、单选题

1.下列哪一部分属于下呼吸道(　　)。

A. 鼻　　　　　　　　　B. 咽　　　　　　　　　C. 喉

D. 气管　　　　　　　　E. 鼻旁窦

2.蝶窦的开口位于(　　)。

A. 中鼻道　　　　　　　B. 上鼻道　　　　　　　C. 蝶筛隐窝

D. 下鼻道　　　　　　　E. 上鼻甲前上方

3.喉腔最狭窄部位是(　　)。

A. 声门裂　　　　　　　B. 前庭裂　　　　　　　C. 喉中间腔

D. 声门下腔　　　　　　E. 喉前庭

4.能进行气体交换的部位是(　　)。

A. 细支气管　　　　　　B. 呼吸性支气管　　　　C. 终末细支气管

D. 肺叶支气管　　　　　E. 肺段支气管

5.肺下缘体表投影在锁骨中线上位于(　　)。

A. 第6肋　　　　　　　B. 第8肋　　　　　　　C. 第10肋

D. 第11肋　　　　　　E. 第12肋

6.肺的结构单位是(　　)。

A. 肺泡　　　　　　　　B. 肺小叶　　　　　　　C. 肺叶

D. 肺呼吸部　　　　　　E. 以上都不是

7.壁胸膜不包括(　　)。

A.肋胸膜   B.膈胸膜   C.肺胸膜

D.纵隔胸膜   E.胸膜顶

8.构成鼻中隔的结构是（   ）。

A.鼻中隔软骨、筛骨垂直板和犁骨

B.鼻中隔软骨和筛骨

C.鼻中隔软骨、鼻骨和筛骨

D.筛骨垂直板和犁骨

E.鼻骨、筛骨垂直板和犁骨

9.上颌窦开口于（   ）。

A.蝶筛隐窝   B.最上鼻道

C.上鼻道   D.中鼻道   E.下鼻道

10.对鼻窦的叙述中,错误的是（   ）。

A.额窦开口于中鼻道

B.上颌窦位于上颌骨体内

C.筛窦前、中群开口于中鼻道

D.蝶窦开口于蝶筛隐窝

E.各鼻道均有鼻窦的开口

二、填空题

1.呼吸系统由_____、_____、_____、_____和_____组成。

2.喉腔自上而下分为_____、_____和_____。

3.壁胸膜分为_____、_____、_____和_____。

三、名词解释

1.上呼吸道   2.下呼吸道   3.易出血区   4.鼻旁窦   5.声门裂   6.肺门   7.肺段 8.纵隔

四、简答题

1.试述鼻旁窦的名称及开口位置。

2.气管异物易进入哪侧主支气管,原因是什么?

3.试述肺下界的体表投影。

第六章 泌尿系统

🌐 **学习目标**

1. 掌握泌尿系统的组成;肾的形态与构造;肾单位的概念和组成;输尿管的狭窄;膀胱三角。
2. 熟悉肾的被膜;球旁复合体的组成和功能;输尿管的行程与分部;膀胱的形态结构。
3. 了解肾的位置及毗邻;膀胱的位置及毗邻;女性尿道特点。

泌尿系统由肾、输尿管、膀胱和尿道组成(图6-1)。其主要功能是排出机体新陈代谢产生的废物、多余的水分和无机盐,维持机体内环境平衡。肾形成尿液,尿液经输尿管流入膀胱暂存,再经尿道排出体外。男性尿道和女性尿道显著不同。

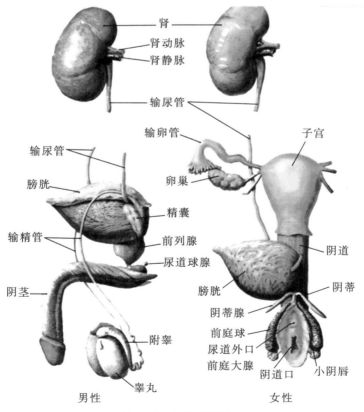

图6-1 泌尿系统概况

第一节　肾

一、肾的形态

肾为暗红色实质性器官,左、右各一,重130～150g,形似蚕豆(图6-2)。有内、外侧两缘、上下两端及前后两面。内侧缘中部凹陷称肾门,为肾的血管、神经、淋巴管及肾盂出入的部位。出入肾门的所有结构被结缔组织包裹称肾蒂。肾门向肾实质内的凹陷称肾窦。

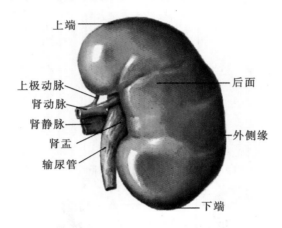

图6-2　右肾后面观

二、肾的位置

肾位于腹后壁、脊柱两侧、腹膜后间隙内,为腹膜外位器官。受肝的影响,右肾较左肾略低(图6-3)。左肾在第11胸椎体下缘至第2～3腰椎下缘之间,右肾在第12胸椎体上缘至第3腰椎体上缘之间,第12肋斜过左肾后面中部和右肾后面上部。肾门的体表投影位于竖脊肌外侧缘与第12肋的夹角处,此处称肾区。肾病患者触压和叩击该处可引起疼痛。

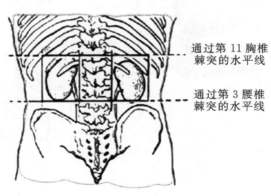

图6-3　肾的位置(后面)

三、肾的剖面结构

肾实质包括肾皮质和肾髓质(图6-4)。

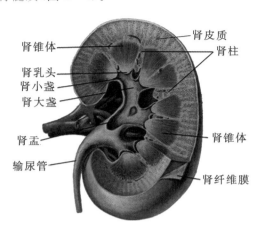

图6-4 右肾冠状切面

(一)肾皮质

肾冠状切面上,肾皮质位于肾实质的表层,富含血管,呈红褐色,皮质伸入髓质之间的部分称为肾柱。

(二)肾髓质

肾髓质位于肾实质深层,呈淡红色,约占肾实质厚度的2/3,由15~20个肾锥体组成。肾锥体尖端形成肾乳头,伸入肾窦。肾乳头顶端有乳头孔,尿液经此排出。

肾窦内肾小盏呈漏斗形包绕肾乳头,承接其排出的尿液,数个相邻的肾小盏合并成一个肾大盏,再由几个肾大盏合成肾盂,肾盂出肾门向下弯行变细,在肾下极移行为输尿管。

三、肾的被膜

肾表面有三层被膜包绕,由内向外依次为纤维囊、脂肪囊和肾筋膜(图6-5)。

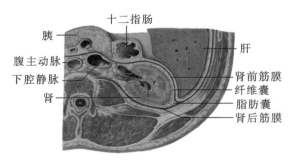

图6-5 肾的被膜

（一）纤维囊

纤维囊紧贴肾实质表面，为坚韧而致密的薄层结缔组织膜，有保护肾的作用。

（二）脂肪囊

脂肪囊又名肾床，为脂肪组织层，包裹在肾脏、纤维囊外面，有支持和保护肾的作用。临床上做肾囊封闭时，将药液注入脂肪囊内。

（三）肾筋膜

肾筋膜位于脂肪囊外面，包绕肾和肾上腺。肾筋膜分肾前筋膜和肾后筋膜两层，在肾外侧缘及肾上腺上方两层筋膜相互融合；在肾下方两者分离，其间有输尿管通过；在肾内侧，肾前筋膜被覆腹主动脉、下腔静脉、肾血管等结构，并与对侧肾前筋膜相移行；肾后筋膜向内侧经输尿管后方与腰大肌筋膜融合。

肾的被膜、肾血管、腹膜及肾的毗邻器官等共同维持肾的正常位置。

四、肾的微细结构

肾为实质性器官，由肾实质和肾间质构成。肾实质含大量肾小体及泌尿小管，泌尿小管由肾小管和集合管组成，其间少量结缔组织、血管和神经等构成肾间质。

（一）肾单位

肾单位是肾结构和功能的基本单位，由肾小体和肾小管两部分构成，每侧肾约有 100 万个肾单位。（图 6-6）

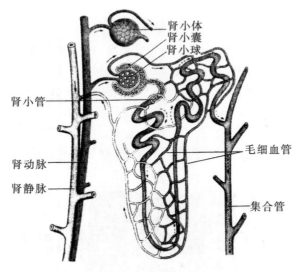

图 6-6　肾单位结构模式图

1. 肾小体

又称肾小球，位于肾皮质内，由血管球和肾小囊组成。每个肾小体分 2 极：血管进出处为血管极，与肾小管相连处称尿极。（图 6-7）

（1）血管球　由一团盘曲的毛细血管及血管系膜构成。

肾小球血管极处连接两条动脉,较粗短的称入球微动脉,较细长的称出球微动脉。入球微动脉进入肾小囊不断分支,形成网状毛细血管襻,再不断汇合为出球微动脉离开肾小囊。电镜下可见毛细血管球管壁由内皮细胞和基膜组成,内皮细胞上有直径 $60\sim90nm$ 的小孔,基膜上有 $8\sim9nm$ 的网孔。

血管系膜又称球内系膜,由系膜细胞及基质构成,位于血管球毛细血管间。系膜细胞的形态不规则,形成突起伸入到毛细血管内皮细胞与基膜之间。系膜细胞可合成基膜及基质,吞噬基膜上的免疫复合物,维持基膜通透性,保持肾小体正常滤过功能。

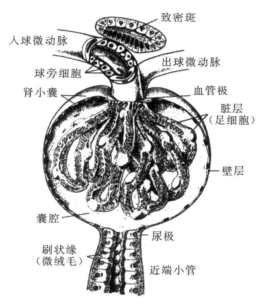

图 6-7 肾小体结构模式图

(2)肾小囊 为肾小管起始端膨大凹陷形成的双层囊状结构。外层称壁层,由单层扁平上皮构成;内层称脏层,包裹在血管球毛细血管外面,由一层多突起的足细胞构成(图6-8)。足

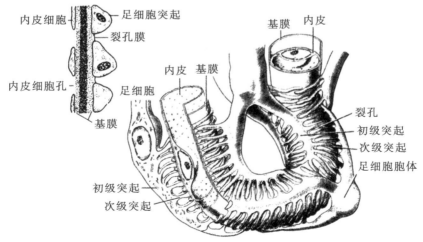

图 6-8 足细胞、基膜及毛细血管超微结构模式图

细胞胞体发出数个初级突起,初级突起再发出数条较细的次级突起,相邻次级突起交错包绕于毛细血管基膜外。相邻次级突起间的裂隙称裂孔,裂孔上覆盖有裂孔膜。肾小囊脏、壁层之间的腔隙称肾小囊腔。

(3)滤过屏障 又称滤过膜,由有孔毛细血管内皮、基膜和足细胞的裂孔膜三层组成(图6-8)。当血液流经血管球毛细血管时,血浆内小分子物质通过滤过屏障进入肾小囊腔形成原尿。滤过膜对血浆有选择通过性,分子量大于7万、直径大于4nm、带负电荷的物质不易通过。当滤过膜受损时,蛋白质或红细胞可进入原尿形成蛋白尿或血尿。

2.肾小管

肾小管为一条长而弯曲的管道,由单层上皮构成,有重吸收原尿中某些成分和排泄的作用。肾小管可分为近端小管、细段和远端小管三部分。(图6-9)

(1)近端小管 是肾小管中最长、最粗的一段,分为曲部和直部两部分。近端小管由单层立方或锥形细胞构成,细胞游离面有刷状缘,电镜下可见刷状缘由排列整齐的微绒毛构成。微绒毛扩大了细胞表面积,增强了细胞重吸收作用。成人每昼夜滤出原尿约180L,其中85%的水、全部的葡萄糖、氨基酸、小分子蛋白质都在此处被重吸收入血。

(2)细段 由单层扁平上皮组成,管径细,管壁薄,利于水和离子的通透。

(3)远端小管 分为直部和曲部两部分,管壁由单层立方上皮细胞构成,细胞较小,界限清晰,游离面无刷状缘,基底部有明显纵纹。远端小管是离子交换的重要部位,细胞可吸收水、Na^+,排出 K^+、H^+、NH_4^+ 等,对维持体液酸碱平衡有重要作用。

细段及其相连的近端小管直部和远端小管直部共同构成"U"型袢样结构称肾单位袢,又称髓袢。

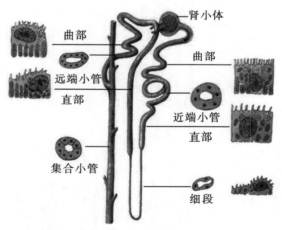

图6-9 肾小管及集合管微细结构

(二)集合管

集合管由远端小管末端汇合而成,从肾皮质行向肾髓质,末端相互融合形成乳头管,在肾乳头开口于肾小盏。集合管管壁上皮由单层立方状渐变为高柱状,细胞分界清晰。集合管可重吸收水、Na^+,浓缩尿液。

(三)球旁复合体

球旁复合体位于肾小体血管极,由球旁细胞、致密斑和球外系膜细胞组成。

1.球旁细胞

球旁细胞是肾小体血管极处由入球微动脉管壁平滑肌细胞分化成的上皮样细胞。细胞大,呈立方形,可分泌肾素。

2.致密斑

致密斑是远端小管靠近肾小球血管极侧的上皮细胞增高、变窄,形成的椭圆形细胞密集区,称致密斑。致密斑为离子感受器,可感受远端小管内 Na^+ 浓度,调节肾素的分泌。

3.球外系膜细胞

球外系膜细胞是位于入球微动脉、出球微动脉和致密斑之间的一组细胞群,在球旁复合体的功能活动中起信息传递作用。

五、肾的血液循环

肾脏的血液供应来自腹主动脉发出的左、右肾动脉。肾动脉由肾门入肾,经各级肾内动脉分支形成血管球,再汇成出球小动脉离开肾小体,之后又形成肾小管周围毛细血管网,随后经各级肾内静脉、肾静脉回到下腔静脉。

肾血液循环特点如下:

①肾动脉粗短,血压高,血流量大。正常成人安静时每分钟约有 1200mL 的血液流经两侧的肾。

②入球微动脉粗短,出球微动脉细长,血管球内血压高,有利于肾小球滤过形成原尿。

③肾动脉平均动脉血压在一定范围(80~180mmHg)内变动时,肾血流量基本保持恒定。人体大出血时,交感神经兴奋,去甲肾上腺素分泌增多,全身血液重新分配,保证脑、心等重要器官的血液供应,使肾血流量减少。

第二节 输尿管

一、输尿管的位置和分部

输尿管是成对的细长肌性管道,上接肾盂,下连膀胱,长约 20～30cm,管径平均 0.5～1.0cm。根据其行程可分为 3 部。

(一)输尿管腹部

起自肾盂下端,经腰大肌前面下行至小骨盆入口处,左、右输尿管分别越过左髂总动脉前方及右髂外动脉前方,进入盆腔移行为盆部。

(二)输尿管盆部

自小骨盆入口处沿盆腔侧壁下行,男性输尿管在输精管后外方与其交叉后穿入膀胱底,女性输尿管经子宫颈外侧 1～2cm 处,从子宫动脉后方绕过后穿入膀胱底。

(三)输尿管壁内部

斜行穿过膀胱壁,止于膀胱输尿管口,长约 1.5cm。当膀胱充盈时,膀胱壁受压使壁内部管腔闭合,可阻止尿液反流入输尿管。

二、输尿管的狭窄

输尿管全程有三处狭窄,分别位于起始处(肾盂与输尿管移行处)、跨过髂血管处(小骨盆上口处)和壁内部(图 6-10)。此三处狭窄是输尿管结石易滞留的位置。

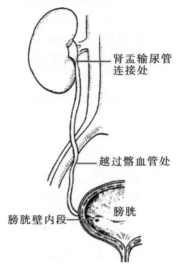

肾盂输尿管连接处

越过髂血管处

膀胱

膀胱壁内段

图 6-10 输尿管狭窄

第三节 膀 胱

膀胱是储存尿液的肌性囊状器官,其形态、大小、位置和壁厚随尿液充盈程度而变化。成年人膀胱的正常容量为 350~500mL,最大可达 800mL;新生儿膀胱容量约为成人的 1/10。

一、膀胱的形态和位置

空虚的膀胱呈三棱锥体形,分尖、体、底和颈四部分(图 6-11)。膀胱尖朝向前上方;膀胱底呈三角形,朝向后下方;膀胱尖与膀胱底之间部分为膀胱体;膀胱最下部分为膀胱颈。

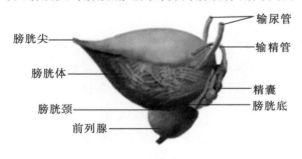

膀胱尖

膀胱体

膀胱颈

前列腺

输尿管

输精管

精囊

膀胱底

图 6-11 膀胱的形态(男性)

膀胱位于盆腔前部,其前方为耻骨联合,男性膀胱后方为精囊、输精管壶腹和直肠(图

6-12），女性膀胱后方为子宫和阴道。膀胱颈下方，男性邻前列腺，女性邻尿生殖膈。新生儿膀胱较成人高，老年人膀胱位置较低。

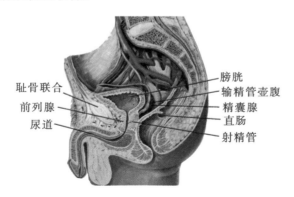

耻骨联合　前列腺　尿道

膀胱　输精管壶腹　精囊腺　直肠　射精管

图 6-12　男性盆腔正中矢状切面

 知识链接

膀胱穿刺术

膀胱穿刺术适用于急性尿潴留导尿未成功者、采取膀胱尿液做检验及细菌培养者、需膀胱造口引流者等。

膀胱空虚时呈三棱锥状，位于盆腔前部，腹膜覆盖于膀胱体上面；充盈时呈球形，可升至耻骨联合上缘以上，此时腹膜返折处亦随之上移，膀胱前外侧壁则直接邻贴腹前壁。临床上常利用这种解剖关系，在耻骨联合上缘之上进行膀胱穿刺或做手术切口，可不伤及腹膜。

二、膀胱的微细结构

膀胱壁自内向外由黏膜、肌层和外膜三层构成。（图 6-13）

黏膜层上皮为变移上皮，可防止尿液渗透。膀胱空虚时，内面黏膜聚集成皱襞，称膀胱襞，

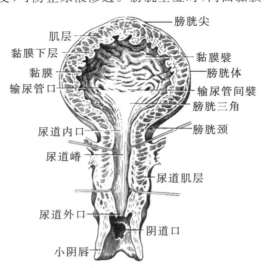

肌层　黏膜下层　黏膜　输尿管口

膀胱尖　黏膜襞　膀胱体　输尿管间襞　膀胱三角　膀胱颈

尿道内口　尿道嵴

尿道肌层

尿道外口　小阴唇

阴道口

图 6-13　女性膀胱及尿道冠状切图

充盈时,膀胱襞则消失。在膀胱底内面,位于两侧输尿管口和尿道内口之间的三角形区域,无论膀胱充盈或收缩,始终平滑无皱襞,称**膀胱三角**。膀胱三角是肿瘤、结核和炎症的好发部位。

肌层由平滑肌细胞组成,平滑肌纤维交错构成膀胱逼尿肌,其中环形肌在尿道内口处增厚形成尿道括约肌。

膀胱上面的外膜是浆膜,其他部位外膜主要由疏松结缔组织构成(纤维膜)。

第四节 尿 道

尿道是膀胱通往体外的管道,男、女性尿道差异很大。男性尿道见"男性生殖系统"。女性尿道起自尿道内口,向前下方行走,穿过尿生殖膈,开口于阴道前庭的尿道外口,长约 3～5cm;较男性尿道短、宽、直,因此女性较容易发生逆行性尿路感染。女性尿道穿过尿生殖膈处有尿道阴道括约肌环绕,控制排尿。

 本章小结

一、本章提要

通过本章学习,使同学们了解泌尿系统的相关知识,重点掌握泌尿系统的组成与分部,具体包括以下内容:

1. 掌握各节涉及的一些基本概念,如肾区、肾单位、膀胱三角等。
2. 具有归纳泌尿系统划分的能力,如区别肾皮质和肾髓质、识别膀胱的分部等。
3. 了解泌尿系统损伤后对机体的影响及临床意义。

二、本章重、难点

1. 泌尿系统的组成。
2. 肾的位置、外形、分部;肾的冠状剖面结构;肾的微细结构。
3. 输尿管的三处狭窄;膀胱的位置、形态。

课后习题

一、单选题

1. 下列哪一部分属于肾皮质( )。
A. 肾柱　　　　　　　　B. 肾椎体　　　　　　　　C. 肾乳头
D. 肾小盏　　　　　　　E. 肾大盏

2. 形成尿液的器官是( )。
A. 肾　　　　　　　　　B. 输尿管　　　　　　　　C. 膀胱
D. 尿道　　　　　　　　E. 肾盂

3. 肾的结构和功能单位是( )。
A. 肾小体　　　　　　　B. 肾小球　　　　　　　　C. 肾小管

D.肾单位　　　　　　　　　　　E.肾小囊

4.关于肾的描述错误的是（　　）。

A.左肾比右肾低

B.是腹膜外位器官

C.有三层被膜

D.肾炎时叩击肾区可引起疼痛

E.肾实质由肾皮质和肾髓质组成

5.膀胱的最下部为（　　）。

A.膀胱尖　　　　　　　B.膀胱体　　　　　　　C.膀胱底

D.膀胱颈　　　　　　　E.膀胱三角

6.肾锥体属于（　　）。

A.肾皮质　　　　　　　B.肾小盏　　　　　　　C.肾大盏

D.肾髓质　　　　　　　E.肾窦

7.移行为输尿管的是（　　）。

A.肾小盏　　　　　　　B.肾大盏　　　　　　　C.肾盂

D.肾小管　　　　　　　E.肾乳头

8.肾的被膜自内向外依次是（　　）。

A.纤维囊、肾筋膜、脂肪囊　　B.纤维囊、脂肪囊、肾筋膜

C.脂肪囊、纤维囊、肾筋膜　　D.肾筋膜、脂肪囊、纤维囊

E.肾筋膜、纤维囊、脂肪囊

9.肾髓质的组成是（　　）。

A.皮层深层的实质

B.10余个肾锥体

C.10余个肾锥体和肾柱

D.弓形血管内侧的实质部分

E.肾锥体、肾乳头、肾柱

10.髓袢的组成是（　　）。

A.近端小管和远端小管

B.近端小管和细端

C.近端小管、细端和远端小管直部

D.近端小管直部、细端和远端小管

E.近端小管直部、细端和远端小管直部

11.膀胱是（　　）。

A.是储存、浓缩尿液的器官

B.分底、体、颈三部分

C.无论何时均不会超过耻骨联合上缘

D.空虚时呈三棱锥体形

E.属腹膜外位器官

12.下列膀胱三角说法，正确的是（　　）。

A. 位于膀胱体的内侧

B. 膀胱壁缺少肌层

C. 位于两侧输尿管口与尿道内口之间

D. 不是膀胱镜检查的主要部位

E. 不是膀胱肿瘤和结核的好发部位

13. 下列女性尿道的描述中,正确的是( )。

A. 起于膀胱的输尿管口

B. 穿经尿生殖膈

C. 尿道内口有环形的尿道阴道括约肌

D. 末端开口于阴道前庭后部

E. 尿道内的管腔短而细

14. 肾蒂内不包括( )。

A. 肾动脉   B. 肾静脉   C. 肾窦

D. 肾盂   E. 神经

15. 以下结构中,不属于肾髓质的是( )。

A. 肾锥体   B. 肾乳头   C. 肾柱

D. 乳头孔   E. 集合管系

16. 不属于肾窦内的结构是( )。

A. 肾大、小盏   B. 肾动脉的分支   C. 肾乳头

D. 脂肪组织   E. 肾盂

17. 关于膀胱的形态,错误的是( )。

A. 空虚时呈三棱锥体形

B. 顶端尖细,朝向前下方称膀胱尖

C. 底呈三角形,朝向后下方

D. 尖、底之间的部分称膀胱体

E. 颈在膀胱的下部

18. 肾单位的组成是( )。

A. 肾小体、肾小囊和肾小管

B. 肾小体和肾小管

C. 肾小体、肾小管和集合管系

D. 肾小体、近端小管和远端小管

E. 肾小管和集合管

二、填空题

1. 泌尿系统由_____、_____、_____和_____四部分组成。

2. 肾被膜自内向外分为_____、_____和_____。

3. 输尿管的三处狭窄位于_____、_____和_____。

三、名词解释

1. 肾区　2. 肾单位　3. 滤过屏障

四、简答题

膀胱三角的位置、特点及临床意义是什么？

第七章　生殖系统

学习目标

1. 掌握男、女性生殖系统的组成及功能；睾丸的位置、形态和组织结构；男性尿道的特点；卵巢的位置形态和组织结构；输卵管的位置、分部、形态结构及结扎的部位；子宫的形态、位置和固定装置。

2. 熟悉附睾的位置、形态；阴道的位置、形态和毗邻。

3. 了解阴茎的形态结构；前列腺的位置、形态和年龄变化；会阴的概念。

生殖系统具有产生生殖细胞、繁殖后代、分泌性激素及维持第二性征的作用。男、女生殖器官的形态、结构有很大差别，但都包括内生殖器和外生殖器两部分（表7-1）。内生殖器多位于盆腔内，主要包括产生生殖细胞的生殖腺、输送生殖细胞的生殖管道以及附属腺体；外生殖器则裸露于体表，显示男、女性别直接差异。此外，女性的乳房与生殖系统密切相关，在此一并叙述。

表7-1　生殖系统组成

		男性生殖系统	女性生殖系统
内生殖器	生殖腺	睾丸	卵巢
	生殖道	附睾、输精管、射精管、尿道	输卵管、子宫、阴道
	附属腺	精囊腺、前列腺、尿道球腺	前庭大腺
外生殖器		阴囊、阴茎	阴阜、阴蒂、大阴唇、小阴唇和阴道前庭

第一节　男性生殖系统

男性生殖系统包括男性内生殖器和男性外生殖器两部分。

男性内生殖器（图7-1）包括生殖腺（睾丸）、生殖管道（附睾、输精管、射精管和男性尿道）和附属腺（精囊、前列腺和尿道球腺）。睾丸产生精子，分泌雄激素。精子贮存于附睾内，射精时经输精管道排出体外。附属腺的分泌物参与精液的组成，供给精子营养，有利于精子活动及润滑尿道等作用。男性外生殖器包括阴囊和阴茎。

一、睾丸

睾丸是男性生殖腺，功能为产生精子和分泌雄性激素。

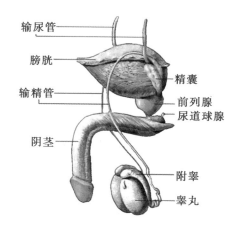

图 7-1　男性生殖系统结构图

（一）睾丸的位置和形态

睾丸（图 7-2）位于阴囊内，左、右各一，呈扁椭圆形，表面光滑，分上、下两端，前、后两缘，内、外两面。前缘游离，后缘有血管、神经和淋巴管出入，上端和后缘有附睾附着。睾丸表面和阴囊内面均被覆浆膜，称睾丸鞘膜。鞘膜分脏、壁两层，两者之间的密闭腔隙称鞘膜腔，内有少量浆液，起润滑作用。

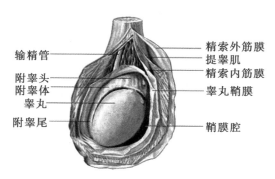

图 7-2　睾丸及附睾

（二）睾丸的结构

睾丸由被膜和睾丸实质构成。睾丸的表面覆有一层致密而坚韧的结缔组织膜，称白膜。白膜在睾丸后缘增厚并突入睾丸内形成睾丸纵隔，睾丸纵隔呈放射状发出睾丸小隔伸入实质内，将其分成 100～200 个睾丸小叶。每个睾丸小叶内有 2～4 条盘曲的生精小管，生精小管之间的疏松结缔组织为睾丸间质。每个小叶的生精小管汇合成直精小管，移行至睾丸纵隔交织吻合成睾丸网，再由睾丸网发出 12～15 条睾丸输出小管，穿出睾丸后缘上部进入附睾头部。（图 7-3）

1. 生精小管

生精小管也称为精曲小管，是一条长约 30～70cm，直径 150～250μm，在睾丸小叶内高度盘曲的管道，是产生精子的场所。其管壁为特殊的复层生精上皮，由生精细胞和支持细胞组成。

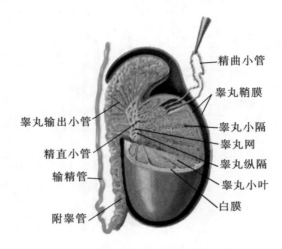

图 7 - 3 睾丸内部结构模式图

（1）生精细胞 是一系列处于不同发育阶段的生殖细胞，位于支持细胞之间，呈复层排列。由上皮基底面至腔面依次为精原细胞、初级精母细胞、次级精母细胞、精子细胞和精子。（图 7 - 4）

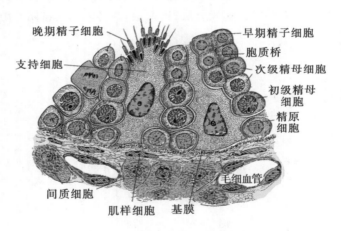

图 7 - 4 生精小管上皮细胞电镜模式图

①精原细胞：是生精细胞的最幼稚阶段，呈圆形或椭圆形，紧贴基膜。自青春期开始后，在垂体分泌的促性腺激素的作用下，可分裂形成 A 型精原细胞和 B 型精原细胞。A 型精原细胞不断地分裂增殖，一部分作为干细胞存在，另一部分则分化为 B 型精原细胞。B 型精原细胞经过染色体复制，分化成为初级精母细胞。

②初级精母细胞：位于精原细胞近腔侧，圆形，体积较大，直径 $18\mu m$，核大而圆，内含粗细不等的染色质丝，在显微镜下极易辨认。初级精母细胞染色体核型为 46,XY(4nDNA)，完成第一次减数分裂，形成两个次级精母细胞。

③次级精母细胞：位于初级精母细胞的近腔侧，直径 $12\mu m$，染色体核型为 23,X 或 23,Y(2nDNA)。次级精母细胞体积小，数量多，存在时间较短。次级精母细胞不进行复制，迅速完成第二次减数分裂，形成两个精子细胞。由于次级精母细胞存在时间短，故在光镜下不易见到。

④精子细胞:位于管腔面,直径 $8\mu m$,体积小,数量多,核圆形,染色深。精子细胞染色体的数目减少一半,其染色体核型为 23,X 或 23,Y(1nDNA)。精子细胞不再分裂,经过复杂的形态变化逐渐转变成精子,这个过程称精子形成。

⑤精子:形似蝌蚪,长约 $60\mu m$,分头、尾两部分(图 7-5)。头部嵌入支持细胞的胞质内,尾部游离于生精小管腔内。精子的头为高度浓缩的细胞核,精子头的前 2/3 被顶体覆盖。顶体内含多种水解酶,可协助精子完成受精过程。精子的尾细长,可快速摆动推动精子移动,是精子的运动装置。精子形成后,游动于精曲小管内,再经睾丸输出小管进入附睾贮存。

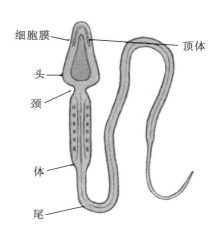

图 7-5 精子的结构

从精原细胞逐渐分化发育成为精子的过程,称精子的发生。

(2)支持细胞 呈锥形,基底部附着于基膜上,顶部伸向管腔。光镜下,支持细胞轮廓不清,胞核圆形或椭圆形,染色浅,核仁明显。其侧面形成很多侧突,镶嵌有各级生精细胞,起支持、保护和营养生精细胞等作用。此外,支持细胞还参与血-睾屏障的构成。

血-睾屏障由血管内皮细胞及其基膜、结缔组织、生精上皮基膜、支持细胞侧突形成的紧密连接构成。该屏障可阻止某些大分子物质进入生精小管,以保证生精细胞在较稳定的微环境中发育;另一方面可阻止精子的抗原性物质进入血液循环而诱发自身免疫反应。

2. 睾丸间质

睾丸间质是位于精曲小管之间的疏松结缔组织,富含血管和淋巴管。间质内有睾丸间质细胞,单个或成群分布,细胞体积较大,呈圆形或多边形,青春期后可分泌雄激素。雄激素主要成分是睾酮,可促进精子发生和男性生殖器官发育,维持男性的第二性征和性功能。

二、生殖管道

生殖管道包括附睾、输精管、射精管和尿道。除男性尿道外,其余均为成对的器官。

(一)附睾

附睾紧贴睾丸的上端和后缘,上端膨大为附睾头,中间为附睾体,下端为附睾尾。睾丸输出小管进入附睾后弯曲盘绕形成附睾头,而后汇合成附睾管,附睾管曲折盘绕形成附睾体和尾。附睾尾末端向后上弯曲延续为输精管。

附睾的主要功能是暂时存储精子,分泌附睾液为精子提供营养,促进精子进一步发育成熟。

(二)输精管

输精管为一对长约 40～50cm,直径约 3mm 的肌性管道,管壁较厚。输精管分为睾丸部、精索部、腹股沟管部和盆部四段。

(1)睾丸部 最短,起自附睾尾部,沿睾丸后缘及附睾内侧上行到睾丸上端,移行于精索部。

(2)精索部 介于睾丸上端与腹股沟管浅环之间,位置表浅易于触及,是输精管结扎的常用部位。

(3)腹股沟管部 位于腹股沟管内,经腹股沟管深环进入腹腔,移行为盆部。

从睾丸上端到腹股沟管深环处之间的一对质地柔软的圆索状结构称精索,由输精管、睾丸动脉、蔓状静脉丛、神经、淋巴管和鞘韧带等构成。精索的表面包有三层被膜,从内向外依次为精索内筋膜、提睾肌和精索外筋膜。

(4)盆部 最长,自腹股沟管深环起始,沿骨盆侧壁行向后下,经输尿管末端前方达膀胱底后面,两侧输精管逐渐靠近。输精管末段呈梭形膨大形成输精管壶腹。

(三)射精管

射精管由输精管末端和精囊腺排泄管汇合而成,长约 2cm。两侧射精管均向前下斜穿前列腺实质,开口于尿道前列腺部(图 7 - 6)。

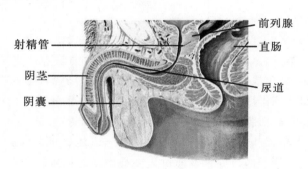

图 7 - 6 男性盆腔正中矢状面

三、附属腺

附属腺包括精囊腺、前列腺和尿道球腺。除前列腺外,其余为成对器官。

(一)精囊腺

又称精囊,是一对长椭圆形的囊状器官,位于膀胱底的后方,输精管末端的外侧,其排泄管与输精管末端汇合形成射精管。分泌物呈淡黄色,参与精液的组成。

(二)前列腺

前列腺是呈栗子形的实质性器官,位于膀胱下方,男性尿道贯穿其中(图 7 - 7)。上面宽大称为前列腺底,下端尖细称为前列腺尖,底与尖之间为前列腺体。前列腺体后面平坦,中间有一纵行浅沟,称前列腺沟。活体直肠指诊可触及此沟,前列腺肥大时此沟可消失。前列腺的排泄管直接开口于尿道前列腺部。其分泌物呈乳白色,参与精液的组成。

老年男性常见前列腺内结缔组织增生,导致前列腺肥大,压迫尿道引起排尿困难甚至尿潴留。

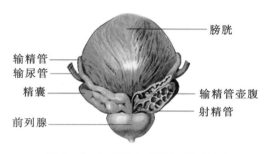

图 7 - 7　前列腺与膀胱图(后面观)

(三)尿道球腺

尿道球腺为一对豌豆大小的球形腺体。其分泌物经细长的排泄管排入尿道球部,参与精液的组成。

 **知识链接**

不育症

生育的基本条件是具有正常的性功能以及拥有能与卵子结合的正常精子。如果性器官有解剖结构异常或生理缺陷,可以导致不育。

不育症指正常育龄夫妇婚后有正常性生活,在 1 年或更长时间,不避孕,也未生育。男性不育症的发病率约占 30%。

精子是男性成熟的生殖细胞。精子的受精能力与精子的正常形态结构密切相关。畸形精子越多,受精率就越低。畸形精子是指头、体、尾的形态变异。头部畸形有巨大头、无定形、双头等;体部畸形有体部粗大、折裂、不完整等;尾部畸形有卷尾、双尾、缺尾等。正常人精液中也有一定量的畸形精子,但不会大于 20%～40%,如果正常形态小于 30% 则称为畸形精子症,可严重影响精液质量,影响受精能力和生育能力,导致男性不育症。

四、外生殖器

(一)阴囊

阴囊为一皮肤囊袋,位于阴茎后下方,由阴囊中隔分为左、右两部分(图 7 - 8),容纳睾丸和附睾。阴囊皮肤薄而柔软,富有伸展性,性成熟后色素沉着明显,成人有少量阴毛。阴囊皮下组织含有平滑肌纤维称肉膜。肉膜可随温度的变化而舒缩,以调节阴囊内的温度,维持精子发育和生存的微环境。

在阴囊肉膜的深面,有包绕睾丸、附睾和精索的被膜,由外向内有:①精索外筋膜,是腹外斜肌腱膜的延续。②提睾肌,是续于腹内斜肌和腹横肌的一薄层肌束,可以上提睾丸。③精索内筋膜,来自腹横筋膜。④睾丸鞘膜,来源于腹膜,分脏、壁两层。脏层包于睾丸和附睾的表面,壁层贴于精索内筋膜的内面。两层于睾丸后缘处相互移行,围成睾丸鞘膜腔。鞘膜腔内有少量浆液,有润滑作用;炎症时腔内液体可增多形成睾丸鞘膜积液。

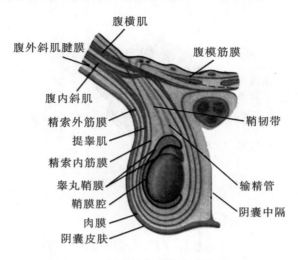

图 7-8 阴囊结构及其内容模式图

(二)阴茎

阴茎分头、体、根三部分(图 7-9)。前端膨大为阴茎头,尖端有呈矢状位的尿道外口;中部为阴茎体,呈圆柱状,悬垂于耻骨联合前下方。头、体交界处有一环形沟为冠状沟。后端为阴茎根,附着于耻骨下支和坐骨支。阴茎头和阴茎体为可动部,阴茎根为固定部。

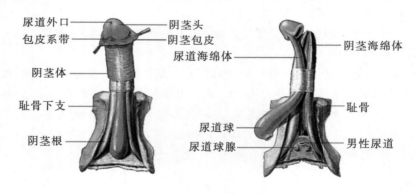

图 7-9 阴茎结构图

阴茎由海绵体外包筋膜和皮肤构成。海绵体共有三条,其中阴茎海绵体两条,位于背侧,构成阴茎主体;尿道海绵体一条,位于腹侧,前后两端均膨大,前端即阴茎头,后端为尿道球。男性尿道贯穿尿道海绵体全长。

阴茎的皮肤薄而柔软,富有伸展性。皮下组织疏松而无脂肪组织。在阴茎颈处,皮肤向前延伸返折成双层皱襞包绕阴茎头,称阴茎包皮。阴茎包皮与阴茎头腹侧中线处连有一条纵行的皮肤皱襞称包皮系带。

幼儿时期包皮较长,包绕整个阴茎头,随着年龄的增长,包皮逐渐向后退缩,阴茎头显露于外表。成年后,如果包皮口过小,包皮不能退缩完全暴露阴茎头,称包茎。若阴茎头被包皮覆盖、几乎不能露出称包皮过长。以上两种情况均可导致包皮腔内污垢存留。包皮垢刺激有诱发阴茎癌风险。包茎和包皮过长常需行包皮环切术。临床上实施包皮环切术时,应注意勿伤及包皮系带,以免影响阴茎的正常勃起。

(三)男性尿道

男性尿道起于膀胱的尿道内口,止于阴茎头的尿道外口,具有排尿和排精的双重作用(图7-10)。成年男性尿道全长 16～22cm,管径 5～7mm,全长分三部,即前列腺部、膜部和海绵体部。临床上将尿道前列腺部和尿道膜部称为后尿道,尿道海绵体部称为前尿道。

(1)前列腺部　为尿道穿过前列腺的部分,长约 3cm,是尿道中最宽和最易扩张的部分。其后壁有射精管和前列腺排泄管的开口。

(2)膜部　为尿道穿经尿生殖膈的部分,管腔狭窄,是最短的一段,长约 1.2cm,周围有尿道括约肌环绕。尿道括约肌属于骨骼肌,可随意收缩,控制排尿。

(3)海绵体部　为尿道穿经尿道海绵体的部分,是最长的一段,长约 12～17cm。此部的起始段位于尿道球内,称尿道球部,尿道球腺开口于此;在阴茎头内的尿道扩大,称舟状窝。

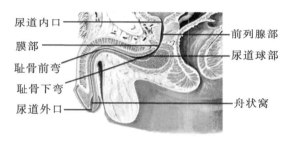

图 7-10　男性尿道

男性尿道在行程中粗细不同,全长有三处狭窄、三个扩大和两个弯曲。

三处狭窄分别在尿道内口、尿道膜部和尿道外口,其中以尿道外口最狭窄。尿道结石常易嵌顿在这些狭窄的部位。

三处扩大分别在前列腺部、尿道球部和舟状窝。

两个弯曲分别是耻骨下弯和耻骨前弯。耻骨下弯位于耻骨联合下方,此弯曲位置恒定不变;耻骨前弯位于耻骨联合前下方,将阴茎向上提起或阴茎勃起时,此弯曲可消失;临床上行导尿术时,应注意男性尿道的狭窄和弯曲,以免损伤尿道。

第二节　女性生殖系统

女性生殖系统包括内生殖器和外生殖器两部分(图7-11)。内生殖器包括生殖腺(卵巢)、生殖管道(输卵管、子宫和阴道)和附属腺(前庭大腺);外生殖器即女阴,包括阴阜、阴蒂、大阴唇、小阴唇和阴道前庭等。

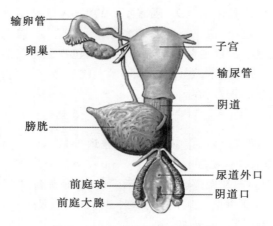

图 7 - 11 女性生殖系统结构图

一、内生殖器

(一)卵巢

1.位置和形态

卵巢是女性生殖腺,左、右成对,是产生卵子和分泌雌性激素的器官。其位于小骨盆侧壁髂总动脉分叉处,呈扁椭圆形,分内、外两面,上、下两端和前、后两缘。卵巢上端接近输卵管伞,并借卵巢悬韧带固定于骨盆侧壁;卵巢下端有索状的卵巢固有韧带连于子宫底,其表面被覆腹膜。前缘借卵巢系膜附着于子宫阔韧带后层,其中部有血管、神经等出入,称卵巢门;后缘游离。

卵巢有明显的年龄变化。儿童期的卵巢较小,表面光滑;青春期后卵巢逐渐增大,并开始排卵,每次排卵在卵巢表面形成瘢痕,卵巢表面凹凸不平;35~40 岁后卵巢开始缩小;50 岁左右卵巢逐渐萎缩,月经也随之停止。

2.组织结构

卵巢为实质性器官(图 7 - 12),表面被覆一层单层扁平或单层立方上皮。上皮下方是一薄层的致密结缔组织构成的白膜。卵巢的实质包括外周的皮质和中央的髓质两部分,二者之间无明显分界。皮质由不同发育阶段的卵泡、黄体、白体、闭锁卵泡以及结缔组织构成;髓质由

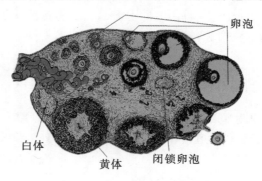

图 7 - 12 卵巢组织结构图

疏松结缔组织构成,含较多血管与淋巴管。

(1)卵泡的发育　卵泡由一个卵母细胞及其周围的卵泡细胞组成。卵泡的发育与成熟是一个连续的生长过程,分为原始卵泡、生长卵泡和成熟卵泡三个阶段。(图 7－13)

①原始卵泡:位于皮质的浅层,体积小,数量多,由中央的一个初级卵母细胞和周边的单层扁平卵泡细胞构成。初级卵母细胞体积大,圆形,胚胎时期由卵原细胞分裂形成,随即进入第一次减数分裂,并长期停滞在第一次减数分裂前期(12～50 年),直到排卵前才完成第一次减数分裂。卵泡细胞较小,扁平形,细胞与周围结缔组织之间有薄层基膜,卵泡细胞具有支持和营养卵母细胞的作用。初生女婴双侧卵巢约有 30 万～40 万个原始卵泡。

②生长卵泡:自青春期开始,在垂体促性腺激素(卵泡刺激素 FSH)的作用下,部分原始卵泡开始生长发育,称生长卵泡。生长卵泡可人为分为初级卵泡和次级卵泡两个阶段。初级卵泡阶段,卵泡细胞增生,由单层变为复层,由扁平形变为立方形或柱状,此时称颗粒细胞。同时,初级卵母细胞也逐渐增大,与卵泡细胞之间出现嗜酸性薄膜,称透明带。次级卵泡阶段,随着卵泡的生长,在颗粒细胞之间开始出现一些小腔,小腔相继融合成大的卵泡腔,卵泡腔内充满卵泡液。随着卵泡液的增多和卵泡腔的扩大,卵母细胞及其周围的颗粒细胞被挤向卵泡的一侧,形成卵丘。卵丘上紧贴透明带的颗粒细胞称放射冠。卵泡生长的同时,其周围的结缔组织分化为卵泡膜,内层富含细胞和血管,外层是富含胶原纤维的结缔组织。

卵泡膜细胞和颗粒细胞能分泌雌激素和孕激素。雌激素能促进女性生殖器官(尤其是子宫)的发育、激发和维持第二性征。

③成熟卵泡:是卵泡发育的最后阶段,颗粒细胞停止增殖,卵泡液急剧增多,卵泡壁变薄,卵泡体积增至最大,其直径可达 2cm,并向卵巢表面突出。在排卵前 36～48 小时,初级卵母细胞完成第一次减数分裂,形成一个次级卵母细胞和一个第一极体。次级卵母细胞染色体数量减半,核型为 23,X(2nDNA),随即进入第二次减数分裂,但停滞在分裂中期。

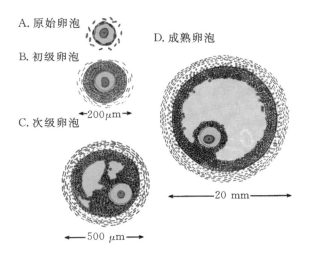

图 7－13　卵泡的不同发育阶段模式图

每个月经周期中,有数十个原始卵泡同时生长,多数情况下只有一个卵泡发育成熟并排卵。其他在不同发育阶段的卵泡停止发育形成闭锁卵泡。

(2)排卵　成熟卵泡内的卵泡液激增,内压升高,最后卵泡破裂,次级卵母细胞、透明带和放射冠随卵泡液排出,称排卵(图 7 - 14)。排卵发生在月经周期的第 14 天。通常左、右卵巢交替排卵,每次排 1 个卵,偶尔可同时排两个或两个以上。女性一生中约排 400~500 个卵,绝经期后,排卵停止。

若排出的卵在 24h 内受精,则次级卵母细胞迅速完成第二次减数分裂,产生一个成熟的卵细胞和一个第二极体。卵细胞染色体核型为 23,X(1nDNA)。若排卵后 24h 内未受精,次级卵母细胞则退化吸收。

图 7 - 14 卵巢排卵模式图

(3)黄体 成熟卵泡排卵后,残留的卵泡壁塌陷,卵泡膜内血管和结缔组织随之伸入。在黄体生成素(LH)的作用下,卵泡壁的颗粒细胞、卵泡膜细胞分化为富含血管的内分泌细胞团,新鲜时呈黄色,称黄体。黄体由颗粒黄体细胞和膜黄体细胞构成,可分泌孕激素、雌激素。孕、雌激素可促进子宫内膜增生肥厚,有利于受精卵的着床。

黄体形成以后,其大小、维持时间的长短取决于卵细胞是否受精。如未受精,黄体维持 2 周即退化,称月经黄体。如受精并妊娠,黄体在胎盘分泌的绒毛膜促性腺激素(HCG)的作用下继续发育,可维持 5~6 个月,称为妊娠黄体。两种黄体最后均退化由结缔组织代替,形成白体。

3.卵巢的内分泌功能

卵巢主要分泌雌激素、孕激素和少量的雄激素。雌激素的主要作用是促进女性生殖器官的发育和第二性征的出现。孕激素可促进子宫内膜增生肥厚及子宫腺的分泌,有利于受精卵着床。

(二)输卵管

1.位置与形态

输卵管为一对细长而弯曲的肌性管道(图 7 - 15),长约 10~12cm。其外侧端游离,借输卵管腹腔口与腹膜腔相通。内侧端连于子宫,以输卵管子宫口通子宫腔。女性腹膜腔经输卵管、子宫和阴道与外界相通。

输卵管全长由内而外分为四部分:①输卵管子宫部,为输卵管穿过子宫壁的部分;②输卵管峡部,紧邻子宫壁,短而直,管腔较为狭窄,是输卵管结扎术的常选部位;③输卵管壶腹部,约占输卵管全长的 2/3,管径粗而弯曲,血管丰富,卵子通常在此受精;④输卵管漏斗部,为输卵管外侧端的膨大部分,呈漏斗形,其末端周缘有许多细长指状突起,称输卵管伞,是手术时寻找输卵管的标志。

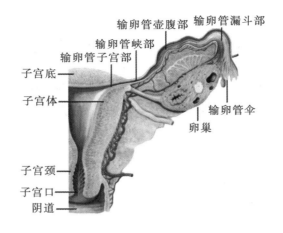

图 7-15 女性内生殖器模式图（前面观）

2.管壁结构

输卵管管壁分为三层，由内向外为：黏膜层、肌层和外膜。黏膜形成许多纵行皱襞，以壶腹部最为发达。黏膜上皮为单层柱状上皮，由纤毛细胞和分泌细胞构成。纤毛可向子宫方向摆动，有助于受精卵向子宫移动，分泌细胞的分泌物参与输卵管液的组成。固有层为薄层细密的结缔组织。肌层为平滑肌，狭部最厚。外膜为浆膜。

 知识链接

宫外孕

受精卵在子宫体腔以外着床并生长发育称为异位妊娠，俗称宫外孕。宫外孕最常见的发病部位是输卵管。输卵管妊娠是妇产科常见急腹症之一，其流产或破裂时，可致腹腔内大出血，危及孕妇生命。

(三)子宫

子宫为一中空的肌性器官，是孕育胎儿和产生月经的器官（图 7-15）。

1.形态

成人未孕子宫呈前后略扁倒置的梨形，长约 7～8cm，宽约 4～5cm，厚约 2～3cm。子宫分为底、体和颈三部分。子宫底指位于两侧输卵管子宫口以上的膨隆部分。子宫的下部缩细部分为子宫颈，子宫颈的下 1/3 伸入阴道内称子宫颈阴道部，上 2/3 位于阴道以上称子宫颈阴道上部。子宫颈为炎症和肿瘤的好发部位。子宫颈与子宫底之间的部分为子宫体。子宫颈与子宫体交界处稍细，称子宫峡。非妊娠期，子宫峡不明显，长约 1cm；妊娠期，子宫峡逐渐伸展变长，管壁变薄，至妊娠末期可延长至 7～11cm，形成子宫下段；临床产科常在此处作剖宫产术切口。

子宫的内腔比较狭窄，分为上、下两部分：上部由子宫底和子宫体围成，称子宫腔，呈前后略扁倒置的三角形，两侧与输卵管子宫口相通；下部位于子宫颈内，称子宫颈管，呈梭形。子宫颈管的上口通子宫腔；子宫颈管下口通阴道，即子宫口。未产妇的子宫口为圆形，边缘光滑而

整齐,经产妇的子宫口呈横裂状(图7-16)。

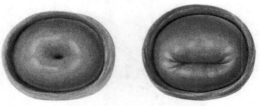

图7-16 子宫口模式图

2.位置和固定装置

子宫位于小骨盆的中央,前邻膀胱,后邻直肠,下端接阴道,两侧有输卵管、卵巢。输卵管和卵巢在临床上通常称为子宫附件。正常子宫的位置呈前倾前屈位(图7-17)。前倾是指子宫体伏于膀胱的上面,子宫的长轴与阴道长轴形成向前开放的钝角,稍大于90°;前屈是指子宫体长轴与子宫颈长轴形成向前开放的钝角。子宫的位置异常是女性不孕的原因之一。膀胱和直肠的充盈程度可影响子宫的位置。

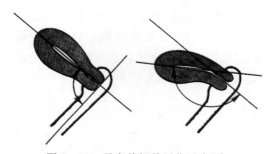

图7-17 子宫前倾前屈位示意图

子宫正常位置的维持主要是靠盆底肌的承托和子宫周围韧带的牵引。维持子宫正常位置的韧带有以下四对。

(1)子宫阔韧带 呈冠状位,子宫前、后面的腹膜自子宫侧壁向两侧盆壁延伸而成,可限制子宫向两侧移动。

(2)子宫圆韧带 为一圆索状结构,全长12～14cm。起自子宫前面两侧,在阔韧带内向前外侧穿腹股沟管止于大阴唇皮下,是维持子宫前倾的主要结构。

(3)子宫主韧带 在子宫阔韧带下部两层腹膜之间,由结缔组织和平滑肌组成。子宫主韧带将子宫颈阴道上部向两侧连于骨盆侧壁,起固定子宫颈、防止子宫向下脱垂的作用。

(4)骶子宫韧带 由结缔组织和平滑肌组成。起自子宫颈后面,向后绕过直肠两侧附着于骶骨前面。该韧带牵引子宫颈向后上,维持子宫前屈。

3.子宫壁的结构

子宫壁由内而外分为内膜、肌层、外膜三层(图7-18)。

(1)内膜 由单层柱状上皮和固有层构成。固有层由较厚的结缔组织构成,内含管状的子宫腺和丰富的螺旋动脉。子宫内膜分浅、深两层。浅层为功能层,较厚,约占整个内膜厚度的4/5。自青春期开始,在卵巢激素的作用下,功能层发生周期性脱落和出血,形成月经。妊娠时,胚泡植入功能层并在其中生长发育。深层为基底层,较薄,约占整个内膜厚度的1/5,不发

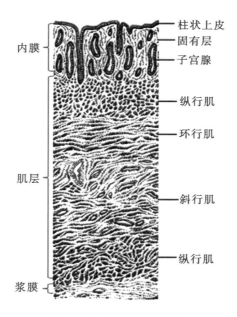

图 7-18　子宫壁切面图

生周期性脱落,有修复功能层的作用。

（2）肌层　由成束的平滑肌纤维束交错构成,富有舒缩性。

（3）子宫外膜　子宫底部和体部为浆膜,子宫颈处为纤维膜。

4.子宫内膜的周期性变化

从青春期开始,在卵巢分泌激素的影响下,子宫内膜功能层每隔28天左右出现一次剥脱、出血、修复、增生的过程,这种周期性的变化称月经周期。根据子宫内膜在月经周期中的变化,月经周期可分为月经期、增生期和分泌期(图7-19,表7-2)。

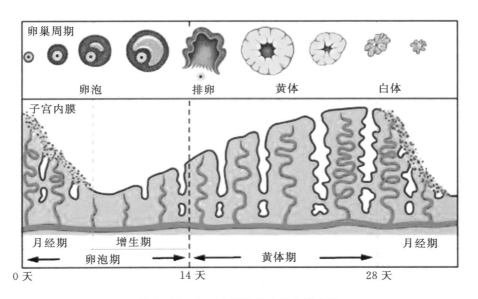

图 7-19　子宫内膜周期性变化模式图

表 7-2　子宫内膜与卵巢周期性变化的关系

	月经期(1~4 天)	增生期(5~14 天)	分泌期(15~28 天)
卵巢	卵巢排出的卵未受精,月经黄体退化,雌激素和孕激素分泌量骤然下降	卵巢内有若干卵泡开始发育,增生期末卵巢内的卵泡成熟并排卵	卵巢排卵后形成黄体。黄体分泌孕激素、雌激素
子宫	子宫内膜的螺旋动脉呈痉挛性收缩,导致子宫内膜功能层缺血,组织坏死、剥脱,经阴道排出体外,形成月经	子宫内膜由基底层增生、修补,形成新的功能层	子宫内膜在黄体分泌的孕、雌激素的作用下继续增厚,子宫腺分泌,适于胚泡的植入和发育

(四)阴道

阴道是连接于子宫和外生殖器之间的肌性管道,有较强的伸展性。它是导入精液、排出月经和娩出胎儿的通道。

阴道有前壁、后壁和两侧壁。阴道上部较宽阔,绕子宫颈阴道部形成环形间隙,称阴道穹。阴道穹分前、后部和左、右侧部;后部最深,又称阴道后穹。阴道后穹与直肠子宫陷凹紧密相邻,两者之间仅隔以阴道壁和腹膜。临床上腹膜腔内有积液时,常经阴道后穹进行穿刺或引流以协助诊断和治疗。阴道下部较窄,下端以阴道口开口于阴道前庭。处女阴道口的周围有处女膜附着。处女膜破裂后,阴道口的周缘留有处女膜痕。

(五)前庭大腺

前庭大腺为成对的腺体,导管开口阴道前庭阴道口两侧,分泌物有润滑阴道口的作用。如因炎症导管阻塞,可形成前庭大腺囊肿。

二、外生殖器

女性外生殖器又称女阴,包括阴阜、阴蒂、大阴唇、小阴唇和阴道前庭(图 7-20)。

(1)阴阜　为耻骨联合前方的皮肤隆起。性成熟后阴阜生有阴毛。

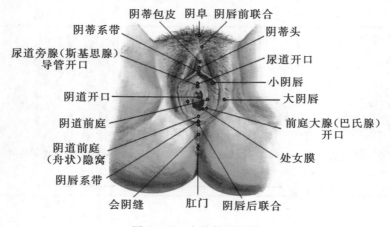

图 7-20　女性外生殖器

（2）阴蒂　位于尿道外口的前方,由两条阴蒂海绵体构成,表面富含神经末梢,感觉敏锐。

（3）大阴唇　位于阴阜的后下方,是一对纵行的皮肤隆起。其前端和后端相互联合,称为唇前联合和唇后联合。

（4）小阴唇　位于大阴唇的内侧的一对较薄的皮肤皱襞,表面光滑无阴毛。两侧小阴唇的前端形成阴蒂包皮和阴蒂系带。

（5）阴道前庭　是两侧小阴唇之间的裂隙。前部有尿道外口,后部有较大的阴道口,阴道口的两侧各有一个前庭大腺导管的开口。

第三节　乳房和会阴

一、乳房

乳房是哺乳类动物所特有的结构。人的乳房左右成对。男性乳房不发达。女性乳房为哺乳器官,青春期后开始发育生长,妊娠后期和哺乳期迅速发育增大,并开始分泌乳汁。

（一）乳房的位置与形态

乳房位于胸前部两侧,胸大肌及胸肌筋膜的表面,上起 2～3 肋,下至 6～7 肋,内侧至胸骨旁线,外侧可达腋中线。男性乳头位置较恒定,多平第 4 肋间隙或第 5 肋,常作为定位标志。

成年女性未授乳的乳房呈半球形,紧张而富有弹性。乳房的中央有乳头,乳头周围的皮肤色素较多,形成颜色较深的环形区域,称乳晕。乳头和乳晕的皮肤较为薄弱,易受损伤而感染。

（二）乳房的结构

乳房主要由皮肤、脂肪组织、纤维组织和乳腺构成(图 7-21)。脂肪组织和纤维嵌入乳腺之间,将乳腺分为 15～20 个乳腺小叶。乳腺小叶以乳头为中心,呈放射状排列。乳腺小叶排泄管称输乳管,开口于乳头。乳房手术时,应采取放射状切口,尽量减少对输乳管的损伤。

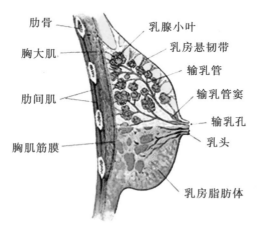

图 7-21　乳房的结构模式图

乳房的皮肤与深面的胸肌筋膜之间连有许多纤维组织小束,称乳房悬韧带（Cooper 韧带）,它对乳房有支持和固定作用。当乳腺癌侵及乳房悬韧带时,韧带缩短,牵拉皮肤向内凹陷,类似橘皮,临床上称为橘皮样变,是乳腺癌早期的体征之一。

 知识链接

人初乳

初乳是指产后 2～3 天内所分泌的乳汁。初乳呈深黄色,富有营养物质,所含蛋白质比正常乳汁多 5 倍,锌的含量也很高。初乳具有一定的免疫功能,除含有中性粒细胞、单核巨噬细胞和淋巴细胞等免疫细胞外,还有大量免疫球蛋白,它们对新生儿机体免疫有增强作用,可预防新生儿感染。产后应及早母乳喂养。

二、会阴

会阴有狭义会阴和广义会阴两种概念。狭义会阴又称产科会阴,是指外生殖器与肛门之间的狭小区域。产妇分娩时此区易发生会阴撕裂,应注意保护此处。广义会阴是指封闭骨盆下口的所有软组织,其境界呈菱形,前界为耻骨联合,后界为尾骨尖,两侧界由前向后依次为耻骨下支、坐骨支、坐骨结节和骶结节韧带。

本章小结

一、本章提要

通过本章学习,使同学们了解生殖系统的相关知识,结合图片深入理解,加深巩固知识点,具体包括以下内容:

1.掌握各节涉及的一些基本概念,如排卵、月经周期等。

2.掌握睾丸的位置、形态及组织结构;输精管的形态特点、行程、分部和结扎部位;男性尿道的行程、分部、狭窄和弯曲及临床意义。熟悉附睾的形态和位置;前列腺的形态、位置及毗邻。了解射精管的形态和开口部位;精索的概念和组成;精囊腺、尿道球腺的位置和腺管的开口;精液的组成;阴囊的位置和构造;阴茎的形态和构造。

3.掌握卵巢的形态、位置;输卵管的位置、形态及分部;子宫的形态、位置、毗邻关系及其固定装置;输卵管结扎的部位。熟悉阴道的位置、形态和毗邻。了解卵巢的年龄变化;子宫的年龄变化。

二、本章重、难点

1.男、女性生殖系统的组成。

2.男性尿道的功能、分部、狭窄、膨大及弯曲。

3.输卵管的功能、分部、形态结构。

4.子宫的形态、位置、姿势、固定装置的构成及其作用。

课后习题

一、单选题

1. 精子产生的部位是（　）。
A. 精曲小管 　　　　B. 精直小管 　　　　C. 睾丸输出小管
D. 输精管 　　　　E. 附睾

2. 临床上行输精管结扎术常用的部位是（　）。
A. 睾丸部 　　　　B. 精索部 　　　　C. 腹股沟管部
D. 盆部 　　　　E. 以上都不对

3. 临床上将尿道的哪部分称为前尿道？（　）
A. 前列腺部 　　　　B. 膜部 　　　　C. 尿生殖膈部
D. 海绵体部 　　　　E. 以上都不对

4. 男性生殖器输送管道不包括（　）
A. 附睾 　　　　B. 尿道 　　　　C. 睾丸
D. 射精管 　　　　E. 以上都不对

5. 关于附睾的正确描述是（　）
A. 呈现新月形，紧贴睾丸的上端前缘
B. 附睾尾向上弯曲移行为射精管
C. 睾丸输出小管进入附睾后，弯曲盘绕形成膨大的附睾头，末端汇合成几条附睾管
D. 附睾除暂存精子外，还有产生精子和营养精子的作用
E. 以上都不对

6. 子宫的炎症和肿瘤多发的部位是（　）。
A. 子宫底 　　　　B. 子宫体 　　　　C. 子宫峡
D. 子宫颈 　　　　E. 以上都不对

7. 以下哪个部位在妊娠晚期可伸展变长，其壁变薄，是产科进行剖宫产的常用部位？（　）
A. 子宫底 　　　　B. 子宫体 　　　　C. 子宫峡
D. 子宫颈 　　　　E. 以上都不对

8. 维持子宫前倾位的韧带是（　）。
A 子宫阔韧带 　　　　B. 子宫圆韧带 　　　　C. 子宫主韧带
D. 骶子宫韧带 　　　　E. 以上都不对

9. 乳房手术时应做何种切口？（　）
A. 矢状切口 　　　　B. 冠状切口 　　　　C. 水平切口
D. 放射状切口 　　　　E. 横行切口

10. 射精管开口于（　）。
A. 尿道膜部 　　　　B. 尿道球部 　　　　C. 尿道海绵体部
D. 尿道前列腺部 　　　　E. 前列腺

二、填空题

1. 男性生殖器的附属腺,包括_____、_____和_____。

2. 卵巢为女性的_____,其功能是产生_____和分泌_____。

3. 输卵管由内侧向外侧分为_____、_____、_____和_____四部。

4. 卵子和精子受精的部位多在输卵管的_____,输卵管结扎术常在_____进行,_____是手术中识别输卵管的标志。

5. 固定子宫的韧带有_____、_____、_____和_____。

6. 女性内生殖器包括_____、_____、_____和阴道。

7. 男性尿道兼有_____和_____功能,临床上把_____和_____称为后尿道,把_____称为前尿道。

8. 男性尿道有三处狭窄,从后向前依次为_____、_____和_____,其中最狭窄处为_____。

9. 子宫位于_____的中央,前邻_____,后邻_____。

10. 成人女性子宫的正常姿势是轻度_____位。

11. 阴茎由两条_____和一条_____组成。

12. 乳房内部主要由_____和_____构成。

三、名词解释

1. 输精管壶腹 2. 卵巢悬韧带 3. 广义会阴 4. 输卵管伞

四、简答题

1. 输精管分哪几部分,临床上常在何处结扎?

2. 精子的产生及排出途径如何?

3. 子宫有哪些固定装置,各起什么作用?

4. 简述女性生殖系统的组成。

5. 试述男性尿道的分部、狭窄和弯曲。

第八章 腹 膜

 学习目标

> 1.掌握腹膜和腹膜腔的概念;腹腔和腹膜腔的区别;腹膜陷凹的名称和位置。
> 2.熟悉腹膜与腹、盆腔脏器的关系。
> 3.了解腹膜形成的结构。

第一节 概 述

腹膜是一层薄而光滑的浆膜,由间皮和结缔组织构成,呈半透明状,覆盖于腹、盆壁内面和腹、盆腔脏器表面。(图8-1)

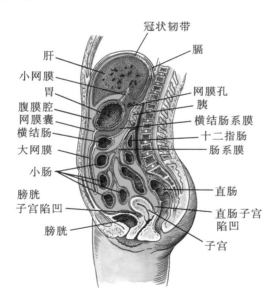

图8-1 女性腹膜腔正中矢状切面

衬于腹、盆壁内面的腹膜,称壁腹膜;贴覆于腹、盆腔脏器表面的腹膜,称脏腹膜。壁腹膜和脏腹膜相互延续、移行,围成潜在性浆膜腔隙,称腹膜腔。男性腹膜腔是一完全封闭的腔隙,女性腹膜腔借输卵管腹腔口,经输卵管、子宫、阴道和外界相通,从而增加了感染机会。

腹腔和腹膜腔的概念是不同的。腹腔是指盆膈以上由腹壁和膈围成的腔;腹膜腔是套在腹腔内脏、壁腹膜之间的腔隙,腹膜腔内有少量的浆液。腹腔内的器官均位于腹膜腔之外。

腹膜具有分泌、吸收、保护、支持、防御和修复等多种功能：①正常腹膜可分泌少量浆液，起润滑和减少脏器间摩擦的作用。②腹膜能吸收腹膜腔内的液体和空气等。上腹部腹膜吸收能力较强，因此，腹膜炎或腹部手术的患者多采取半卧位，使炎性渗出液流入下腹部，以减少腹膜对毒素的吸收。③腹膜对脏器有支持和固定的作用。④腹膜腔的浆液中有大量的巨噬细胞和纤维素，能发挥防御及修复功能。

第二节　腹膜与器官的关系

根据腹、盆腔器官被腹膜覆盖程度的不同，可将腹、盆腔器官分为三类（图8-2）。

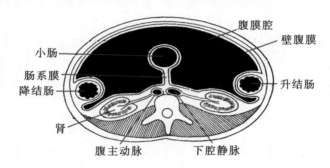

图8-2　腹膜与器官的关系

一、腹膜内位器官

腹膜内位器官是指表面都被腹膜覆盖的器官。这类器官活动性较大，如胃、空肠、回肠、盲肠、阑尾、横结肠、乙状结肠、脾和输卵管等。

二、腹膜间位器官

腹膜间位器官是指表面大部分或三面被腹膜覆盖的器官。这类器官活动性较小，如肝、胆囊、升结肠、降结肠、子宫和充盈的膀胱等。

三、腹膜外位器官

腹膜外位器官是指仅一面被腹膜所覆盖的器官。这类器官位置固定，几乎不能活动。如肾、肾上腺、输尿管、胰、十二指肠降部和水平部及空虚的膀胱等。

第三节　腹膜形成的结构

腹膜从腹、盆壁内面移行至器官表面，或由一个器官移行于另一个器官时，形成了韧带、系膜、网膜和陷凹等结构。（图8-3）

一、韧带

韧带是连于腹、盆壁与器官之间或连接相邻器官之间的腹膜结构，对器官起固定作用。

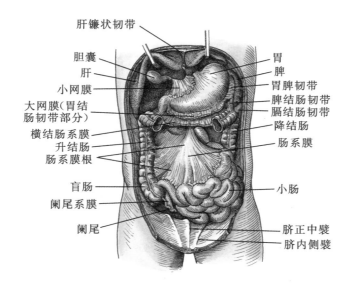

肝镰状韧带
胆囊
肝
小网膜
大网膜(胃结肠韧带部分)
横结肠系膜
升结肠
肠系膜根
盲肠
阑尾系膜
阑尾
胃
脾
胃脾韧带
脾结肠韧带
膈结肠韧带
降结肠
肠系膜
小肠
脐正中襞
脐内侧襞

图 8-3　腹膜形成的结构

1.肝的韧带

肝的上方有镰状韧带、冠状韧带和三角韧带。肝的下方有肝胃韧带和肝十二指肠韧带。镰状韧带是位于肝的膈面与膈之间呈矢状位的双层腹膜结构,其游离缘内含肝圆韧带。冠状韧带是膈与肝之间的呈冠状位腹膜结构,分前、后两层,两层之间无腹膜被覆的区域称为肝裸区。在冠状韧带的左、右两端,前、后两层相贴增厚,形成左、右三角韧带。

2.脾的韧带

脾的韧带包括胃脾韧带和脾肾韧带。胃脾韧带是连于胃底和脾门间的双层腹膜结构。脾肾韧带为脾门连至左肾前面的双层腹膜结构。

二、系膜

系膜是壁、脏腹膜相互延续移行形成的将肠管连于腹后壁的双层腹膜结构。两层腹膜间夹有血管、神经、淋巴管和淋巴结等。

1.肠系膜

肠系膜是将空、回肠固定于腹后壁呈扇形展开的双层腹膜结构。其附着在腹后壁的部分称小肠系膜根,长约 15cm,自第 2 腰椎的左侧斜向右下方,延至右骶髂关节的前方。肠系膜宽而长,因此空、回肠的活动性较大,易发生肠扭转、肠套叠等急腹症。

2.阑尾系膜

阑尾系膜将阑尾连于肠系膜下方,呈三角形。其游离缘内有阑尾动、静脉通过。

3.横结肠系膜

横结肠系膜是将横结肠连于腹后壁的双层腹膜结构,其根部自结肠右曲向左至结肠左曲。系膜中份较长,因此横结肠中份呈弓形悬垂状,活动性较大。

4.乙状结肠系膜

乙状结肠系膜是将乙状结肠连于左下腹的双层腹膜结构。该系膜较长,故乙状结肠活动度也较大,易发生肠扭转。

三、网膜

网膜包括小网膜和大网膜。(图 8 - 4)

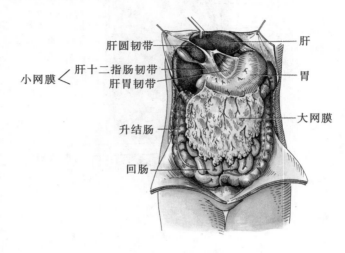

图 8 - 4　网膜

1. 小网膜

小网膜是从肝门向下至胃小弯和十二指肠上部的双层腹膜结构,分为两部分。左侧部是连于肝门和胃小弯的部分称肝胃韧带,内有胃左、右血管,胃左、右淋巴结和胃的神经等。右侧部是连于肝门和十二指肠上部的部分,称肝十二指肠韧带,内有胆总管、肝固有动脉和肝门静脉等。小网膜右侧游离缘的后方为网膜孔,通过此孔可进入胃后方的网膜囊。

2. 大网膜

大网膜是连于胃大弯和横结肠之间的四层腹膜结构,形似围裙状垂于空、回肠和横结肠的前方。大网膜内有丰富的脂肪、血管和巨噬细胞等,具有重要的防御功能。当腹腔器官有炎症时,大网膜下垂部分可向病变处移动,将病灶包裹并粘连,以防止炎症扩散蔓延。因此腹部手术时,可根据大网膜移动情况来探查病变部位。小儿的大网膜较短,当有下腹部的炎症,如阑尾炎穿孔等,大网膜无法使炎症局限,因而易形成弥漫性腹膜炎。

3. 网膜囊

网膜囊是位于小网膜及胃后方的扁窄间隙,又称小腹膜腔(图 8 - 5)。网膜囊经其右侧的网膜孔与腹膜腔的其他部分相通。网膜囊是一盲囊且位置较深,当胃后壁穿孔时,胃内容物先积聚在囊内,增加到一定量时,可经网膜孔进入腹膜腔的其他部分,给疾病的早期诊断带来一定困难。

四、陷凹

陷凹主要位于盆腔内,是腹膜在盆腔脏器之间移行返折而成。男性在直肠与膀胱之间,有直肠膀胱陷凹。女性在膀胱与子宫之间有膀胱子宫陷凹,在直肠与子宫之间有直肠子宫陷凹,也称 Douglas 腔。直肠子宫陷凹较深,与阴道后穹之间仅隔以薄层阴道后壁和腹膜。站立或

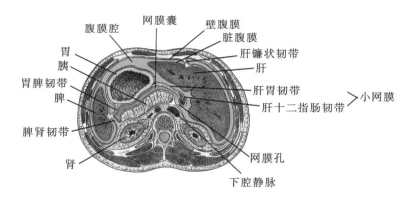

图 8 - 5　网膜囊和网膜孔

半卧位时,男性的直肠膀胱陷凹和女性的直肠子宫陷凹是腹膜腔最低部位,因此腹膜腔如有积液常聚积于这些陷凹内。

本章小结

一、本章提要

通过本章学习,使同学们了解腹膜相关知识,重点掌握腹膜分部,具体包括以下内容:

1.掌握涉及的一些基本概念,如腹膜、腹膜腔等。

2.具有描述腹膜和腹盆、腔脏器关系的能力,如对腹、盆腔脏器的分类等。

二、本章重、难点

1.掌握腹膜和腹膜腔的概念。

2.腹腔和腹膜腔的区别。

3.腹膜陷凹的名称和位置。

课后习题

一、单选题

1.属于腹膜内位器官的是(　　)。

A.子宫　　　　　　　　B.肾上腺　　　　　　　　C.卵巢

D.肝　　　　　　　　　E.膀胱

2.属于腹膜形成的结构是(　　)。

A.子宫阔韧带　　　　　B.子宫圆韧带　　　　　　C.胆囊窝

D.骶子宫韧带　　　　　E.肝圆韧带

3.属于腹膜外位器官的是(　　)。

A.胃　　　　　　　　　B.肝　　　　　　　　　　C.肾

D. 胆囊　　　　　　　　E. 子宫

4. 属于腹膜间位器官的是(　　)。

A. 肝　　　　　　　　B. 乙状结肠　　　　　　C. 卵巢

D. 肾　　　　　　　　E. 胰

5. 不属于腹膜外位器官的是(　　)。

A. 膀胱　　　　　　　B. 输尿管　　　　　　　C. 肾上腺

D. 肾　　　　　　　　E. 胰

二、填空题

1. 腹膜陷凹女性有_____和_____,男性只有_____。

2. 肝十二指肠韧带内有_____、_____和_____通过。

三、名词解释

1. 腹膜　2. 腹膜腔

第九章 脉管系统

学习目标

1. 掌握心血管系统的组成和功能;血液循环的概念;体循环、肺循环的途径及两者的异同;心的位置及心尖体表投影,心腔结构,心传导系统组成;主动脉的分部及主要分支;上、下肢浅静脉的名称、起止、行程及注入部位;肝门静脉的组成、收集范围及其与上、下腔静脉之间的吻合关系。

2. 熟悉血管壁与心壁的结构;心包的概念及心的体表投影;各部主要动脉干的名称、分支及分布情况;体表常用压迫止血点;颈动脉窦、颈动脉体的概念及功能;面静脉的特点、危险三角区的概念及意义;上、下腔静脉系的主要属支及收集范围。

3. 了解血管吻合与侧支循环;淋巴系统的组成;胸导管及右淋巴导管的组成、收集范围;脾的位置、形态、毗邻及功能;全身主要淋巴结群的位置等。

第一节 概 述

脉管系统是人体内一系列封闭且连续的管道系统,其主要功能是把肺摄入的氧和消化系统吸收的营养物质运至全身各器官的组织和细胞。同时,将二氧化碳、尿素等组织、细胞的代谢产物运送到肺、肾和皮肤等器官排出体外,从而保证人体新陈代谢的正常进行。内分泌器官所产生的激素也依赖脉管系统运至相应的靶器官和靶细胞,实现机体的体液调节。此外,脉管系统对维持身体内环境相对稳定以及防御功能均起着重要的作用。

一、脉管系统的组成

脉管系统包括心血管系统和淋巴系统两部分。心血管系统由心、动脉、毛细血管和静脉组成,血液在其中循环流动。淋巴系统由淋巴管道、淋巴器官和淋巴组织组成,淋巴沿淋巴管道不断流动,最后汇入静脉。因此,可将淋巴管道视为静脉的辅助管道。

1.心

心主要由心肌构成,是推动血液循环的动力器官。心被房间隔和室间隔分为左心房、右心房和左心室、右心室四个腔。同侧的心房和心室之间借房室口相通。心房接受静脉,心室发出动脉。在房室口和动脉口处附有瓣膜,保证血液定向流动。

2.动脉

动脉是输送血液离心的血管,在行程中不断分支,管径越分越细,管壁越分越薄,最终移行为毛细血管。

3．静脉

静脉是输送血液回心的血管。小静脉起于毛细血管静脉端，在向心回流的过程中不断接受属支，管径由细变粗，最后汇合成大静脉注入心房。

4．毛细血管

毛细血管是连于动、静脉之间的极细微的管道，分支多，彼此吻合成网。毛细血管数量多、分布广、管壁薄、通透性大，是血液与组织液进行物质交换的场所。人体除被覆上皮、软骨、牙釉质、角膜、晶状体、毛发等处外，都分布有毛细血管。代谢旺盛的器官（如心、肝、肾），毛细血管丰富，反之毛细血管稀疏。

二、血液循环

血液由心室射出，经动脉、毛细血管和静脉又返回心房，如此周而复始循环流动，称血液循环。根据循环途径不同可分为相互连续的两部分，即体循环和肺循环，二者经心的左、右房室口同步进行。（图 9 - 1，图 9 - 2）

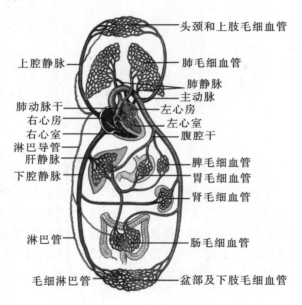

图 9 - 1　血液循环示意图

1．体循环（大循环）

当左心室收缩时，含有丰富氧和营养物质的动脉血射入主动脉，经主动脉的各级分支流向全身毛细血管，血液在此与组织、细胞进行物质交换后，动脉血转换为含氧量较低的静脉血，汇入各级静脉，最后经上、下腔静脉及冠状窦返回右心房。

2．肺循环（小循环）

当右心室收缩时，静脉血射入肺动脉干，经肺动脉的各级分支进入肺泡周围毛细血管，血液在此进行气体交换，静脉血转变为动脉血，再经肺静脉返回左心房。

体循环和肺循环同时进行，体循环流程长，流经范围广，以氧含量高和营养丰富的动脉血营养全身各器官、组织和细胞。肺循环路程较短，通过肺使静脉血重新转变为含氧高的动脉血。

左心室→主动脉及分支→全身毛细血管→上、下腔静脉及属支→右心房

左心房 ← 肺静脉 ← 肺泡毛细血管 ← 肺动脉干及分支 ← 右心室

图 9 - 2 血液循环

三、血管吻合与侧支循环

人体内血液除经动脉—毛细血管—静脉进行流通外，在体内的不同部位，动脉与动脉、静脉与静脉、动脉与静脉之间可以形成广泛的血管吻合（图 9 - 3）。

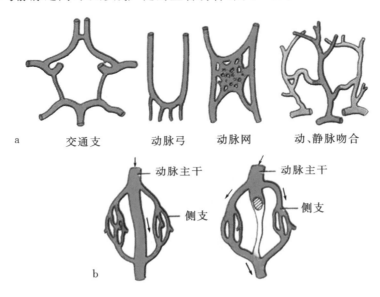

图 9 - 3 血管吻合与侧支循环
a.血管吻合形式；b.侧支吻合和侧支循环

1. **动脉间吻合**

人体内许多部位两动脉干之间可借交通支相连（如脑底动脉之间）。在经常活动或易受压部位，邻近的多条动脉分支常互相吻合成动脉网（如关节网）；在形态经常改变的器官，两动脉末端或其分支可直接吻合形成动脉弓（如掌深弓、掌浅弓等）。这些吻合使动脉间相互代偿供血，且有缩短循环时间和调节血流量的作用。

2. **静脉间吻合**

静脉的吻合形式多样，浅静脉之间常吻合成静脉网（弓），深静脉之间吻合成静脉丛。静脉丛常存在于容积容易发生变动的器官周围或壁内，以保证器官扩大时或腔壁受挤压时血流的通畅。

3. **动静脉吻合**

小动脉和小静脉之间可借血管支直接相通，称动静脉吻合。这种吻合多存在于手、足、唇、鼻腔和消化道黏膜等处。动静脉吻合能缩短循环路径，控制局部血流量和调节体温。

4.侧支吻合

有的血管主干在行程中发出与其平行的侧支,同一主干的侧支之间或不同主干的侧支之间彼此连接,形成侧支吻合。在病理情况下,如主干血流受阻(血栓、结扎)时,血液可经侧支吻合绕过受阻部位到达分布区域。此时,侧支可逐渐变粗,血流量增大,以代偿主干的功能。这种通过侧支吻合建立的循环称侧支循环。侧支循环的建立对保证器官的血液供应有重要意义。

第二节 心

一、心的位置

心位于胸腔的中纵隔内,约 2/3 位于正中矢状面的左侧,1/3 位于正中矢状面的右侧(图 9-4)。前方正对胸骨体和第 2～6 肋软骨,后方平对第 5～8 胸椎,两侧为纵隔胸膜,上方连出入心的大血管,下方邻膈。

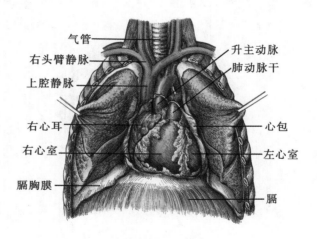

图 9-4 心的位置

二、心的外形

心呈倒置的、前后略扁的圆锥体,大小如本人拳头。外裹心包,分为一尖、一底、两面、三缘,表面有四条沟(图 9-5,图 9-6)。

(1)心尖 由左心室构成,朝向左前下方,接近左胸前壁。活体上,在左侧第 5 肋间隙左锁骨中线内侧 1～2cm 处可扪及心尖搏动。

(2)心底 朝向右后上方,主要由左心房和小部分的右心房构成。左、右肺静脉分别从两侧注入左心房;上、下腔静脉分别从上、下注入右心房。

(3)两面 心的前面(胸肋面)朝向前上方,大部分由右心房和右心室构成,小部分由左心耳和左心室构成。该面大部分被胸膜和肺遮盖,只有左肺心切迹内侧的部分与胸骨体下份和左侧第 4～6 肋软骨相邻,此区为心包裸区。因此,在胸骨旁左侧第 4 肋间隙作心内注射,可避

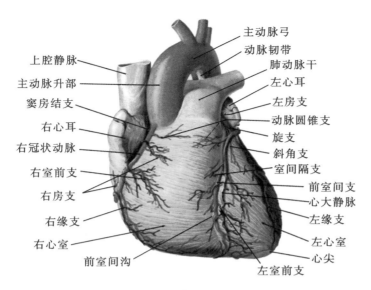

上腔静脉
主动脉升部
窦房结支
右心耳
右冠状动脉
右室前支
右房支
右缘支
右心室
前室间沟

主动脉弓
动脉韧带
肺动脉干
左心耳
左房支
动脉圆锥支
旋支
斜角支
室间隔支
前室间支
心大静脉
左缘支
左心室
心尖
左室前支

图 9 - 5　心的外形和血管（前面）

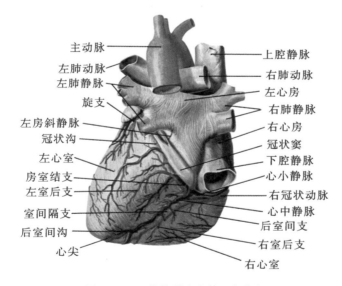

主动脉
左肺动脉
左肺静脉
旋支
左房斜静脉
冠状沟
左心室
房室结支
左室后支
室间隔支
后室间沟
心尖

上腔静脉
右肺动脉
左心房
右肺静脉
右心房
冠状窦
下腔静脉
心小静脉
右冠状动脉
心中静脉
后室间支
右室后支
右心室

图 9 - 6　心的外形和血管（后下面）

免伤及肺和胸膜。下面（膈面）与膈相邻，主要由左心室和小部分的右心室构成。

（4）三缘　心的下缘近水平位，由右心室和心尖构成；左缘斜向左下，大部分由左心室构成，一小部分由左心耳参与构成；右缘垂直，由右心房构成。心左、右缘圆钝，无明确的边缘线。

（5）四条沟　心表面的四条沟可作为心腔在心表面的分界。冠状沟几乎呈冠状位，近似环形，是心房与心室在心表面的分界。前室间沟和后室间沟分别在心的前面和下面，自冠状沟走向心尖右侧，是左、右心室在心表面的分界。前、后室间沟在心尖右侧交汇处稍凹陷，称心尖切迹。上述各沟均被心的血管和脂肪组织等填充。后房间沟在心底右心房与右上、下肺静脉之间，是左、右心房在心表面的分界。

三、心的各腔

心被房间隔、室间隔分为左心房、右心房和左心室、右心室四个腔。左、右心房及左、右心室之间不相通,同侧的房、室之间借房室口相通。在房室口和动脉口处均附有瓣膜,可保证血液定向流动,防止血液逆流。

(一)右心房

右心房(图9-7)位于心的右上部,腔大而壁薄,其向左前方突出的部分,称右心耳,内面有许多平行排列的肌束,称梳状肌。心功能障碍者血流淤滞易在心耳内形成血凝块。右心房有三个入口:上部开口为上腔静脉口,将人体上半身回流的静脉血导入右心房;下部开口为下腔静脉口,分别将下半身回流的静脉血导入右心房;在下腔静脉口与右房室口之间为冠状窦口,主要将心壁的静脉血导入右心房。右心房有一个出口:右房室口位于右心房的前下部,血液由此流入右心室。右心房的后内侧壁由房间隔组成,在房间隔的中下部有一卵圆形的凹陷,称卵圆窝,为胚胎时期卵圆孔闭锁后的遗迹,此处薄弱,是房间隔缺损的好发部位。

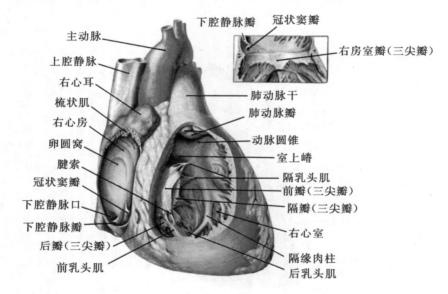

图9-7　右心房和右心室腔

(二)右心室

右心室(图9-7)位于右心房的前下方,构成心前面的大部分。右心室室壁上有一弓形肌性隆起,称室上嵴,将右心室腔分为后下方的流入道(窦部)和前上方的流出道(漏斗部)两部分。

1.流入道

流入道室壁上有许多肌性隆起,称肉柱,其尖端突入室腔的锥形隆起,称乳头肌。右心室乳头肌分3群,每个乳头肌尖端发出数条结缔组织细索,称腱索。流入道的入口为右房室口,其周围的致密结缔组织环为三尖瓣环,环上附有3片三角形瓣膜,称三尖瓣(右房室瓣),瓣膜的游离缘借腱索连于乳头肌。三尖瓣环、三尖瓣、腱索和乳头肌在结构和功能上构成一个整体,合称三尖瓣复合体。当心室收缩时,因三尖瓣环缩小,使三尖瓣紧闭,并通过乳头肌收缩和腱索牵拉三尖瓣,防止瓣膜翻向心房,关闭右房室口,从而防止血液逆流回右心房。

2.流出道

流出道内壁光滑无肉柱,形似倒置漏斗。流出道的出口为肺动脉口,周围有肺动脉环围绕,环上附有 3 个半月形瓣膜,称肺动脉瓣。当心室收缩时,血流冲开肺动脉瓣进入肺动脉干;当心室舒张时,肺动脉瓣相互靠拢,使肺动脉口关闭,防止血液逆流回右心室。

(三)左心房

左心房(图 9-8)位于右心房的左后方,构成心底的大部分。左心房向左前方突出的部分,称左心耳。左心房有 4 个入口,其后壁两侧各有 1 对,称肺静脉口,将肺回流的动脉血导入左心房。左心房前下部的出口为左房室口,通向左心室。

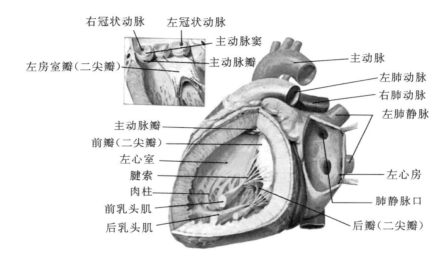

图 9-8　左心房和左心室腔

(四)左心室

左心室(图 9-8)位于右心室的左后方。其室腔被二尖瓣前瓣分为流入道(窦部)和流出道(主动脉前庭)两部分。

1.流入道

入口为左房室口,口周围的致密结缔组织环为二尖瓣环,环上附有 2 片三角形瓣膜,称二尖瓣(左房室瓣)。瓣膜的游离缘借腱索连于乳头肌,左心室的乳头肌较右心室粗大,分为前、后乳头肌。二尖瓣环、二尖瓣、腱索和乳头肌合称二尖瓣复合体,可防止血液逆流。

2.流出道

出口为主动脉口,口周围的纤维环上附有 3 个半月形瓣膜,称主动脉瓣,可防止血液逆流。每个瓣膜与主动脉壁之间的袋状间隙,称主动脉窦,包括左、右和后窦,左、右窦分别有左、右冠状动脉的开口。

四、心壁的构造

(一)心壁

心壁由心内膜、心肌层和心外膜3层构成。

1.心内膜

心内膜位于心房和心室腔的内面,为一层光滑的薄膜,由内皮和内皮下层构成,与出入心的大血管内膜相延续。心内膜在房室口和动脉口处折叠形成心瓣膜。

2.心肌层

心肌层构成心壁的主体,包括心房肌和心室肌(图9-9)。心房肌较薄,由深层环形和浅层横行的肌纤维构成。心房肌可分泌心钠素。心室肌较厚,左心室肌最发达。心室肌由深层纵行、中层环行和浅层斜行的肌纤维构成。心房肌和心室肌被心纤维骨骼分隔,互不延续;二者间有不能兴奋的结缔组织(心纤维骨骼分隔)相连,故不同时收缩。

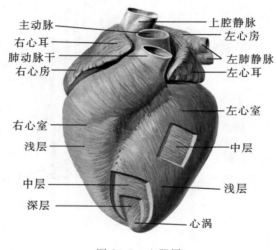

图9-9 心肌层

3.心外膜

心外膜即浆膜心包的脏层,被覆于心肌层的表面,为一层光滑而透明的浆膜,与出入心的大血管外膜相连。

(二)心间隔

心间隔包括房间隔和室间隔。心间隔将心分隔为容纳动脉血的左半心和容纳静脉血的右半心。左、右半心不直接相通。

1.房间隔

房间隔位于左、右心房之间,由两层心内膜夹少量心房肌和结缔组织构成。卵圆窝为房间隔最薄处,是房间隔缺损的好发部位。(图9-10)

2.室间隔

室间隔位于左、右心室之间,由两层心内膜夹心肌及结缔组织构成,分为肌部和膜部两部分(图9-10)。肌部较厚,占据室间隔的大部分。膜部较薄,位于心房与心室交界处,是室间隔缺损的好发部位。

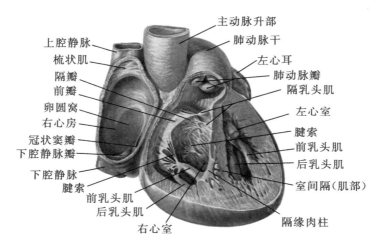

图 9 - 10 房间隔和室间隔

(三)心纤维骨骼

心纤维骨骼(图 9 - 11),又称心纤维性支架,位于房室口和动脉口,由致密结缔组织构成,主要包括 4 个瓣纤维环(二尖瓣环、三尖瓣环、肺动脉环和主动脉环)、左右纤维三角和室间隔膜部等。心纤维骨骼作为心瓣膜、心房肌和心室肌的附着处,构成心壁的纤维支架,在心肌收缩和舒张过程中起支持和稳定作用。

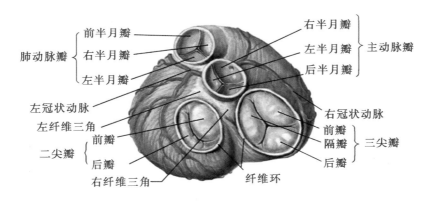

图 9 - 11 心瓣膜和心纤维骨骼

五、心的传导系

心的传导系由特殊分化的心肌纤维构成,有自律性和传导性,主要功能是产生和传导冲动,控制心的节律性活动。心传导系包括窦房结、结间束、房室结、房室束、左右束支和浦肯野纤维网(图 9 - 12)。窦房结是心的正常起搏点,位于上腔静脉与右心房交界处的心外膜深面。其发出的冲动,经结间束、房室结、房室束、左右束支和浦肯野纤维网传导至心室肌,完成节律性舒缩。

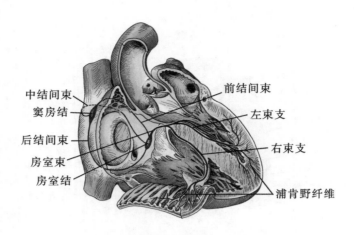

中结间束
窦房结
后结间束
房室束
房室结

前结间束
左束支
右束支
浦肯野纤维

图 9 - 12　心传导系模式图

六、心的血管

(一)冠状动脉

心的血液供应来自左、右冠状动脉。

1. 左冠状动脉

左冠状动脉起于主动脉左窦,经左心耳与肺动脉干之间向左,分为前室间支和旋支。

(1)前室间支(前降支)　沿前室间沟下行,主要分布于左心室前壁、心尖、右心室前壁一小部分、室间隔的前 2/3。

(2)旋支(左旋支)　走行于左侧冠状沟内,绕心左缘至心的下面,主要分布于左心房、左心室前壁一小部分、左心室的侧壁和后壁的大部分。

2. 右冠状动脉

右冠状动脉起于主动脉右窦,向右经右心耳和肺动脉干之间沿冠状沟走行,绕心下缘至下面的冠状沟内,分为后室间支和右旋支。

(1)后室间支(后降支)　沿后室间沟下行,供应后室间沟两侧心室壁和室间隔后 1/3。

(2)右旋支　向左行,越过房室交点,止于房室交点与心左缘之间。

(二)心的静脉

心的静脉多与动脉伴行,绝大部分汇入冠状窦,最终注入右心房;小部分静脉直接注入右心房。冠状窦的主要属支:①心大静脉,于前室间沟内伴前室间支走行;②心中静脉,于后室间沟内伴后室间支走行;③心小静脉,于冠状沟内伴右冠状动脉走行。

七、心包

心包是包裹心和大血管根部的纤维浆膜囊,分为纤维心包和浆膜心包。(图 9 - 13)

(一)纤维心包

纤维心包位于心包外层,由坚韧的致密结缔组织构成,上方与出入心的大血管外膜相续,下方与膈的中心腱愈合。

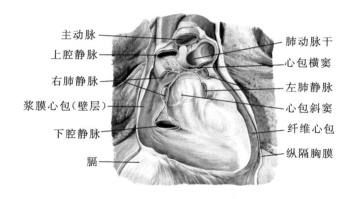

主动脉　　　　　　　　　肺动脉干
上腔静脉　　　　　　　　心包横窦
右肺静脉　　　　　　　　左肺静脉
浆膜心包（壁层）　　　　心包斜窦
下腔静脉　　　　　　　　纤维心包
　　　　　　　　　　　　纵隔胸膜
膈

图 9 - 13　心包

（二）浆膜心包

浆膜心包位于心包的内层，为薄而光滑的浆膜，又分脏、壁两层。脏层包于心肌的表面，即心外膜；壁层衬贴于纤维心包的内面。脏、壁两层在出入心的大血管根部相互移行，两层之间的潜在性腔隙，称心包腔，内含少量浆液，起润滑作用。

心包腔内，浆膜心包脏、壁两层返折处的间隙，称心包窦。根据位置和结构的不同分为心包横窦、心包斜窦和心包前下窦。人体直立时，浆膜心包两层在胸肋部与膈返折处形成的心包前下窦位置最低，心包积液多聚于此窦中，可经左剑肋角行心包穿刺，安全进入此窦。

八、心的体表投影

心的体表投影通常采用 4 点连线法确定（图 9 - 14）。

①左上点：在左侧第 2 肋软骨下缘，距胸骨左缘约 1.2cm 处。

②右上点：在右侧第 3 肋软骨上缘，距胸骨右缘约 1cm 处。

③左下点：在左侧第 5 肋间隙，距左锁骨中线内侧 1～2cm 处。

④右下点：在右侧第 6 胸肋关节处。

用弧线连接以上 4 点即为心的体表投影。

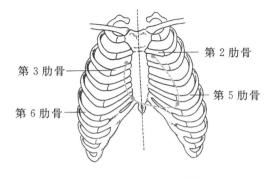

第 3 肋骨　　　　　　　第 2 肋骨
第 6 肋骨　　　　　　　第 5 肋骨

图 9 - 14　心的体表投影

第三节　血　管

一、血管的分类及结构

（一）血管壁的一般结构

血管壁由内向外依次分为内膜、中膜和外膜三层（图9-15，图9-16）。

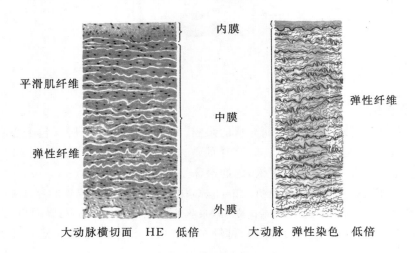

图9-15　大动脉的组织结构

图9-16　中动脉的组织结构

1. 内膜

内膜位于血管壁最内层，由浅至深可分为内皮和内皮下层。内皮衬于血管腔面，属单层扁平上皮，其表面光滑。内皮下层由薄层结缔组织构成。

2. 中膜

中膜位于内、外膜之间，其厚度和组成成分因血管种类而异。

3.外膜

外膜位于血管壁最外层,由疏松结缔组织构成,其中含有血管、淋巴管和神经等。

在有些动脉管壁内膜与中膜之间、中膜与外膜之间,有时可见内弹性膜和外弹性膜作为分界。

(二)血管的分类及各段血管的结构

1.动脉

根据管径的大小,动脉可分为大、中、小、微动脉。自心室发出的主动脉和肺动脉为大动脉;除大动脉外,凡解剖学上命名的动脉多为中动脉;管径小于1mm的动脉为小动脉。

(1)大动脉　又称弹性动脉。内膜较厚,与中膜无明显分界。中膜很厚,由40~70层弹性膜构成,其间夹有少量平滑肌和胶原纤维。外膜较薄。当心室射血时,大动脉略扩张,射血停止时,大动脉可通过其管壁的弹性回缩推动血管内的血液持续流动。(图9-15)

(2)中动脉　又称肌性动脉。内膜较薄,邻接中膜处有发达的内弹性膜。内弹性膜由弹性蛋白构成,在横切面上,内弹性膜因血管收缩,而呈波浪状。内弹性膜可作为内膜和中膜的分界。中膜较厚,由10~40层环形平滑肌构成,其间有少量弹性纤维和胶原纤维。外膜由结缔组织构成,与中膜交界处有外弹性膜。(图9-16)

(3)小动脉　内膜最薄,中膜由平滑肌构成,外膜较薄。小动脉管壁平滑肌的舒缩,不仅可明显改变血管的口径,影响其灌流器官的血流量,而且可改变血流的外周阻力,影响血压。

(4)微动脉　指管径在0.3mm以下的动脉。

2.静脉

静脉管壁较薄,也分为内膜、中膜、外膜,3层结构分界不明显。管壁平滑肌和弹性组织少,结缔组织较多。外膜较厚,大静脉外膜的结缔组织内还含有较多的纵形平滑肌。

3.毛细血管

毛细血管(图9-17)是体内分布最广、管壁最薄、管径最小的血管,管径约为6~8μm,仅能容纳1个红细胞通过。其管壁主要由一层内皮细胞与薄层基膜构成。毛细血管内皮与基膜

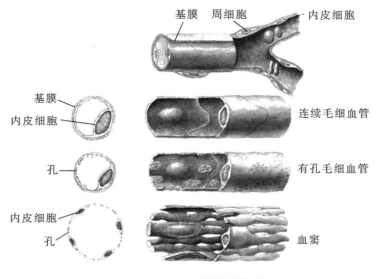

图9-17　毛细血管结构模式图

之间可见一种扁而有突起的细胞,称为周细胞。

在电镜下,根据内皮细胞等的结构特点,可以将毛细血管分为三类。

(1)连续毛细血管 特点为内皮细胞相互连续,细胞间有紧密连接,基膜完整,细胞质中有许多吞饮小泡。连续毛细血管分布于结缔组织、肌组织、肺和中枢神经系统等处。

(2)有孔毛细血管 特点是内皮细胞不含核的部分很薄,有许多贯穿细胞的孔,孔的直径一般为 60~80nm。多数孔有隔膜封闭,隔膜厚 4~6nm,较一般的细胞膜薄。有孔毛细血管基膜完整。此型血管通透性较大,主要存在于胃肠黏膜、某些内分泌腺和肾血管球等处。肾血管球内皮细胞的孔没有隔膜。

(3)血窦(窦状毛细血管) 管腔较大,形状不规则,主要分布于肝、脾、骨髓和一些内分泌腺中。血窦内皮细胞之间常有较大的间隙,故又称不连续毛细血管。不同器官内的血窦结构常有较大差别。

二、肺循环的主要血管

(一)肺循环的动脉

肺动脉干起自右心室,为一短粗动脉干,向左后上斜行至主动脉弓下方分为左、右肺动脉。左肺动脉较短,经左主支气管前方,分两支进入左肺上、下叶。右肺动脉较长,经升主动脉和上腔静脉后方至右肺门,分三支进入右肺上、中、下叶。在肺动脉干分叉处稍左侧与主动脉弓下缘之间有一纤维性动脉韧带,是胚胎时期动脉导管闭锁后的遗迹(图 9-4)。动脉导管若在出生后 6 个月尚未闭锁,称动脉导管未闭,是常见的先天性心脏病之一。

(二)肺循环的静脉

肺静脉左、右各两条,分别为左上、左下肺静脉和右上、右下肺静脉。起自肺门,向内穿过纤维心包,注入左心房后部。

三、体循环的动脉

体循环的动脉将动脉血从心运送至全身,动脉的命名与它们营养的器官、所在的位置、方位和所伴行结构的名称一致。

体循环动脉(图 9-18)的分布表现出一些基本规律:①人体左、右对称,动脉分支亦有对称性;②每一局部都有 1~2 条动脉干;③躯干部的动脉分为壁支和脏支,其中壁支有明显节段性;④动脉以最短的距离达到它所分布的器官;⑤动脉常与静脉、神经伴行;⑥动脉多位于身体屈侧或安全隐蔽的部位;⑦动脉的分布形式、管径与器官形态结构、功能相适应,如形态常发生变化的器官,其动脉先形成弓状的血管吻合,再分支入该器官;功能旺盛的器官,其动脉管径大,供血丰富。

(一)主动脉

主动脉是体循环的动脉主干(图 9-19),起自左心室,起始段为升主动脉,向右前上方斜行,至右侧第 2 胸肋关节移行为主动脉弓,弯向左后方,至第 4 胸椎体下缘处移行为降主动脉,沿脊柱左前方下行,降主动脉以膈为界分为胸主动脉和腹主动脉。胸主动脉穿膈的主动脉裂孔入腹腔移行为腹主动脉,在第 4 腰椎体下缘处分为左、右髂总动脉。左、右髂总动脉至骶髂关节前方分为髂内动脉和髂外动脉。

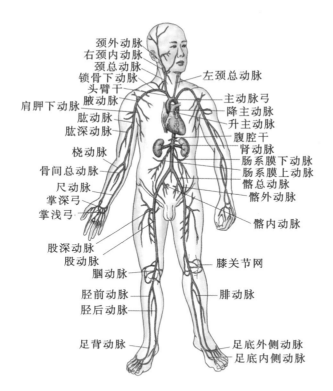

颈外动脉
右颈内动脉
颈总动脉
锁骨下动脉
头臂干
腋动脉
肩胛下动脉
肱动脉
肱深动脉
桡动脉
骨间总动脉
尺动脉
掌深弓
掌浅弓

左颈总动脉
主动脉弓
降主动脉
升主动脉
腹腔干
肾动脉
肠系膜下动脉
肠系膜上动脉
髂总动脉
髂外动脉
髂内动脉

股深动脉
股动脉
腘动脉
胫前动脉
胫后动脉
足背动脉

膝关节网
腓动脉
足底外侧动脉
足底内侧动脉

图 9 - 18　体循环的动脉

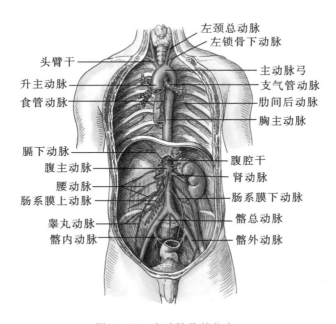

左颈总动脉
左锁骨下动脉
头臂干
升主动脉
食管动脉
膈下动脉
腹主动脉
腰动脉
肠系膜上动脉
睾丸动脉
髂内动脉

主动脉弓
支气管动脉
肋间后动脉
胸主动脉
腹腔干
肾动脉
肠系膜下动脉
髂总动脉
髂外动脉

图 9 - 19　主动脉及其分支

升主动脉根部发出左、右冠状动脉。主动脉弓凸侧自右向左发出头臂干、左颈总动脉和左锁骨下动脉。头臂干为一粗短干,向右上方斜行至右胸锁关节后方分为右颈总动脉和右锁骨下动脉。主动脉弓壁内含有丰富的游离神经末梢称压力感受器,具有调节血压的作用;主动脉弓下方靠近动脉韧带处有 2～3 个粟粒样小体,称主动脉小球,为化学感受器,参与呼吸调节。

(二)头颈部的动脉

1. 颈总动脉

颈总动脉是头颈部的动脉主干,左颈总动脉起自主动脉弓,右颈总动脉起自头臂干。两侧颈总动脉均经胸锁关节后方,沿气管、喉和食管的外侧上行,达甲状软骨上缘分为颈内动脉和颈外动脉。(图 9 - 20)

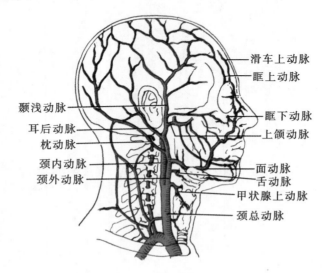

图 9 - 20 颈外动脉及其分支

在颈总动脉分叉处有两个重要结构:①颈动脉窦,是颈总动脉末端和颈内动脉起始处的膨大部分,窦壁内有压力感受器。当血压升高时,可反射性引起心跳减慢,周围血管扩张,使血压下降。②颈动脉小球,是扁椭圆形小体,借结缔组织连于颈动脉权后方,属化学感受器,可感受血液中 CO_2 浓度的变化,调节呼吸运动。

(1)颈外动脉 起自颈总动脉,沿胸锁乳突肌深面上行,穿腮腺至下颌颈处分为颞浅动脉和上颌动脉两个终支。主要分支有甲状腺上动脉、舌动脉、面动脉、颞浅动脉、上颌动脉、枕动脉、耳后动脉等。

①面动脉:起始处平下颌角,经下颌下腺的深面前行,于咬肌前缘绕过下颌骨下缘达面部,沿口角和鼻翼外侧上行,至内眦易名为内眦动脉;分支布于下颌下腺、面部和腭扁桃体等。面动脉在咬肌前缘绕下颌骨下缘处位置表浅,可触及动脉搏动,面部出血时,可在此处压迫面动脉止血。

②颞浅动脉:经外耳门前方上行,越颧弓根部至颞部皮下,分支分布于腮腺和额、顶、颞部软组织。在外耳门前上方颧弓根部,可触及颞浅动脉搏动,头部前外侧出血时,可在此处进行压迫颞浅动脉止血。

③上颌动脉:经下颌颈向前内走行,分支分布于口腔、鼻腔、咀嚼肌、外耳道、鼓室和硬脑膜等处。其中脑膜中动脉向上穿棘孔入颅腔,分为前、后两支,紧贴颅骨内面走行,分布于颅骨和

硬脑膜。前支经过翼点内面,当颞区颅骨骨折时,易受损伤导致硬脑膜外血肿。

(2)颈内动脉　发出后垂直上行至颅底,经颈动脉管入颅腔,分支分布于脑和视器(详见中枢神经系统)。

2.锁骨下动脉

左侧起自主动脉弓,右侧起自头臂干,两侧均从胸锁关节后方斜向外至颈根部,穿斜角肌间隙,至第1肋外缘延续为腋动脉。主要分支:椎动脉、胸廓内动脉和甲状颈干,分布于脑和脊髓、胸前壁、乳房、心包、膈、腹直肌、甲状腺和肩部等。在锁骨中点上方的锁骨上窝处向后下将该动脉压向第1肋,可进行压迫止血。

锁骨下动脉的直接延续即腋动脉,是上肢的动脉主干。

(三)上肢的动脉

1.腋动脉

腋动脉在腋窝走行(图9-21),至大圆肌下缘移行为肱动脉。主要分支:胸肩峰动脉、胸外侧动脉、肩胛下动脉、旋肱后动脉,分支分布于肩肌、胸肌、背阔肌和乳房等。

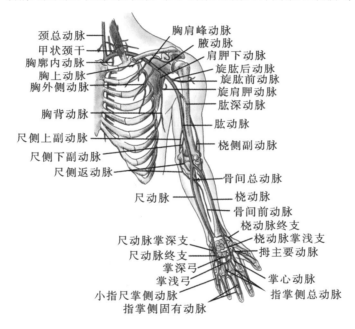

图9-21　上肢的动脉

2.肱动脉

肱动脉(图9-21,图9-22)沿肱二头肌内侧下行至肘窝,平桡骨颈高度分为桡动脉和尺动脉,分支分布于臂部和肘关节。该动脉在肘窝内上方,肱二头肌腱的内侧位置表浅,可触及其搏动,是临床测量血压时的听诊部位。前臂和手部出血时,可在臂中部将该动脉压向肱骨进行压迫止血。

3.桡动脉

桡动脉(图9-21,图9-22)沿肱桡肌内侧下行,绕桡骨茎突至手背,穿第1掌骨间隙达手掌,其末端与尺动脉掌深支吻合成掌深弓。桡动脉主要发出掌浅支和拇主要动脉,掌浅支参与

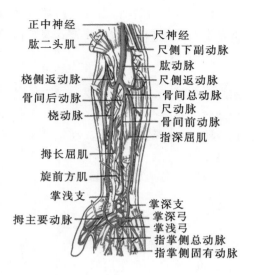

正中神经
肱二头肌
桡侧返动脉
骨间后动脉
桡动脉
拇长屈肌
旋前方肌
掌浅支
拇主要动脉

尺神经
尺侧下副动脉
肱动脉
尺侧返动脉
骨间总动脉
尺动脉
骨间前动脉
指深屈肌
掌深支
掌深弓
掌浅弓
指掌侧总动脉
指掌侧固有动脉

图 9-22 前臂的动脉(前面)

构成掌浅弓,拇主要动脉分布于拇指两侧和示指桡侧。桡动脉下段位置表浅,于桡侧腕屈肌肌腱外侧可扪及搏动,是临床测量脉搏的部位。

4.尺动脉

尺动脉(图 9-21,图 9-22)在指浅屈肌与尺侧腕屈肌之间,沿前臂前面尺侧下行,经腕部至手掌,其末端与桡动脉掌浅支吻合成掌浅弓,主要发出掌深支和骨间总动脉。

5.掌浅弓和掌深弓

(1)掌浅弓 由尺动脉末端和桡动脉掌浅支吻合而成,位于掌腱膜深面,其凸缘平掌骨中部。自掌浅弓发出三条指掌侧总动脉和一条小指尺掌侧动脉。每条指掌侧总动脉行至掌指关节附近分为两条指掌侧固有动脉,分别分布到第 2~5 指相对缘;小指尺掌侧动脉分布于小指掌面尺侧缘。(图 9-23)

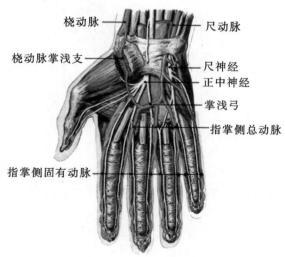

桡动脉
桡动脉掌浅支
指掌侧固有动脉

尺动脉
尺神经
正中神经
掌浅弓
指掌侧总动脉

图 9-23 手的动脉(掌侧面浅层)

（2）掌深弓 由桡动脉末端和尺动脉掌深支吻合而成，位于手掌屈肌腱深面。其凸缘平腕掌关节高度。自掌深弓发出分支注入指掌侧总动脉。掌浅弓和掌深弓及其交通支保证手在握拿物体时的血液供应。（图 9 - 24）

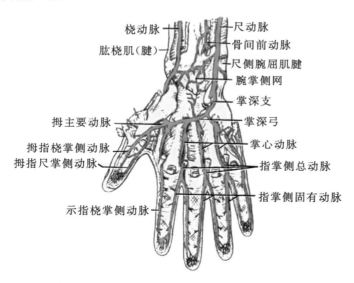

图 9 - 24　手的动脉（掌侧面深层）

（四）胸部的动脉

胸主动脉（图 9 - 25）是胸部的动脉主干，其分支分为壁支和脏支。壁支主要有 9 对肋间后动脉和 1 对肋下动脉，分别沿第 3～11 肋之间和第 12 肋下缘走行，分布于胸壁、腹壁上部、背部和脊髓等处。脏支细小，主要有支气管支、食管支和心包支，分别分布于气管、支气管、食管和心包。

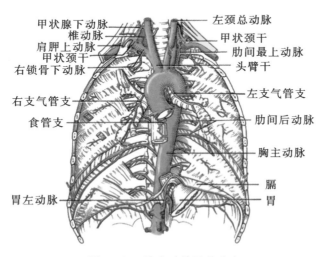

图 9 - 25　胸主动脉及其分支

(五)腹部的动脉

腹主动脉(图 9-26)是腹部的动脉主干,其分支分为壁支和脏支,脏支较壁支粗大。

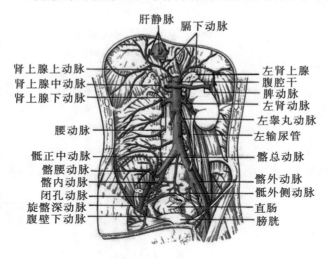

图 9-26　腹主动脉及其分支

1.壁支

壁支主要有膈下动脉、腰动脉和骶正中动脉,分布于膈下面、腹后壁、肾上腺、脊髓和盆腔后壁等。

2.脏支

脏支分为成对脏支和不成对脏支两种。前者有肾上腺中动脉、肾动脉、睾丸动脉(男性)或卵巢动脉(女性);后者有腹腔干、肠系膜上动脉和肠系膜下动脉。

(1)肾动脉　约平第 2 腰椎椎间盘高度起自腹主动脉,横行向外到肾门,分数支入肾。

(2)睾丸动脉　在肾动脉起始处稍下方起自腹主动脉,沿腰大肌前面斜向外下方走行,跨过输尿管前面,穿腹股沟管,分布至睾丸和附睾。在女性,该动脉称卵巢动脉,经卵巢悬韧带下行入盆腔,分布于卵巢和输卵管壶腹。

(3)腹腔干　为一短粗动脉干,在主动脉裂孔稍下方起自腹主动脉前壁,随即分为胃左动脉、肝总动脉和脾动脉,分支分布于胃、肝、胆囊、胰和十二指肠等(图 9-27,图 9-28)。

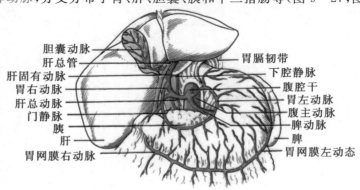

图 9-27　腹腔干及其分支(胃前面)

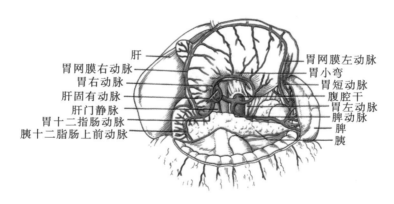

图 9-28　腹腔干及其分支(胃后面)

①胃左动脉:向左上方斜行至贲门附近,沿胃小弯转向左行,与胃右动脉吻合。沿途分支至食管腹段、贲门和胃小弯附近的胃壁。

②肝总动脉:进入肝十二指肠韧带内,分为肝固有动脉和胃十二指肠动脉。

肝固有动脉行于肝十二指肠韧带内,在肝门静脉前方、胆总管左侧上行至肝门,于肝门附近分为左、右支,分别进入肝左、右叶。右支在入肝门之前发出胆囊动脉,分布于胆囊。肝固有动脉在其起始处发出胃右动脉,沿胃小弯左行与胃左动脉吻合。

胃十二指肠动脉分为胃网膜右动脉和胰十二指肠上动脉。前者沿胃大弯向左与胃网膜左动脉吻合;后者分布于胰头和十二指肠。

③脾动脉:沿胰上缘蜿蜒左行至脾门,分为数支入脾。脾动脉在脾门附近发出 3~5 条胃短动脉和胃网膜左动脉。胃短动脉分布于胃底,胃网膜左动脉与胃网膜右动脉吻合成动脉弓,分布于胃大弯侧的胃壁和大网膜。

(4)肠系膜上动脉　约平第 1 腰椎高度起自腹主动脉前壁,其分支有胰十二指肠下动脉、空肠动脉、回肠动脉、回结肠动脉、右结肠动脉、中结肠动脉,分布于胰、十二指肠、空肠、回肠、盲肠、阑尾、升结肠和横结肠等。回结肠动脉又发出阑尾动脉,沿阑尾系膜游离缘至阑尾尖端,分布于阑尾。(图 9-29)

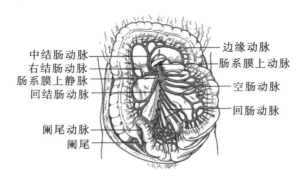

图 9-29　肠系膜上动脉及其分支

(5)肠系膜下动脉　约平第 3 腰椎高度起自腹主动脉前壁,主要分支有左结肠动脉、乙状结肠动脉、直肠上动脉,分布于降结肠、乙状结肠和直肠上部。其中直肠上动脉是肠系膜下动

脉的终支,与直肠下动脉和肛动脉吻合。(图9-30)

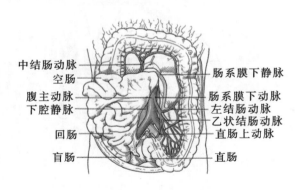

中结肠动脉
空肠
腹主动脉
下腔静脉
回肠
盲肠

肠系膜下静脉
肠系膜下动脉
左结肠动脉
乙状结肠动脉
直肠上动脉
直肠

图9-30 肠系膜下动脉及其分支

(六)盆部的动脉

髂总动脉左、右各一,在第4腰椎体下缘由腹主动脉发出,沿腰大肌内侧向外下走行,至骶髂关节前方分为髂内动脉和髂外动脉。

1.髂内动脉

髂内动脉是盆部的动脉主干,为一短干,分脏支和壁支(图9-31,图9-32)。

(1)脏支 主要分支有:①子宫动脉,穿子宫阔韧带的两层之间,在子宫颈外侧约2cm处跨过输尿管前上方,沿子宫侧缘上行至子宫底,分支分布于子宫、阴道、输卵管和卵巢。行子宫切除结扎子宫动脉时,应注意该动脉与输尿管的关系,以免损伤输尿管。②阴部内动脉,分支分布于肛门、外生殖器和会阴部。③膀胱下动脉,分布于膀胱底、前列腺和精囊腺。④直肠下动脉,分布于直肠下部,并与直肠上动脉和肛动脉吻合。

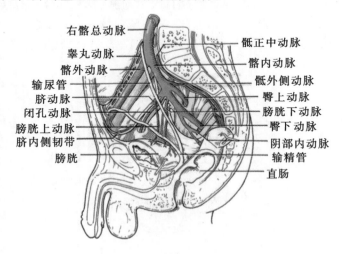

右髂总动脉
睾丸动脉
髂外动脉
输尿管
脐动脉
闭孔动脉
膀胱上动脉
脐内侧韧带
膀胱

骶正中动脉
髂内动脉
骶外侧动脉
臀上动脉
膀胱下动脉
臀下动脉
阴部内动脉
输精管
直肠

图9-31 男性盆腔动脉(右侧)

(2)壁支 ①闭孔动脉,沿盆腔侧壁前行,经闭孔出骨盆腔至大腿内侧,分支分布于股内侧肌群和髋关节。②臀上动脉,分布于臀中肌、臀小肌和髋关节。③臀下动脉,分布于臀大肌和

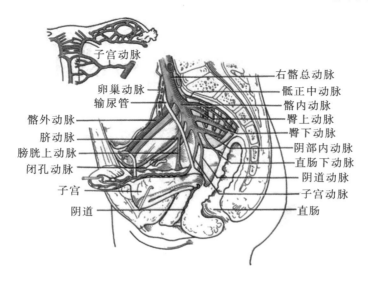

图 9 - 32　女性盆腔动脉(右侧)

坐骨神经等。

2.髂外动脉

沿腰大肌内侧缘下行,经腹股沟韧带中点深面下行移行为股动脉(图 9 - 33)。其主要分支有腹壁下动脉和旋髂深动脉。

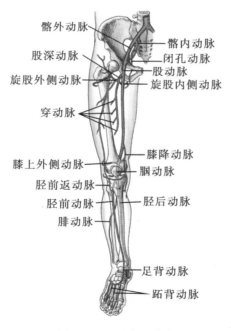

图 9 - 33　下肢的动脉

(七)下肢的动脉

1.股动脉

股动脉(图 9 - 34)是髂外动脉的直接延续,在股三角内下行,经收肌管至腘窝,移行为腘动脉。股动脉在腹股沟韧带下方 2～5cm 处发出股深动脉,分支分布于大腿肌、髋关节等处。在腹股沟韧带中点稍下方股动脉位置表浅,可触及其搏动。当下肢外伤出血时,可在此处将股动脉压向耻骨上支进行压迫止血。股动脉亦是动脉穿刺和插管最常用的血管。

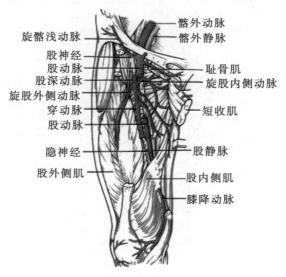

图 9－34　股动脉及其分支(前面观)

2.腘动脉

腘动脉(图 9－35)沿腘窝深部中线下行,至腘窝下缘分为胫前动脉和胫后动脉,分支分布于膝关节及邻近肌,并参与膝关节动脉网的组成。

3.胫前动脉

胫前动脉(图 9－36)向前穿小腿骨间膜,沿小腿前群肌之间下行,沿途分支分布于小腿前群肌,至踝关节前方移行为足背动脉。足背动脉是胫前动脉的直接延续,在第 1 跖骨间隙发出

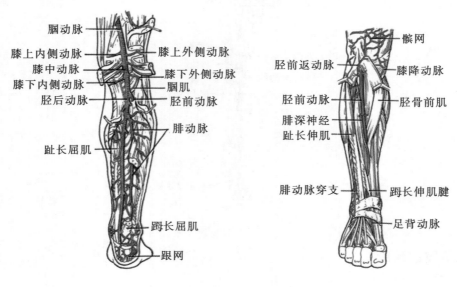

图 9－35　小腿的动脉(右侧后面观)　　　图 9－36　小腿的动脉(右侧前面观)

足底深动脉,穿入足底,与足底外侧动脉吻合成足底动脉弓。足背动脉分支分布于足背、足趾等处。在内、外踝连线的中点处可触及足背动脉搏动,若足底出血,可在此处压迫止血。

4.**胫后动脉**

胫后动脉(图9-35)沿小腿后群浅、深屈肌之间下行,经内踝后方转至足底,分为足底内侧动脉和足底外侧动脉,其主要分支为腓动脉。胫后动脉分布于小腿肌后群和外侧群。腓动脉沿腓骨内侧下行,分支分布于邻近肌及胫、腓骨。足底内侧动脉沿足底内侧前行,分布于足底内侧。足底外侧动脉沿足底外侧前行至第5跖骨底处,转向内侧至第1跖骨间隙,与足底深动脉吻合成底弓,弓的凸侧发出分支分布于足趾。

四、体循环的静脉

与动脉比较,体循环的静脉有以下特点:

①静脉的数量比动脉多,管径较粗,管腔较大。与伴行的动脉相比,静脉管壁薄而柔软,血压较低,血流缓慢。

②静脉管腔内有半月形、向心开放的静脉瓣(图9-37)。静脉瓣多成对,有保证血液向心流动和防止血液逆流的作用。受重力影响较大的四肢静脉瓣数量多,其中下肢多于上肢。头颈静脉、肝门静脉,一般无静脉瓣,如静脉回流受阻可引起静脉曲张和淤血。

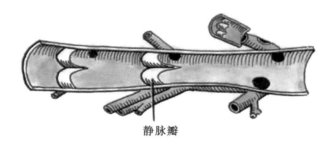

静脉瓣

图9-37　静脉瓣

③体循环静脉有浅静脉和深静脉两种。浅静脉位于皮下浅筋膜内,又称皮下静脉。在活体上,有些浅静脉透过皮肤清晰可见,临床上常经浅静脉进行注射、输液、输血等。深静脉位于深筋膜深面或体腔内,多与同名动脉伴行,又称伴行静脉,收集同名动脉分布区的静脉血。

④静脉之间的吻合较丰富。浅静脉一般吻合成静脉网,深静脉则在某些器官周围或器官的壁内吻合成静脉丛。浅、深静脉之间有广泛的吻合,浅静脉最终注入深静脉。在某些部位静脉血流受阻时,可通过侧支形成侧支循环。

体循环的静脉包括上腔静脉系、下腔静脉系和心静脉系,最终回流注入右心房。(图9-38)

(一)上腔静脉系

上腔静脉系由上腔静脉及其属支组成。收集头颈、上肢、胸部(心和肺除外)的静脉血。其主干是上腔静脉。上腔静脉为一粗短的静脉干,由左、右头臂静脉汇合而成,沿升主动脉右侧垂直下降,注入右心房。注入右心房前,有奇静脉的血液汇入(图9-39)。

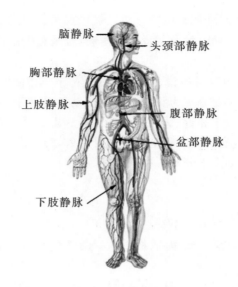

脑静脉 ← → 头颈部静脉

胸部静脉 →

上肢静脉 → → 腹部静脉

→ 盆部静脉

下肢静脉 →

图 9-38 全身静脉

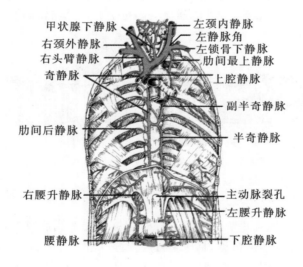

甲状腺下静脉 → 左颈内静脉
右颈外静脉 → 左静脉角
右头臂静脉 → 左锁骨下静脉
→ 肋间最上静脉
奇静脉 → → 上腔静脉

→ 副半奇静脉

肋间后静脉 → → 半奇静脉

右腰升静脉 → → 主动脉裂孔
→ 左腰升静脉
腰静脉 → → 下腔静脉

图 9-39 上腔静脉及其属支

头臂静脉左、右各一,是由同侧的颈内静脉与锁骨下静脉在胸锁关节后方汇合而成。汇合处所形成的夹角称静脉角,是淋巴导管注入静脉的部位。

1. 头颈部静脉

主要的头颈部静脉有颈内静脉、颈外静脉和锁骨下静脉。(图 9-40)

(1)颈内静脉 是颈部最大的静脉干。颈内静脉在颅底颈静脉孔处续于颅内乙状窦,伴颈内动脉和颈总动脉下行,至胸锁关节后方与锁骨下静脉汇合成头臂静脉。颈内静脉收集颅骨、脑、视器、面浅部、颈部大部分区域的静脉血。颈内静脉属支较多,包括颅内属支和颅外属支。颅内属支经乙状窦汇入颈内静脉,颅外属支主要有面静脉和下颌后静脉。

①面静脉:起自内眦静脉,与面动脉伴行,在下颌角下方注入颈内静脉。面静脉收集面部

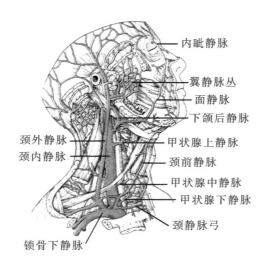

图 9 - 40　头颈部的静脉

浅层的静脉血。面静脉通过内眦静脉与颅内海绵窦相交通,且面静脉在口角平面以上缺少静脉瓣。鼻根至两侧口角之间的三角区内发生感染时,若处理不当(如挤压),有导致颅内感染的可能,临床上称此区为危险三角。

②下颌后静脉:由颞浅静脉与上颌静脉在腮腺内汇合而成,至腮腺下端分为两支,前支向前下方注入面静脉,后支汇入颈外静脉。

(2)颈外静脉　是颈部最大的浅静脉。由下颌后静脉后支、耳后静脉及枕静脉汇合而成,沿胸锁乳突肌表面斜向下行注入锁骨下静脉;收集头皮、面部及部分深层组织的静脉血。颈外静脉位置表浅,临床常在此行静脉穿刺。颈外静脉外膜与颈深筋膜结合紧密,静脉壁受伤时,管壁伤口不易闭合,外界空气可经伤口进入血液引起气体栓塞。颈外静脉末端有一对瓣膜,但不能防止血液逆流,右心衰竭的患者,可见颈外静脉怒张。

(3)锁骨下静脉　在第1肋外侧缘续自腋静脉,伴同名动脉走行,在胸锁关节的后方与颈内静脉汇合成头臂静脉。锁骨下静脉表浅,管腔粗大,位置较固定,临床上可经锁骨下静脉做导管插入。

2.上肢的静脉

深静脉与上肢同名动脉伴行,如尺静脉、桡静脉、肱静脉、腋静脉等。尺静脉、桡静脉、肱静脉均为两条。

浅静脉位于皮下浅筋膜内,起于丰富的指背浅静脉,汇集成手背静脉网继而汇成以下几支较为恒定的浅静脉。(图 9 - 41)

(1)头静脉　起自手背静脉网的桡侧,沿前臂下部的桡侧、前臂上部和肘部的前面以及肱二头肌外侧沟上行,至三角肌与胸大肌之间穿深筋膜注入腋静脉或锁骨下静脉。

(2)贵要静脉　起自手背静脉网的尺侧,沿前臂的尺侧缘和臂的内侧面上行至臂中部,穿深筋膜注入肱静脉。此静脉较粗,位置表浅恒定,临床上常用此静脉作穿刺或插管等。

(3)肘正中静脉　位于肘窝,粗短,变异多。连接头静脉和贵要静脉,并接受前臂正中静脉。临床上常选择此静脉进行静脉注射、采血等。

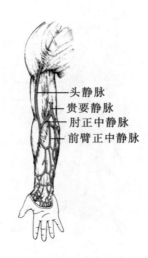

头静脉
贵要静脉
肘正中静脉
前臂正中静脉

图 9-41　上肢浅静脉

3.胸部的静脉

胸部的静脉主要有上腔静脉、头臂静脉(无名静脉)、奇静脉及其属支和椎静脉丛。

(1)奇静脉　起自右腰升静脉,沿胸椎椎体右侧上行至第 4 胸椎高度转向前,注入上腔静脉。它直接或间接接受肋间后静脉、食管静脉、支气管静脉和腹腔后壁的部分静脉,是沟通上、下腔静脉系的重要吻合通路之一。半奇静脉起自左腰升静脉,沿脊柱左侧上行,至第 8 胸椎高度向右跨越脊柱注入奇静脉,收集胸腔左侧下部肋间后静脉及副半奇静脉的血液。副半奇静脉收集胸腔左侧中上部肋间后静脉的血液,注入半奇静脉。

(2)椎静脉丛　在脊柱周围和椎管内形成椎外静脉丛和椎内静脉丛,纵贯脊柱全长,收集脊髓、椎骨及邻近诸肌的静脉血,注入椎静脉、肋间后静脉和腰静脉。椎静脉丛缺乏静脉瓣,向上与颅内硬脑膜窦相沟通,向下与盆部静脉广泛交通。因此,椎静脉丛是沟通上、下腔静脉系的重要通路之一。

(二)下腔静脉系

下腔静脉系由下腔静脉及其属支组成,收集下肢、盆部和腹部的静脉血。

下腔静脉是人体最大的静脉干,在第 4~5 腰椎体的右前方由左、右髂总静脉汇合而成,沿腹主动脉的右侧上行,经肝的腔静脉沟,穿膈的腔静脉孔入胸腔,注入右心房。(图 9-42)

1.盆部的静脉

髂总静脉是盆部的静脉主干,在骶髂关节的前方由同侧的髂内静脉和髂外静脉汇合而成。其斜向内上至第 4~5 腰椎高度与对侧髂总静脉汇合成下腔静脉。

(1)髂内静脉　与同名动脉伴行,收集盆腔脏器和会阴等处回流的静脉血。盆腔脏器的静脉起始于相应器官周围或其壁内发达的静脉丛,如膀胱、子宫、直肠静脉丛等。直肠静脉丛下部的静脉血经肛静脉和直肠下静脉汇入髂内静脉,而直肠静脉丛上部的静脉血则经直肠上静脉汇入肠系膜下静脉(图 9-43)。

(2)髂外静脉　续于股静脉,收集下肢及腹前外侧壁下部的静脉血。

2.下肢的静脉

下肢的深静脉与同名动脉伴行,如胫前静脉、胫后静脉、腘静脉和股静脉。股静脉经腹股

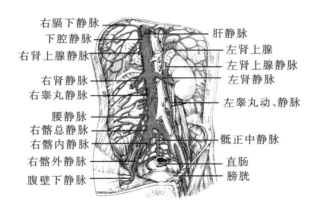

右膈下静脉　　　　　　　　　　　　　肝静脉
下腔静脉　　　　　　　　　　　　　左肾上腺
右肾上腺静脉　　　　　　　　　　　左肾上腺静脉
　　　　　　　　　　　　　　　　　左肾静脉
右肾静脉
右睾丸静脉　　　　　　　　　　　左睾丸动、静脉
腰静脉
右髂总静脉
右髂内静脉　　　　　　　　　　　骶正中静脉
右髂外静脉　　　　　　　　　　　直肠
腹壁下静脉　　　　　　　　　　　膀胱

图 9 - 42　下腔静脉及其属支

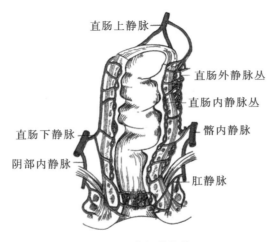

直肠上静脉
　　　　　　　　　　　　　　　直肠外静脉丛
　　　　　　　　　　　　　　　直肠内静脉丛
直肠下静脉　　　　　　　　　　髂内静脉
阴部内静脉
　　　　　　　　　　　　　　　肛静脉

图 9 - 43　直肠的静脉

沟韧带的深面向内上移行为髂外静脉。在股三角上部,股静脉位于股动脉内侧。临床行股静脉穿刺时,常在腹股沟韧带中点稍内侧的下方先触及动脉搏动,然后在股动脉内侧进行股静脉穿刺。

下肢的浅静脉主要有大隐静脉和小隐静脉。

(1)大隐静脉　是人体最长的静脉,起自足背静脉弓内侧,经内踝前方沿小腿内侧面、膝关节内后方及大腿的内侧面上行,在腹股沟韧带下方,穿隐静脉裂孔注入股静脉(图 9 - 44)。大隐静脉在注入股静脉之前接收股内侧浅静脉、股外侧浅静脉、阴部外静脉、腹壁浅静脉和旋髂浅静脉等 5 条属支。大隐静脉在内踝前方位置表浅,临床常在此处做静脉穿刺或切开。大隐静脉也是下肢静脉曲张的好发血管。

(2)小隐静脉　起自足背静脉弓外侧,经外踝后方,沿小腿后面上行至腘窝处穿深筋膜,注入腘静脉(图 9 - 45)。

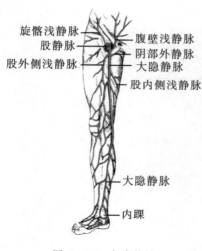

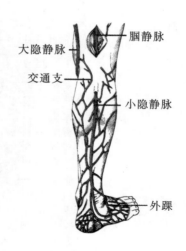

图 9-44 大隐静脉　　　　　　　　图 9-45 小隐静脉

 **知识链接**

静脉切开术

　　患者有严重外伤、大面积烧伤、大出血、严重感染或伴有休克、脱水等紧急情况,为了迅速建立各种液体和抢救药物的输注通道,而静脉穿刺不成功或不能保证输液速度者,应立即行静脉切开术。

　　一般选择四肢表浅静脉切开,最常用的是内踝前大隐静脉。

　　剪开静脉壁时,剪刀口应斜向近心端,且不可太深,以免剪断静脉。注意无菌技术,慎防感染。导管留置时间一般不超过3天。若发生静脉炎,应立即拔管。

3.腹部的静脉

　　腹部的静脉包括壁支和脏支两种。成对的壁支和脏支直接或间接注入下腔静脉,不成对的脏支(肝静脉除外)汇合成肝门静脉。

　　(1)壁支　主要有1对膈下静脉和4对腰静脉,皆与同名动脉伴行。同侧腰静脉之间通过腰升静脉连通。左、右腰升静脉向上分别移行为半奇静脉和奇静脉,向下与同侧髂总静脉相交通。

　　(2)脏支　①肾静脉,起自肾门,向内侧注入下腔静脉。左肾静脉长于右肾静脉,跨越腹主动脉前面,并接受左睾丸静脉和左肾上腺静脉。②睾丸静脉,起自睾丸和附睾的数条小静脉,行于精索内彼此吻合形成蔓状静脉丛,经腹股沟管后进入盆腔,合成睾丸静脉。右侧睾丸静脉以锐角注入下腔静脉,左侧睾丸静脉以直角注入左肾静脉。因此,睾丸静脉曲张多发生于左侧。该静脉在女性称卵巢静脉,起自卵巢静脉丛,经卵巢悬韧带上升,回流途径及注入部位与睾丸静脉相同。③肾上腺静脉,右侧直接注入下腔静脉,左侧注入左肾静脉。④肝静脉,有2～3支,在肝后缘腔静脉沟处注入下腔静脉。

4.肝门静脉系

　　肝门静脉系由肝门静脉及其属支组成;收集腹腔内不成对器官(肝除外),如胃、小肠、大肠

（直肠下段除外）、胰、脾及胆囊等处的静脉血。

（1）肝门静脉的组成　肝门静脉为一短而粗的静脉干，长6～8cm，由肠系膜上静脉和脾静脉汇合而成（图9-46），其在胰头后方，斜向右上进入肝十二指肠韧带内，在胆总管和肝固有动脉的后方上行达肝门，分为左、右两支入肝左、右叶。

（2）肝门静脉系的特点　肝门静脉的起端和止端均为毛细血管，并且无功能性静脉瓣。故当肝门静脉内压力升高时，血液可以逆流。

（3）肝门静脉的主要属支　肝门静脉的属支绝大多数与同名动脉伴行（图9-46），收集同名动脉分布区域的静脉血，包括以下几种。

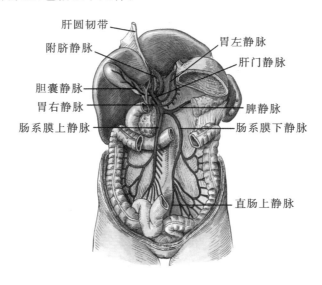

图9-46　肝门静脉及其属支

①肠系膜上静脉：肠系膜上静脉行于小肠系膜内，在胰头后面与脾静脉汇合成肝门静脉。

②脾静脉：沿胰的后方与脾动脉伴行，向右与肠系膜上静脉汇合成肝门静脉。

③肠系膜下静脉：与同名动脉伴行，至胰头后面注入脾静脉或肠系膜上静脉，也有的直接注入肝门静脉汇合处。

④胃左静脉：沿胃小弯与胃左动脉伴行，向右注入肝门静脉。胃左静脉在贲门处接受来自食管静脉丛下部的食管静脉。

⑤胃右静脉：与胃右动脉伴行，从左向右在幽门附近注入肝门静脉。

⑥附脐静脉：起始于腹前壁的脐周静脉网，沿肝圆韧带上行，注入肝门静脉。

⑦胆囊静脉：与胆囊动脉伴行，收集胆囊壁的血液，注入肝门静脉或其右支。

（4）肝门静脉的属支与上、下腔静脉系之间有丰富的吻合（图9-47）。

①通过食管静脉丛在食管下端及胃的贲门附近形成肝门静脉与上腔静脉的吻合，其交通途径为肝门静脉—胃左静脉—食管静脉丛—食管静脉—奇静脉—上腔静脉。

②通过直肠静脉丛形成肝门静脉与下腔静脉的吻合，其交通途径为肝门静脉—脾静脉—肠系膜下静脉—直肠上静脉—直肠静脉丛—直肠下静脉及肛静脉—髂内静脉—髂总静脉—下腔静脉。

③通过腹壁脐周静脉网形成肝门静脉与上、下腔静脉的吻合,其交通途径为肝门静脉—脐周静脉网,再由此向上经腹壁及胸壁浅、深静脉汇入上腔静脉,向下经腹壁浅、深静脉汇入下腔静脉。

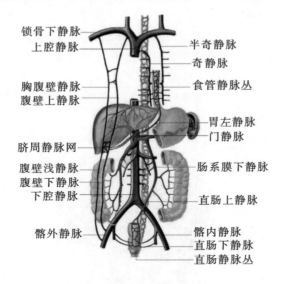

图 9-47　肝门静脉与上、下腔静脉系之间的吻合途径

正常情况下,肝门静脉系与上、下腔静脉系之间的吻合支细小,血流量少。当肝门静脉血流受阻(如肝硬化门脉高压症)时,肝门静脉系的血流可通过上述途径形成侧支循环,经上、下腔静脉回流入心,此时,吻合部小静脉血流量逐渐增多,血管扩张,引起食管静脉丛、直肠静脉丛和脐周静脉网的静脉曲张,如果食管静脉丛、直肠静脉丛等处曲张的静脉破裂,则出现呕血或便血。

第四节　淋巴系统

淋巴系统由淋巴管道、淋巴器官和淋巴组织构成(图 9-48)。血液经动脉运行到毛细血

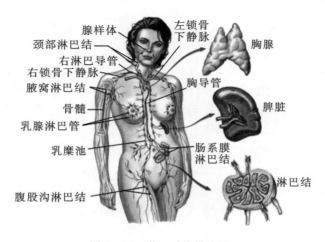

图 9-48　淋巴系统模式图

管动脉端时,水及某些成分从毛细血管壁滤出,进入组织间隙,形成组织液。组织液与细胞进行物质交换后,大部分经毛细血管静脉端被吸收入静脉,小部分渗入毛细淋巴管后成为淋巴。淋巴为无色透明的液体,但来自小肠的淋巴因含有自小肠绒毛吸收来的脂肪滴,呈乳糜状。淋巴沿淋巴管向心流动,途中经过若干淋巴结的过滤,最后汇入静脉。因此,淋巴管道可被视为静脉的辅助管道。此外,淋巴器官和淋巴组织还具有产生淋巴细胞、过滤淋巴和参与免疫反应等功能。

一、淋巴管道

淋巴管道包括毛细淋巴管、淋巴管、淋巴干、淋巴导管(图 9-49)。

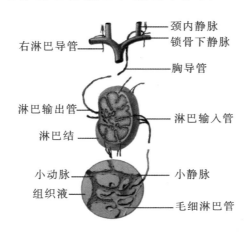

右淋巴导管
颈内静脉
锁骨下静脉
胸导管
淋巴输出管
淋巴输入管
淋巴结
小动脉
小静脉
组织液
毛细淋巴管

图 9-49　淋巴管道模式图

(一)毛细淋巴管

毛细淋巴管是淋巴管道的起始部分。它以膨大的盲端起始于组织间隙,彼此吻合成网。毛细淋巴管分布广泛,人体内除中枢神经系统、角膜、牙釉质、软骨、骨髓、上皮等处没有毛细淋巴管分布外,遍布其余各处。毛细淋巴管常与毛细血管伴行,管径一般较毛细血管粗,管壁薄,仅由一层不连续的内皮构成,内皮连接疏松、间隙较大,无基膜,其通透性大于毛细血管,一些大分子物质如蛋白质、细菌、癌细胞等较易进入毛细淋巴管。

(二)淋巴管

淋巴管由毛细淋巴管汇合而成,其管壁结构与静脉相似,管壁较薄,管腔较细,多数腔内有瓣膜,故外观呈串珠状。淋巴管在向心的行程中,通常经过一个或多个淋巴结。依据淋巴管所在的位置分为浅、深两种。浅淋巴管行于浅筋膜内,深淋巴管位于深筋膜深面且多与血管神经伴行,二者之间有广泛的交通。

(三)淋巴干

全身各部的淋巴管经过一系列的淋巴结群后,其最后一群淋巴结的输出管汇合成较大的淋巴干。全身淋巴干共9条:即左、右颈干;左、右锁骨下干;左、右支气管纵隔干;左、右腰干和一条肠干(图 9-50)。

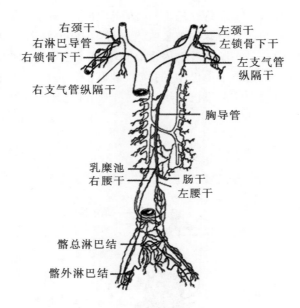

图 9－50　淋巴干和淋巴导管

(四)淋巴导管

全身 9 条淋巴干汇合成 2 条淋巴导管,即胸导管和右淋巴导管,分别注入左、右静脉角。

1.胸导管

胸导管是人体内最大的淋巴导管,长 30～40 cm。胸导管起于第 1 腰椎椎体前方的乳糜池。乳糜池为胸导管起始处的囊状膨大,由左、右腰干和肠干汇合而成。胸导管向上穿膈的主动脉裂孔入胸腔,在食管的后方,沿脊柱左前方上行,出胸廓上口达左颈根部,注入左静脉角。注入静脉角前,接纳左颈干、左锁骨下干和左支气管纵隔干。胸导管通过上述 6 条淋巴干收集左侧上半身和人体下半身的淋巴,即人体 3/4 的淋巴。

2.右淋巴导管

右淋巴导管为一短干,长约 1.5 cm。由右颈干、右锁骨下干和右支气管纵隔干汇合而成,注入右静脉角。右淋巴导管收集右侧上半身的淋巴,即人体 1/4 的淋巴。

二、淋巴器官

淋巴器官是以淋巴组织为主要成分构成的器官,具有免疫功能,故又称免疫器官,包括淋巴结、脾、胸腺和扁桃体等。

(一)淋巴结

1.淋巴结的形态

淋巴结为大小不等的圆形或扁椭圆形小体,质软,灰红色,其一侧隆凸,由数条输入淋巴管进入;另一侧凹陷,称淋巴结门,有 1～2 条输出淋巴管和血管、神经出入。在淋巴回流的行程中,一个淋巴结的输出淋巴管延续成为下一个淋巴结的输入淋巴管(图 9－51)。

2.淋巴结的微细结构

淋巴结表面有薄层致密结缔组织构成的被膜。结缔组织深入淋巴结内形成小梁,小梁在

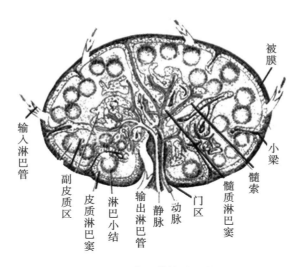

图 9-51 淋巴结构造示意图

淋巴结内反复分支,并互相连接成网,构成淋巴结的支架,其与淋巴结内的血管、神经形成淋巴结的间质。淋巴结的实质由淋巴组织构成,可分为周边部的皮质和中央部的髓质。

(1)皮质 按位置和结构分浅层皮质和深层皮质,浅层皮质内淋巴组织密集成团,形成许多淋巴小结。淋巴小结主要由 B 淋巴细胞构成,其间有少量的 T 淋巴细胞和巨噬细胞。深层皮质又称副皮质区,为弥散淋巴组织,主要由密集的 T 淋巴细胞构成。

在被膜、小梁与淋巴小结之间,有皮质淋巴窦。窦内淋巴液流动缓慢,巨噬细胞数量较多,有利于吞噬异物。

(2)髓质 位于淋巴结的中央,由髓索和髓窦组成。髓索主要由 B 淋巴细胞、浆细胞和巨噬细胞等构成,各种细胞的数量和比例可因免疫状态的不同而有很大的变化。髓窦与皮质淋巴窦结构相同,但较宽大。

(3)淋巴流通的途径 淋巴由输入淋巴管流入被膜下窦,再经小梁周窦流入髓窦,最后经输出淋巴管流出淋巴结。淋巴在淋巴窦内流动缓慢,有利于巨噬细胞清除细菌、病毒等抗原物质。

3.淋巴结的功能

(1)滤过淋巴 细菌、病毒等抗原物质较容易透过毛细淋巴管进入淋巴循环。当淋巴流经淋巴窦时,其内的巨噬细胞可将抗原物质吞噬加以清除,起到过滤淋巴的作用。

(2)参与免疫应答 抗原物质进入淋巴结后,被巨噬细胞捕获和处理。处理后的抗原物质分别激活 B 淋巴细胞和 T 淋巴细胞,前者经转化、增殖发育为浆细胞,产生抗体,参与体液免疫应答。后者经分裂、增生形成效应性 T 细胞,参与细胞免疫应答。

4.全身主要淋巴结群

淋巴结聚集成群,分布于人体的一定部位,接受某一器官或某一部位的淋巴管注入,称为该器官或该部位的局部淋巴结。当发生感染或肿瘤时,细菌、病毒或肿瘤细胞可沿淋巴管到达相应的局部淋巴结,引起局部淋巴结的疼痛或肿大。若局部淋巴结不能阻截或清除它们,则可沿淋巴管道继续蔓延和转移。熟悉人体局部淋巴结的位置、收集范围和流注方向,具有一定的临床意义。

（1）头部的淋巴结　多位于头颈交界处,由后向前依次为枕淋巴结、乳突淋巴结、腮腺淋巴结、下颌下淋巴结和颏下淋巴结(图9-52)。它们收纳头面部浅层的淋巴,直接或间接注入颈外侧深淋巴结。

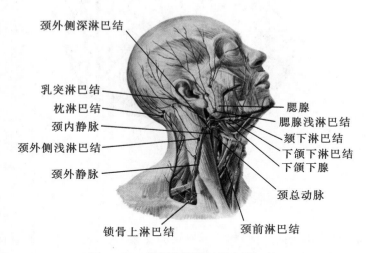

图9-52　头颈部的淋巴管和淋巴结

（2）颈部的淋巴结　主要有颈外侧浅淋巴结和颈外侧深淋巴结。

颈外侧浅淋巴结位于胸锁乳突肌的浅面,沿颈外静脉排列,收集耳后、枕部和颈浅部的淋巴,其输出管注入颈外侧深淋巴结。

颈外侧深淋巴结沿颈内静脉排列,其位于颈根部,沿锁骨下血管排列的淋巴结称锁骨上淋巴结。颈外侧深淋巴结直接或间接收集头颈部浅、深各群淋巴结的输出管以及胸壁上部等处的淋巴,其输出管合成颈干,右侧注入右淋巴导管,左侧注入胸导管。颈干注入淋巴导管处,常无瓣膜,故胃癌或食管癌的患者,癌细胞可经胸导管,逆流入左颈干进而转移至左锁骨上淋巴结,导致其肿大。

（3）上肢的淋巴结群　肘淋巴结位于肱骨内上髁的上方,有1～2个,其输出管注入腋淋巴结。

腋淋巴结位于腋窝内(图9-53),数目较多,围绕在腋血管的周围。根据排列位置,可分为5群,包括外侧淋巴结、胸肌淋巴结、肩胛下淋巴结、中央淋巴结、尖淋巴结,其中尖淋巴结引

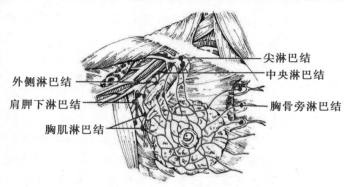

图9-53　腋淋巴结和乳房的淋巴管

流乳房上部的淋巴,并收纳其他4群淋巴结和锁骨下淋巴结的输出淋巴管,其输出管组成锁骨下干,左侧者注入胸导管,右侧者注入右淋巴导管。

乳腺癌常向腋淋巴结转移。

(4)胸部淋巴　胸壁浅淋巴管均注入腋淋巴结,深淋巴管注入位于胸骨两侧、沿胸廓内血管排列的胸骨旁淋巴结以及位于肋头附近的肋间淋巴结。

胸腔脏器的淋巴结包括纵隔前淋巴结、纵隔后淋巴结以及收集肺、支气管和气管淋巴的淋巴结。肺的淋巴管注入支气管肺淋巴结,由于支气管肺淋巴结位于肺门处,故又称肺门淋巴结。支气管肺淋巴结的输出管注入气管权周围的气管支气管淋巴结(图9-54),该淋巴结的输出管注入气管周围的气管旁淋巴结。气管旁淋巴结的输出管与纵隔前淋巴结的输出管汇合成左、右支气管纵隔干,分别注入胸导管和右淋巴导管。

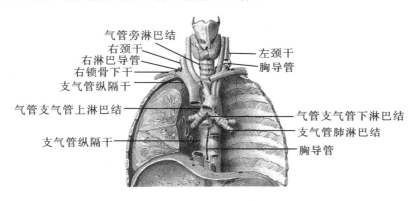

图9-54　胸腔脏器的淋巴结

(5)腹部的淋巴结

①腹壁淋巴结:腹前壁脐平面以上的浅淋巴管一般注入腋淋巴结,脐平面以下浅淋巴管一般注入腹股沟浅淋巴结。腹前壁上、下部的深淋巴管分别注入胸骨旁淋巴结和腹股沟深淋巴结。腹后壁的深淋巴管注入位于腹主动脉和下腔静脉周围的腰淋巴结,腰淋巴结还接受腹腔内成对脏器的淋巴管以及髂总淋巴结的输出管。腰淋巴结的输出管形成左、右腰干,注入乳糜池。

②腹腔脏器的淋巴结:腹腔成对脏器的淋巴管注入腰淋巴结。不成对脏器的淋巴管分别注入沿同名动脉排列的腹腔淋巴结、肠系膜上淋巴结、肠系膜下淋巴结,并回流同名动脉分布范围的淋巴。腹腔淋巴结和肠系膜上、下淋巴结的输出管共同汇合成为一条肠干,注入乳糜池(图9-55)。

(6)盆部的淋巴结　盆部的淋巴结沿髂内、外动脉及髂总动脉排列,分别称髂内淋巴结、髂外淋巴结、髂总淋巴结,收集同名动脉分布区的淋巴,最后经髂总淋巴结的输出管注入腰淋巴结(图9-55)。

(7)下肢的淋巴结　下肢的主要淋巴结有腹股沟浅淋巴结和腹股沟深淋巴结。

腹股沟浅淋巴结位于腹股沟韧带及大隐静脉上端周围,收集腹前壁下部、臀部、会阴、外生殖器及下肢大部分浅淋巴管,其输出管注入腹股沟深淋巴结。

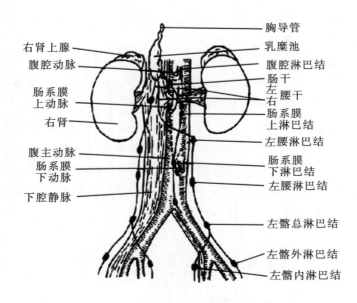

图 9-55 腹腔和盆腔的淋巴管、淋巴结

腹股沟深淋巴结位于股静脉根部周围,收集腹股沟浅淋巴结的输出管及下肢深淋巴管,以及从足外侧缘和小腿后外侧浅层结构回流的淋巴,其输出管注入髂外淋巴结。

(二)脾

1.脾的位置和形态

脾是人体最大的淋巴器官,位于左季肋区,与第 9~11 肋相对,其长轴与第 10 肋一致(图 9-56)。脾为暗红色,扁椭圆形,质软而脆,遭受暴力打击时,易发生破裂出血。

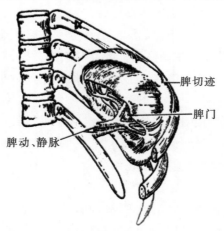

图 9-56 脾的位置和形态

脾可分为内、外两面和上、下两缘。外侧面平滑隆凸,与膈相贴,内侧面凹陷,近中央处为脾门,是血管、神经出入的部位。脾的上缘有 2~3 个脾切迹,脾肿大时,是触诊脾的标志,下缘较钝,朝向后下方。

2.脾的微细结构

脾的表面有一层较厚的致密结缔组织被膜,被膜深入脾内形成小梁,小梁及其分支互相连接成网,形成脾的支架。脾的实质由淋巴组织构成,分为白髓和红髓两部分。

(1)白髓 由密集的淋巴细胞组成,包括动脉周围淋巴鞘和淋巴小结。动脉周围淋巴鞘主要由 T 淋巴细胞围绕中央动脉组成。淋巴小结位于动脉周围淋巴鞘的一侧,主要由 B 淋巴细胞组成,结构与淋巴结内的淋巴小结相似。

(2)红髓 占脾实质的大部分,由脾索及脾窦组成。因含大量红细胞而呈红色。分布于被膜下、小梁周围和白髓之间。脾索为富含血细胞的淋巴组织索。脾索相互连接成网。脾索内有 B 淋巴细胞、浆细胞和巨噬细胞。故脾索是滤过血液和产生抗体的部位。脾窦是位于脾索之间的不规则的血窦。窦壁由内皮细胞和不连续的基膜构成。窦壁附近有较多的巨噬细胞。

3.脾的功能

(1)滤血 当血液流经脾时,脾内的巨噬细胞可吞噬和清除血液中的细菌、异物、衰老死亡的红细胞和血小板。当脾肿大或功能亢进时,可因吞噬过度而引起红细胞和血小板减少。

(2)造血 脾在胚胎时期能产生各种血细胞,出生后脾只能产生淋巴细胞,但保留着产生多种血细胞的潜能。

(3)储血 脾是重要的储血器官。当机体需要时,可借被膜内平滑肌的收缩,将所储存的血液释放入血液循环。

(4)参与免疫应答 脾受抗原刺激时,可引起脾内 T、B 两种淋巴细胞产生相应的免疫应答。脾是体内产生抗体最多的器官。

(三)胸腺

1.胸腺的位置和形态

胸腺位于上纵隔前部,胸骨柄的后方,分为左、右不对称的两叶(图 9 - 57)。灰红色,质软。新生儿及幼儿时期胸腺较大,随着年龄的增长胸腺继续发育,至青春期重达 25~40g,此后逐渐萎缩退化被脂肪组织代替。

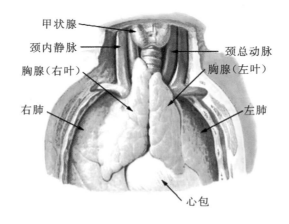

图 9 - 57 胸腺的位置和形态

2.胸腺的微细结构

胸腺表面有结缔组织形成的被膜,被膜的结缔组织随同神经血管深入胸腺内,将其分隔成许多胸腺小叶,每个胸腺小叶可分为浅层的皮质和深层的髓质。皮质和髓质内的淋巴细胞均为 T 淋巴细胞。

3.胸腺的功能

胸腺是淋巴器官,兼有内分泌功能,可产生 T 淋巴细胞并分泌胸腺素,生成的 T 淋巴细胞随血液循环离开胸腺,输送到全身淋巴结和脾内,胸腺素可影响 T 淋巴细胞的分化和成熟,使之转变为有免疫功能的 T 淋巴细胞。

本章小结

一、本章提要

通过本章学习,使同学们了解脉管系统的相关知识,重点掌握心血管系统的组成与血管的连续关系,具体包括以下内容:

1.掌握各节涉及的一些基本概念,如颈动脉窦、静脉角等。

2.具有归纳总结的基本能力,如心血管系统的组成和功能;血液循环的概念;体循环、肺循环的途径及两者的异同;心的位置及心尖体表投影,心腔结构,心传导系统组成;血管壁与心壁的结构;心包的概念及心的体表投影;主动脉的分部及主要分支;上、下腔静脉系的主要属支及收集范围;上、下肢浅静脉的名称、起止、行程及注入部位;肝门静脉的组成、收集范围及其与上、下腔静脉之间的吻合关系。

3.熟悉了解淋巴系统的组成;胸导管及右淋巴导管的组成、收集范围;脾的位置、形态、毗邻及功能,全身主要淋巴结群的位置等。

二、本章重、难点

1.心血管系统的组成和功能;血液循环的分类及途径。

2.心的位置及心尖体表投影,心腔结构,心传导系统组成。

3.主动脉的分部及主要分支,全身主要的动脉搏动点和压迫止血部位。

4.上、下肢浅静脉的名称、起止、行程及注入部位,肝门静脉的组成、收集范围及与上、下腔静脉之间的吻合关系。

5.体循环的动脉示意图如下:

体循环动脉

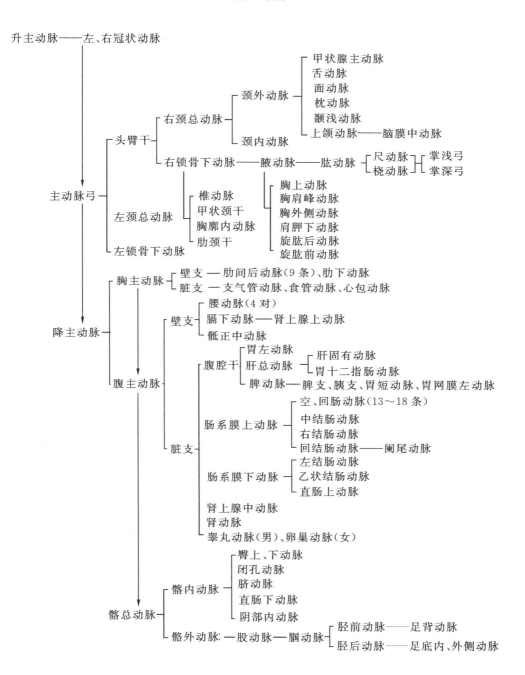

6.体循环上、下腔静脉系的血液流注示意图如下：

上腔静脉系的血液流注

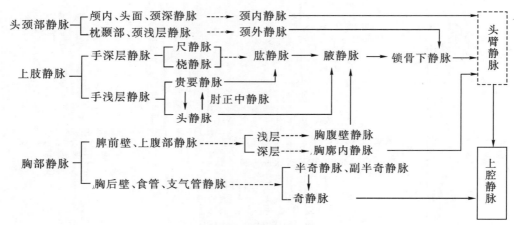

下腔静脉系的血液流注

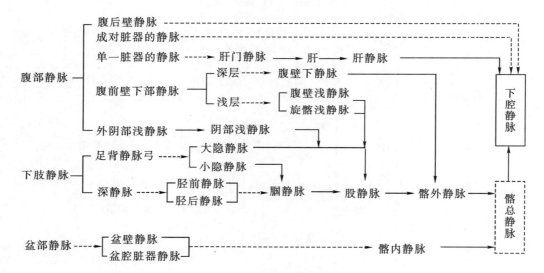

 课后习题

一、单选题

1.体循环是（　　）。

A.起自左心室

B.将血液射入肺动脉干

C.肺静脉内含静脉血

D.与肺泡进行交换

E.将动脉血带回到右心房

2. 心尖的体表投影位于（　　）。

A. 左侧第 5 肋间隙,左锁骨中线内侧 1～2cm 处

B. 右侧第 5 肋间隙,右锁骨中线内侧 1～2cm 处

C. 左侧第 4 肋间隙,左锁骨中线内侧 1～2cm 处

D. 左侧第 5 肋间隙,左锁骨中线内侧 3～4cm 处

E. 左侧第 5 肋间隙,左锁骨中线外侧 1～2cm 处

3. 临床数脉搏和中医切脉的血管是（　　）。

A. 锁骨下动脉　　　　　　　B. 腋动脉　　　　　　　C. 肱动脉

D. 尺动脉　　　　　　　　　E. 桡动脉

4. 关于大隐静脉,描述正确的是（　　）。

A. 为下肢的深静脉

B. 在足的外侧起自足背静脉弓

C. 经外踝后方

D. 无静脉瓣

E. 注入股静脉

5. 关于肝门静脉,描述正确的是（　　）。

A. 由肠系膜上、下静脉合成

B. 由肠系膜上静脉和脾静脉合成

C. 静脉瓣丰富

D. 仅收集消化管的血液

E. 与上、下腔静脉间无吻合

6. 二尖瓣位于（　　）。

A. 主动脉口　　　　　　　　B. 肺动脉口　　　　　　　C. 左房室口

D. 右房室口　　　　　　　　E. 以上都不对

7. 肺动脉干（　　）。

A. 起自左心室

B. 起自左心房

C. 血管内流有动脉血

D. 在主动脉弓下方分为左、右肺动脉

E. 以上都不对

8. 不属于心传导系统的结构（　　）。

A. 窦房结　　　　　　　　　B. 心肌纤维　　　　　　　C. 房室结

D. 房室束及其分支　　　　　E. 以上都不对

9. 窦房结（　　）。

A. 是心的正常起搏点

B. 位于左心耳的心外膜深面

C. 直接与房室束相连

D. 由神经组织构成

E. 以上都不对

10.有关肺循环的说法哪项是错误的（　　）。

A.起自右心室　　　　　　　B.有一对肺静脉　　　　　C.有两对肺静脉

D.肺静脉开口于左心房　　　E.有两对肺动脉

11.有关体循环的说法哪项是错误的（　　）。

A.起自左心室　　　　　　　B.有一条主动脉　　　　　C.上、下腔静脉各一对

D.主动脉内流的是动脉血　　E.终点右心房

12.从主动脉升部发出的分支是（　　）。

A.食管动脉　　　　　　　　B.支气管动脉　　　　　　C.肋间后动脉

D.冠状动脉　　　　　　　　E.以上都不对

13.颈总动脉（　　）。

A.右侧起于主动脉弓

B.左颈总动脉起于头臂干

C.起始处发出甲状腺上动脉

D.分支为颈内、颈外动脉

E.以上都不对

14.颈外动脉的直接分支（　　）。

A.甲状腺下动脉

B.甲状腺上动脉

C.脑膜中动脉

D.椎动脉

E.胸廓内动脉

15.面动脉直接起自（　　）。

A.颈内动脉　　　　　　　　B.颈外动脉　　　　　　　C.上颌动脉

D.大脑中动脉　　　　　　　E.以上都不对

16.肱动脉（　　）。

A.与锁骨下动脉相接

B.沿肱二头肌内侧缘下行

C.沿肱二头肌外侧缘下行

D.在臂中部分桡、尺动脉

E.以上都不对

17.营养肝的动脉（　　）。

A.肝固有动脉　　　　　　　B.胃网膜右动脉　　　　　C.肝门静脉

D.胆囊动脉　　　　　　　　E.以上都不对

18.肠系膜上动脉分支不包括（　　）。

A.回结肠动脉　　　　　　　B.左结肠动脉　　　　　　C.右结肠动脉

D.中结肠动脉　　　　　　　E.以上都不对

19.属于肠系膜下动脉的分支（　　）。

A.中结肠动脉　　　　　　　B.右结肠动脉　　　　　　C.阑尾动脉

D.乙状结肠动脉　　　　　　E.以上都不对

20.髂内动脉脏支不包括（　）。

A.子宫动脉　　　　　　B.阴部内动脉　　　　　　C.闭孔动脉

D.直肠下动脉　　　　　E.以上都不对

21.在体表摸不到脉搏的动脉（　）。

A.桡动脉　　　　　　　B.颞浅动脉　　　　　　　C.足背动脉

D.髂内动脉　　　　　　E.肱动脉

22.供应腹腔内成对脏器的动脉（　）。

A.腹腔干　　　　　　　B.肾动脉　　　　　　　　C.肠系膜上动脉

D.肠系膜下动脉　　　　E.腰动脉

23.颈内动脉（　）。

A.右侧起自头臂干　　　B.营养脑和视器　　　　　C.经枕骨大孔入颅

D.发自脑膜中动脉　　　E.以上都对

24.营养降结肠的动脉是（　）。

A.胃短动脉　　　　　　B.胃右动脉　　　　　　　C.胃左动脉

D.肠系膜下动脉　　　　E.以上都对

25.阑尾动脉发自（　）。

A.肠系膜上动脉　　　　B.回结肠动脉　　　　　　C.右结肠动脉

D.肠系膜下动脉　　　　E.回肠动脉

二、填空题

1.肺循环的血液起自＿＿＿＿＿＿,回流到＿＿＿＿＿＿。

2.左心室的入口是＿＿＿＿＿＿,附有的心瓣膜称＿＿＿＿＿＿。

3.肝门静脉与上、下腔静脉间的吻合部位主要包括＿＿＿＿＿、＿＿＿＿＿和＿＿＿＿＿。

三、名词解释

1.静脉角　2.颈动脉窦　3.卵圆窝

四、问答题

1.上、下肢浅静脉的主干有哪些？各注入何处？

2.心脏内有哪些瓣膜？各位于何处？各有什么作用？

第十章　感觉器

学习目标

1. 掌握眼球壁的分层及其特点；眼内容物的组成及功能；房水循环途径；外耳、中耳的组成；鼓室的组成结构；声波传导途径；内耳各感受器的位置及功能、意义。

2. 熟悉感觉器的分类；眼副器的组成；视觉传导通路；内耳迷路的组成、分布及形态结构；鼓膜的位置及分部，咽鼓管的位置及通向。

3. 了解眼外肌的名称及作用；眼的血管；嗅器等其他感觉器。

感受器主要是指能感受内、外环境的刺激，并将刺激转化为神经冲动的结构。该神经冲动经过感觉神经和中枢神经系统的传导通路传到大脑皮质，从而产生相应的感觉。感受器广泛地分布于机体各部，其形态和功能各不相同。

感受器的分类方法很多。

根据其特化的程度可分为两类：①一般感受器：由感觉神经末梢组成，分布全身各部，如皮肤、肌、腱、关节、内脏和心血管内，能感受触觉、压觉、痛觉、温度觉的感受器。②特殊感受器：由感觉细胞构成，只分布于头部，包括鼻、舌、眼、耳内的嗅、味、视、听和平衡觉的感受器。

根据感受器所在的部位及所接受刺激的来源可分为三类：①外感受器，分布于皮肤、黏膜、眼、耳等处，感受来自外界环境的刺激，如痛觉、温度觉、触觉、压觉、光波和声波等的刺激。②内感受器，分布于内脏和心血管等处，感受来自内环境的物理或化学刺激，如压力、渗透压、温度、离子和化学物浓度等的刺激。③本体感受器，分布于肌、肌腱、关节和内耳位觉器等处，感受机体运动和平衡变化时所产生的刺激。

感觉器是感受器及其辅助装置的总称。辅助装置主要对感受器起保护、支持、营养等作用。本章主要介绍的感觉器有眼（视器）、耳（听器）等。

第一节　视　器

视器又称眼，是由眼球和眼副器两部分组成。眼球具有屈光成像和将光的刺激转换为神经冲动的作用。眼副器位于眼周围及附近，包括眼睑、结膜、泪器、眼外肌及眶筋膜等。

一、眼球

眼球是视器的主要组成部分，位于眶内，借筋膜与眶壁相连。眼球前面有眼睑保护，后面有视神经与脑相连。眼球大致呈球形，分为眼球壁和眼球内容物两部分（图 10 - 1）。

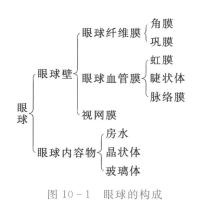

图 10-1　眼球的构成

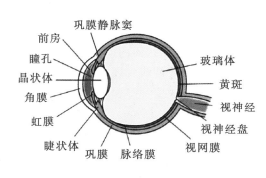

图 10-2　眼球的结构

(一)眼球壁

眼球壁由外向内依次分为纤维膜、血管膜和视网膜三层。

1.纤维膜(外膜)

纤维膜由致密结缔组织组成,具有保护眼球内容物和维持眼球形态的作用。其可分为角膜和巩膜两部分。

(1)角膜　位于眼球的最前端,约占纤维膜的前 1/6;透明,无血管,有弹性,具有较大的屈光度;有丰富的感觉神经末梢,触觉、痛觉敏锐。

(2)巩膜　约占眼球纤维膜的后 5/6,乳白色,不透明。儿童巩膜较薄,可透见脉络膜部分颜色,呈蓝白色;老年人巩膜由于脂肪的沉积可呈淡黄色。巩膜在视神经穿出部位附近最厚,越向前越薄,在眼外肌附着处又增厚。

在巩膜与角膜交界处深部,有一环形的巩膜静脉窦,是房水回流的通道。

2.血管膜(中膜)

血管膜由疏松结缔组织组成,含丰富的血管、神经和色素,故又称色素膜、葡萄膜,可分为虹膜、睫状体和脉络膜三部分。

(1)虹膜　是血管膜的最前部,呈冠状位圆盘形的薄膜,中央有圆形的瞳孔。活体上透过角膜可见到虹膜与瞳孔,虹膜因人种差异可有黑、棕、蓝等颜色。正常成人瞳孔直径平均为3mm,若小于 2mm 为瞳孔缩小,大于 5mm 为瞳孔散大。虹膜内有两种不同方向排列的平滑肌,环绕瞳孔排列的平滑肌称瞳孔括约肌,放射状排列的平滑肌称瞳孔开大肌,它们分别缩小和开大瞳孔。瞳孔的大小可调节进入眼内光线的多少,在弱光下或看远方时,瞳孔开大,在强光下或看近距离物体时则瞳孔缩小。

虹膜与角膜交界处形成虹膜角膜角,房水由此渗入巩膜静脉窦。

(2)睫状体　是虹膜向外侧的延伸,位于巩膜与角膜的移行处内面,是血管膜最肥厚的部分。其后部较平坦,称睫状环;前部有许多向内突出的皱襞,称睫状突,是房水产生的部位。由睫状体发出的睫状小带与晶状体相连,睫状体内有平滑肌称睫状肌,睫状肌的收缩与舒张可使睫状小带松弛与紧张,从而调节晶状体的曲度。

(3)脉络膜　占血管膜的后 2/3,脉络膜含有丰富的血管和色素细胞,有营养眼球、吸收眼内散射光线的作用。

3.视网膜(内膜)

视网膜是一层透明的膜,位于眼球最内层,由内层的神经上皮层和外层的色素上皮层组成。其中贴于虹膜和睫状体内面的部分,无感光细胞,称视网膜盲部;贴于脉络膜内面的部分,有感光细胞存在,称视网膜视部。

神经上皮层:由三层神经细胞组成,由外向内依次为感光细胞(光感受器细胞)、双极细胞、神经节细胞。(图10-3)

①感光细胞:包括视锥细胞和视杆细胞,视锥细胞有感受强光和辨色的功能,视杆细胞可感受弱光,不能辨色。如果视锥细胞异常,可出现色觉障碍,如色弱、色盲等;如视杆细胞异常(维生素A缺乏或遗传性因素),可导致夜间或光线昏暗环境中视物不清(夜盲症)。

②双极细胞:是连接感光细胞与神经节细胞的联络神经元。

③神经节细胞:是多极神经元,其轴突向视神经盘集中,穿出眼球壁后构成视神经。

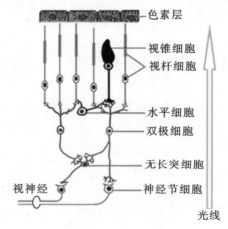

图10-3　视网膜的神经细胞示意图

视网膜上重要的标志有视神经盘和黄斑。(图10-4)

在视网膜后部中央偏鼻侧处有一橙红色的圆形盘状结构称为视神经盘,又称视神经乳头,是视神经穿出眼球的部位。视神经乳头中央的小凹陷区称视杯。

视神经盘颞侧稍下方约3.5mm处有一黄色区域称黄斑,黄斑中心凹陷称中央凹(中心凹),此处视锥细胞密集分布,是感光和辨色最敏锐的部位(图10-4)。

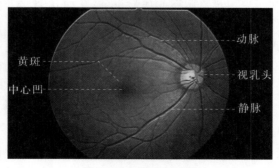

图10-4　眼底(右眼)

(二)眼球内容物

眼球内容物包括房水、晶状体和玻璃体。这些结构透明且无血管分布,具有屈光作用,和角膜一起称眼的屈光系统。

1.眼房和房水

(1)眼房 是角膜与晶状体之间的腔隙,虹膜把此腔隙分成较大的眼前房和较小的眼后房,二者借瞳孔相通。眼前房的周边部,即虹膜与角膜之间的夹角称前房角(虹膜角膜角)。

(2)房水 是澄清的液体,充满于眼房内。房水由睫状体产生后自眼后房经瞳孔入眼前房,然后由前房角渗入巩膜静脉窦,再经睫前静脉汇入眼静脉(图10-5)。房水具有屈光、营养及维持眼内压的作用。房水不断循环更新,如循环发生障碍时,可引起眼内压增高,致视功能受损,临床上称之为青光眼。

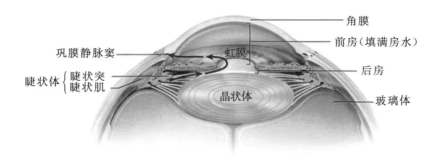

图 10-5 房水循环途径

2.晶状体

晶状体呈双凸透镜,无色透明,无血管及神经组织,具有一定弹性。晶状体位于虹膜与玻璃体之间,通过睫状小带与睫状体相连。晶状体表面包有一层透明而有弹性的薄膜称晶状体囊,周围部较软称晶状体皮质,中央部较硬称晶状体核。晶状体因某些原因变混浊,临床上称为白内障。

晶状体是眼屈光系统的重要组成部分,其屈度可由睫状肌舒缩加以调节。当视近物时,睫状肌收缩,向前牵引睫状突,睫状小带放松,晶状体变凸,屈光力加强,从而使物体聚焦在视网膜上;视远物时反之。随着年龄的增大,晶状体弹性逐渐丧失,睫状肌也逐渐萎缩,调节功能减退,从而出现老视(老花眼)。

3.玻璃体

玻璃体是无色透明的胶状物质,表面覆有玻璃体囊,充满于晶状体与视网膜之间,具有屈光及支撑视网膜的作用。若玻璃体发生混浊,可影响视力,若支撑作用减弱,可发生视网膜脱离。

 知识链接

视 野

人的头部和眼球固定不动的情况下,眼睛观看正前方物体时所能看得见的空间范围,我们

称为静视野；眼睛转动所看到的空间范围我们称为动视野，常用角度来表示。视野的大小和形状与视网膜上感觉细胞的分布状况有关，可以用视野计来测定视野的范围。

正常人视野以双眼颞侧最广，上方最窄。

看不同的颜色做成的视标视野范围也不一样，正常的颜色视野以白色最宽，蓝色次之，红色更次之，绿色最小。

二、眼副器

眼副器包括眼睑、结膜、泪器、眼外肌等，具有保护、运动和支持眼球的作用。

(一)眼睑

眼睑位于眼球正前端，分为上、下睑，对眼球具有保护作用。上、下睑之间的裂隙称为睑裂，其内外连接处分别称为内眦和外眦。眼睑的游离缘称睑缘，睑缘生有睫毛，毛囊周围有皮脂腺及 Moll 腺，开口于毛囊，发生急性炎症时临床上称外睑腺炎，俗称麦粒肿。

眼睑的组织结构从外向内可分为 5 层(图 10 - 6)。

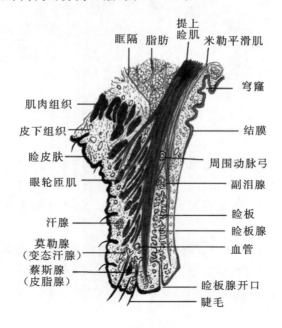

图 10 - 6　眼睑的结构(上睑)

①皮肤层薄柔，易形成皱褶。

②皮下组织层为疏松结缔组织和少量脂肪，肾病和局部炎症时易出现水肿。

③肌层包括眼轮匝肌和提上睑肌。

④睑板层对眼睑有支撑作用，呈半月形，有致密结缔组织构成。睑板内含有与睑缘呈垂直方向排列的睑板腺，开口于睑缘，是全身最大的皮脂腺，其分泌物有润滑眼表面的作用，当睑板腺开口阻塞时，分泌物在腺体内潴留，形成睑板腺囊肿，又称霰粒肿。

⑤睑结膜为一层很薄的黏膜，贴附于睑板内面。

(二)结膜

结膜是一层薄而透明,富含血管的黏膜。按所在部位分为三部分:①睑结膜,是贴附于上、下眼睑内面的部分,不能被推动。②球结膜,是覆盖于巩膜前部表面的部分,是结膜最薄和最透明部分,可被推动。③穹窿结膜,是介于球结膜和睑结膜之间的移行部分,分为上穹窿结膜和下穹窿结膜。各部分结膜围成的囊状腔隙,称结膜囊,通过睑裂与外界相通。(图 10 - 7)

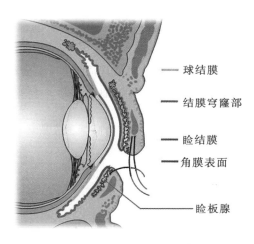

球结膜

结膜穹窿部

睑结膜

角膜表面

睑板腺

图 10 - 7　结膜分布示意图

(三)泪器

泪器包括泪腺和泪道(图 10 - 8)。

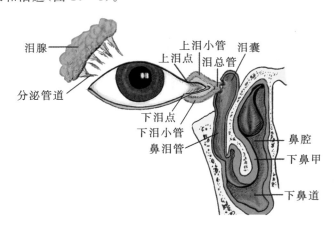

泪腺

分泌管道

上泪小管　泪囊
上泪点　泪总管

下泪点
下泪小管
鼻泪管

鼻腔

下鼻甲

下鼻道

图 10 - 8　泪器

1.泪腺

泪腺位于眶上壁前外侧的泪腺窝内,有 10～20 条排泄管,开口于结膜上穹的外侧部。泪腺分泌泪液,有湿润角膜、冲洗异物和杀菌等作用。

2.泪道

泪道包括上下泪小点、上下泪小管、泪囊和鼻泪管。

(1)泪点　是引流泪液的起点,位于上、下睑缘内侧端,直径约0.2~0.3mm,贴附于眼球表面,是泪小管的入口。

(2)泪小管　是连接泪点与泪囊的小管,长约10mm。开始约2mm与睑缘垂直,后与睑缘平行,到达泪囊前,上、下泪小管多先汇合成泪总管然后进入泪囊。

(3)泪囊　位于眶内壁前下方的泪囊窝内,是泪道最膨大的部分。泪囊上端为盲端,下端与鼻泪管相接。

(4)鼻泪管　位于鼻部骨性鼻泪管内的膜性管道,上端与泪囊相接,下端开口于下鼻道。

正常情况下,依靠瞬目和泪小管的虹吸作用,泪液自泪点经泪小管、泪囊、鼻泪管排至鼻腔。若某一部位发生阻塞,即可产生溢泪。

(四)眼外肌

眼外肌是司眼球和眼睑运动的骨骼肌。每眼眼外肌有7条,即运动眼睑的提上睑肌及运动眼球的4条直肌和2条斜肌,直肌有上直肌、下直肌、内直肌和外直肌,斜肌有上斜肌和下斜肌。(图10-9)

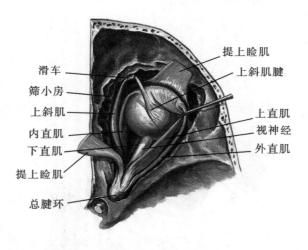

图10-9　眼球外肌

所有直肌及上斜肌均起自眶尖的总腱环,下斜肌起自眶下壁前内缘,它们分别附着在眼球赤道部附近的巩膜上。当某条肌肉收缩时,能使眼球向一定方向转动。内直肌使眼球内转;外直肌使眼球外转;上直肌主要使眼球向内上转动;下直肌主要使眼球向内下转动;上斜肌主要使眼球向外下转动;下斜肌主要使眼球向外上转动。(图10-10,图10-11)

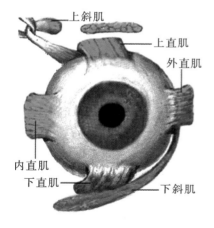

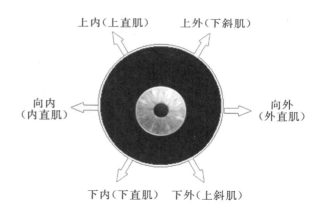

图 10-10　眼外肌（左眼）　　　　　图 10-11　眼外肌作用示意图（左眼）

眼外肌的作用主要是使眼球灵活地向各方向转动。但肌肉之间的活动是相互合作、相互协调的，这样才能使眼球运动自如，保证双眼单视。如果有某条肌肉麻痹时，肌肉之间失去协调，即可发生眼位偏斜而出现斜视、复视。

三、眼的血管

（一）眼的动脉

眼球及眼副器的血液供应主要是由颈内动脉的分支眼动脉供应。眼动脉的分支主要有视网膜中央动脉、睫状后长动脉、睫状后短动脉、泪腺动脉和睫前动脉。

（二）眼的静脉

眼的静脉回流主要有视网膜中央静脉、涡静脉、睫状前静脉，上半部静脉血流入眼上静脉，下半部血流入眼下静脉，向后入颅腔注入海绵窦，向前经内眦静脉与面静脉相通，因眼静脉无静脉瓣，故面部感染可能由此侵犯颅内。

第二节　前庭蜗器

耳又称前庭蜗器，是位觉和听觉器官，包括前庭器和蜗器两部分，二者功能不同，但结构上关系密切。

耳包括外耳、中耳和内耳三部分。听觉感受器和位觉感受器位于内耳，外耳和中耳是收集和传导声波的结构。（图 10-12）

一、外耳

外耳包括耳廓、外耳道和鼓膜。

（一）耳廓（耳郭）

耳廓位于头部两侧，前凹后凸，利于收集声波。耳廓的上部以弹性软骨为支架，覆以皮肤

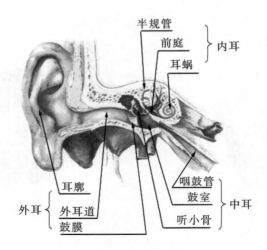

图 10-12　耳

构成,皮下组织少,富含血管和神经,感觉敏锐;耳廓下部小部分富含结缔组织和脂肪,柔软而无软骨,称为**耳垂**,是临床上常用的采血部位。耳廓前方有一隆起称耳屏,耳屏后方的深凹称外耳门。耳廓穴位丰富,中医科常行耳针或局部穴位治疗某些疾病。(图 10-13)

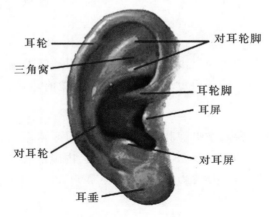

图 10-13　耳廓

(二)外耳道

外耳道是自外耳门至鼓膜的"S"形弯曲管道,长 2.0~2.5cm。成人外耳道从外向内,其方向是先向前上,继而向后,然后再向前下。外耳道外侧 1/3 为软骨部,内侧 2/3 为骨性部。牵拉耳廓可使软骨部随之移动,检查外耳道和鼓膜时,应向后上方牵拉耳廓。婴儿外耳道几乎全由软骨支持,短而直,鼓膜近于水平位,检查时需将耳廓向后下方牵拉。

外耳道表面被覆薄层皮肤,含有丰富的感觉神经末梢、毛囊、皮脂腺及耵聍腺。耵聍腺分泌物称耵聍,干燥后形成痂块可能阻塞外耳道,影响听觉。外耳道皮下组织极少,皮肤与软骨膜和骨膜紧密连接,不易移动,故外耳道发生疖肿时,因张力较大而疼痛剧烈。

（三）鼓膜

鼓膜为介于外耳道与鼓室之间的椭圆形半透明薄膜,其外侧面向前下外倾斜。鼓膜周缘较厚,中心凹向鼓室,称鼓膜脐。鼓膜的上 1/4 为松弛部,呈三角形,薄而松弛,在活体呈淡红色;鼓膜的下 3/4 为紧张部,坚实紧张,在活体呈灰白色。紧张部的前下方有一三角形的反光区,称光锥。中耳的一些疾患可引起光锥改变或消失。鼓膜能随声波振动,把声波刺激传到中耳。（图 10 – 14）

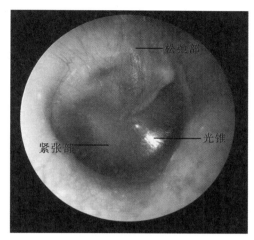

图 10 – 14　活体鼓膜

二、中耳

中耳是一连续而不规则的腔隙,包括鼓室、咽鼓管、乳突窦和乳突小房。

（一）鼓室

鼓室位于颞骨岩部内,前方借咽鼓管与鼻咽相通,后方借乳突窦与乳突小房通连。鼓室可分为上、下、前、后、外侧、内侧 6 壁,内有听小骨、韧带、肌、血管和神经等。

1. 鼓室壁

（1）上壁　称鼓室盖,为一薄层骨板,分隔鼓室与颅中窝。中耳炎可能侵犯此壁,引起耳源性颅内并发症。

（2）下壁　称颈静脉壁,分隔鼓室与颈内静脉起始部。

（3）前壁　称颈动脉壁,前壁上部有咽鼓管鼓室口。

（4）后壁　称乳突壁,上部有乳突窦的开口,鼓室由此经乳突窦与乳突小房相通。中耳炎易侵入乳突小房而引起乳突炎。乳突窦开口的内侧有外半规管凸,下方有一小的骨性突起,称为锥隆起,内藏镫骨肌。

（5）外侧壁　称鼓膜壁,大部分由鼓膜构成。

（6）内侧壁　称迷路壁,是内耳的外侧壁（图 10 – 15）。此壁的中部隆凸,称岬。岬的后下方有一圆形小孔,称蜗窗,被第二鼓膜封闭。在鼓膜穿孔时,此膜可以直接受到声波的振动。岬的后上方有一卵圆形小孔,称前庭窗,被镫骨底封闭。在前庭窗后上方有一弓形隆起,称面神经管凸,面神经管内有面神经,面神经管凸的骨壁很薄,甚至缺如,中耳的炎症或手术易损伤面神经。

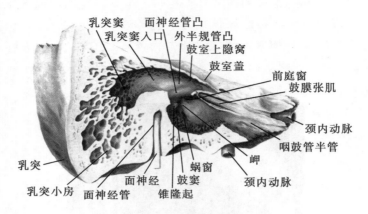

图 10 – 15　鼓室内侧壁

2. 听小骨

每侧鼓室中各有 3 块,由外向内为锤骨、砧骨和镫骨(图 10 – 16)。锤骨柄附着于鼓膜脐内面,镫骨底封闭前庭窗,砧骨居中,和锤骨、镫骨连接成听小骨链。当声波振动鼓膜时,听小骨链相继运动,将声波传入内耳。中耳炎可引起听小骨粘连、韧带硬化,从而听小骨链的活动受限制,致听力下降。运动听小骨的肌有膜张肌和镫骨肌。

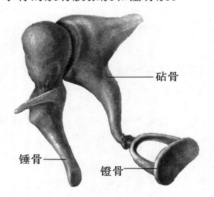

图 10 – 16　听小骨

(二)咽鼓管

咽鼓管是沟通鼓室和鼻咽部的通道。咽鼓管平时处于闭合状态,吞咽或张大口时开放,空气沿咽鼓管入鼓室,保持鼓室与外界气压平衡,便于鼓膜的振动。幼儿咽鼓管短而平直,腔径大,咽部的感染容易通过此管侵犯鼓室而引起中耳炎。

(三)乳突窦和乳突小房

乳突窦向前开口于鼓室后壁上部,向后下与乳突小房相通连,是鼓室和乳突小房之间的交通要道。

　　乳突小房是颞骨乳突内许多大小、形状不等而互相连通的含气小腔隙。中耳炎症可经乳突窦侵犯乳突小房而引起乳突炎。

三、内耳

　　内耳又称为迷路,位于颞骨岩部内,介于鼓室与内耳道底之间。内耳由骨迷路和膜迷路构成。骨迷路是位于颞骨岩部内的复杂骨性隧道。膜迷路是套在骨迷路内的一封闭的管道系统。膜迷路内充满内淋巴液,骨迷路和膜迷路之间的腔隙内充满外淋巴液,内、外淋巴液互不相通。

(一)骨迷路

　　骨迷路分为骨半规管、前庭和耳蜗三部分(图10-17)。

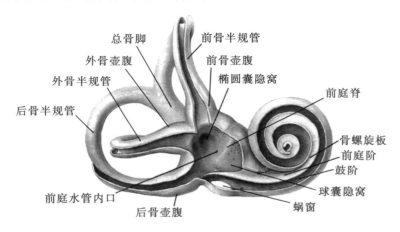

图 10-17　骨迷路

　　1.骨半规管

　　骨半规管是三个相互垂直排列的骨性半环形管道,按位置称为前骨半规管、后骨半规管和外骨半规管。每个骨半规管有两个骨脚,较细的一端为单骨脚,粗的为壶腹骨脚。壶腹骨脚上有膨大的骨壶腹。其中前、后骨半规管的单骨脚合为总骨脚,故3个骨半规管以5个孔开口于前庭。

　　2.前庭

　　前庭为骨迷路中部,是一不规则的腔隙,其前下方与耳蜗相通,后上方接骨半规管。前庭内侧壁邻接内耳道底,有神经穿过。前庭外侧壁构成鼓室的内侧壁,有前庭窗和蜗窗,分别被镫骨底和第二鼓膜封闭。

　　3.耳蜗

　　耳蜗为骨迷路的前部,形似蜗牛壳,由蜗螺旋管围绕蜗轴2.5圈构成。耳蜗尖端称为蜗顶,耳蜗底部称为蜗底。蜗顶至蜗底之间锥形的部分称为蜗轴。蜗轴内有蜗神经血管穿行,蜗轴向蜗螺旋管内伸出的骨板称骨螺旋板。蜗顶处有蜗孔。(图10-18)

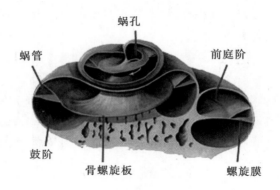

图 10 - 18　耳蜗

（二）膜迷路

膜迷路是位于骨迷路内的膜性管道,根据其与骨迷路的对应关系分为膜半规管、椭圆囊和球囊、蜗管(图 10 - 19)。

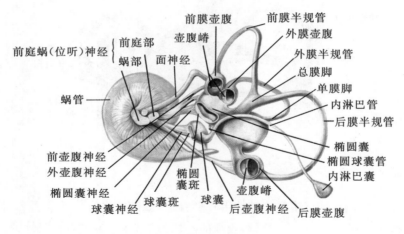

图 10 - 19　膜迷路

1.膜半规管

膜半规管位于骨半规管内,为 3 个"C"形膜性小管,分别为前膜半规管、后膜半规管和外膜半规管。在骨壶腹的部位,膜半规管也膨大称为膜壶腹,其内壁的隆起称为壶腹嵴,是位觉感受器。

2.椭圆囊和球囊

椭圆囊和球囊是位于前庭内,为互相通连的两个膜性小囊。椭圆囊在后上方,与膜半规管相通,球囊在前下方,与蜗管相通,囊内壁分别有椭圆囊斑和球囊斑,是位觉感受器。

壶腹嵴、椭圆囊斑和球囊斑统称为前庭器,前庭器是位觉感受器,对维持身体平衡有重要作用,其中壶腹嵴能感受旋转运动的刺激;椭圆囊斑和球囊斑能感受直线变速中加速或减速运动的刺激。前庭器病变时,不能准确地感受位置变化的刺激,而导致眩晕症,临床上称为美尼尔氏综合征。

3.蜗管

蜗管是耳蜗内螺旋形的膜质管道,位于骨螺旋板与蜗螺旋管外壁之间。骨螺旋板伸入蜗螺旋管内,但未达到蜗螺旋管的外侧壁,其间缺空的部分由膜迷路填补。由于骨螺旋板和蜗管的存在,将蜗螺旋管分隔为上、下两部分。上部为前庭阶,与前庭窗相连;下部为鼓阶,与蜗窗相连。两阶内的外淋巴液在蜗孔处相通。蜗管断面呈三角形,分上、外、下三个壁。上壁为前庭膜,外侧壁富含血管,是膜迷路内的内淋巴液的发源地,下壁为基底膜,基底膜上有螺旋器,又称 Corti 器,是听觉感受器,能感受声波的刺激。螺旋器由支持细胞、毛细胞及盖膜构成。

四、声波的传导途径

声波传入内耳的途径有二:空气传导和骨传导,以空气传导为主。

(一)空气传导

空气传导途径为声波→外耳道→鼓膜→听小骨链→前庭窗→前庭阶的外淋巴→前庭膜→蜗管的内淋巴→螺旋膜→螺旋器→蜗神经→大脑皮层听觉中枢。(图 10 - 20)

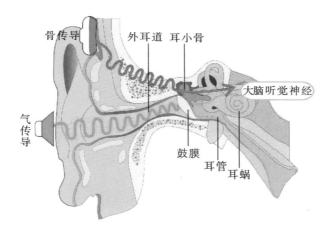

图 10 - 20　声波传导示意图

临床上鼓膜穿孔或听小骨链功能障碍的患者,声波传导途径为声波→外耳道→鼓室内空气→蜗窗第二鼓膜→鼓阶的外淋巴→蜗管的淋巴→螺旋膜→螺旋器→蜗神经→大脑皮层听觉中枢。这一途径的传导听力会显著下降,但不会完全丧失。

(二)骨传导

骨传导是指声波经颅骨传入内耳的途径。骨传导途径为声波→颅骨→骨迷路→前庭阶和鼓阶的外淋巴→蜗管的淋巴→螺旋膜→螺旋器→蜗神经→大脑皮层听觉中枢(图 10 - 20)。

鼓膜、听小骨链损伤引起的听力下降为传导性耳聋,经骨传导仍可以听到部分声音;内耳螺旋器、蜗神经和听觉中枢病变引起的听力下降为神经性耳聋,此类型耳聋声波无论从何途径传入都不产生听觉。

 本章小结

一、本章提要

通过本章学习,使同学们了解人体感觉器相关知识,重点掌握眼、耳的组成与分部,具体包括以下内容:

1.掌握各节涉及的一些基本概念,如感觉器、感受器、视盘、迷路等。

2.具有描述各种感觉器组成及基本功能的能力,如眼球的组成部分、房水的功能等。

二、本章重、难点

1.眼球壁的分层及其特点。

2.眼内容物的组成及功能。

3.房水传导途径。

4.外耳、中耳的组成。

5.声波传导途径。

6.内耳各感受器的位置及功能、意义。

课后习题

一、单选题

1.角膜约占眼球外层的( )。

A.1/3 B.1/4 C.1/5 D.1/6 E.1/7

2.泪器包括( )。

A.泪腺、泪小管、泪囊、下鼻道　　　　　　B.泪腺、泪点、泪小管、泪囊、中鼻道

C.泪腺、泪小管、泪囊、中鼻道　　　　　　D.泪腺、泪点、泪小管、泪囊、鼻泪管

E.泪腺、泪小管、泪囊、鼻泪管、下鼻道

3.下面不属于眼的屈光系统的是( )。

A.角膜　　　　　　　　B.房水　　　　　　　　C.晶状体

D.玻璃体　　　　　　　E.视网膜

4.不起于眶尖总腱环的眼外肌是( )。

A.上直肌　　　　　　　B.下直肌　　　　　　　C.内直肌

D.上斜肌　　　　　　　E.下斜肌

5.葡萄膜从前至后分为( )。

A.睫状体、虹膜、脉络膜　　　　B.虹膜、睫状体、脉络膜

C.脉络膜、虹膜、睫状体　　　　D.虹膜、脉络膜、睫状体

E.脉络膜、睫状体、虹膜

6.下面不属于特殊感受器的是( )。

A. 眼   B. 耳   C. 皮肤

D. 舌   E. 鼻

7. 中耳鼓室有( )个壁,室内有( )块听小骨。

A. 6,3   B. 4,3   C. 8,3

D. 6,4   E. 4,4

8. 下面不属于内耳膜迷路的是( )。

A. 膜半规管   B. 前庭   C. 椭圆囊

D. 球囊   E. 蜗管

二、填空题

1. 感受器根据所在的部位和所接受刺激的来源,可分_____、_____、_____三类。

2. 眼球壁由外向内依次为_____、_____、_____三层。

3. _____是视网膜感光和辨色最敏锐的部位。

4. 视网膜神经细胞有_____、_____、_____。

5. 眼球内容物包括_____、_____、_____。

6. 房水具有_____、_____、_____的作用。

7. 眼睑的组织结构可分为5层:_____、_____、_____、_____、_____。

8. 结膜按所在部位可分为3部分,分别为_____、_____、_____。

9. 外耳包括_____、_____和_____三部分。

10. 鼓膜的上1/4部薄而松弛,称_____;下3/4部坚实紧张,称_____。

11. 中耳包括_____、_____、_____和_____。

12. 咽鼓管是_____通向_____的管道。

13. _____、_____和_____合称为前庭器。前庭器是_____感受器。

三、名词解释

1. 感觉器   2. 瞳孔   3. 视盘   4. 黄斑   5. 麦粒肿   6. 霰粒肿   7 鼓膜   8. 咽鼓管   9. 迷路

四、简答题

1. 简述眼球的组成。

2. 简述房水的循环途径。

3. 简述眼外肌的作用。

4. 简述鼓室壁的构成。

5. 简述声波传导的途径。

第十一章　神经系统

　　1.掌握神经系统的组成及分部,神经系统的常用术语;脊髓和脑的外形、分部及结构特点;脑干的外形、分部;内囊的概念、分部、走行结构及临床意义;硬膜外隙、蛛网膜下隙的概念及意义;脑脊液的循环途径。

　　2.熟悉脊髓、脑的内部结构;间脑分部及大脑皮质的主要功能区;脊神经的组成和主要分支分布;脑神经的名称。

　　3.了解脑干内部结构;小脑的外形及分部;脑、脊髓被膜和血管的概况;脑神经的分支和分布概况;内脏神经的组成与分类;脑和脊髓的传导通路。

第一节　概　述

　　神经系统是人体结构与功能最为复杂的系统。人体的各种结构与功能都在神经系统的直接与间接控制下,互相联系,互相配合,成为一个统一的整体,正常的生命活动才得以实现和维持。

一、神经系统的划分

　　神经系统由中枢部和周围部组成(图 11-1)。中枢部又称中枢神经系统,包括位于颅腔内的脑和位于椎管内的脊髓,二者在枕骨大孔处相连。

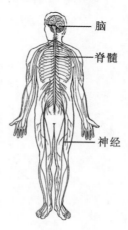

　　脑

　　脊髓

　　神经

图 11-1　神经系统概况

周围部又称周围神经系统,由发自脑和脊髓且遍布全身的神经组成。这些神经按其与中枢的联系分两类:与脑相连的 12 对脑神经及与脊髓相连的 31 对脊神经。按其在周围器官的分布情况也可分两类:躯体神经,分布于全身皮肤、骨、关节和骨骼肌;内脏神经,分布于内脏、心、血管和腺体。

二、神经纤维的种类

躯体神经和内脏神经均含有感觉神经纤维和运动神经纤维两种成分。感觉神经纤维又叫传入纤维,负责把周围器官的感觉信号传入中枢;运动神经纤维又叫传出纤维,负责把脑和脊髓的运动信号传给周围器官,支配效应器的功能活动。因此,神经纤维的种类有四种:躯体运动神经纤维、躯体感觉神经纤维、内脏运动神经纤维、内脏感觉神经纤维。其中内脏运动神经又称自主神经或植物神经,可分为交感神经和副交感神经两类。

四种神经纤维是脑神经和脊神经的构成成分。31 对脊神经,每一对都含有这四种纤维成分;12 对脑神经的纤维成分各有不同,有的含有一种纤维成分,有的含有两种或三种纤维成分,有的脑神经四种神经纤维皆有。神经系统的组成及与神经纤维关系如下(图 11-2):

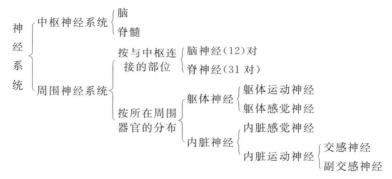

图 11-2　神经系统的组成

三、神经系统的常用术语

1. 灰质和白质

在中枢部,神经元胞体和树突聚集的部位称灰质,在新鲜标本上色泽灰暗;神经纤维聚集的部位称白质,在新鲜标本上色泽白亮。

2. 皮质和髓质

在大脑和小脑,灰质主要位于其表层,称为皮质;白质位于其深部,称为髓质。

3. 神经核和神经节

形态和功能相似的神经元胞体聚集形成的团块样结构,位于中枢部称为神经核,位于周围部称为神经节。

4. 纤维束、神经束和神经

在中枢部的白质内,起止、行程和功能相同的神经纤维聚集而成的束状结构称纤维束。在周围部,起止、行程和功能相同的神经纤维聚集而成的束状结构称神经束;神经束形成粗细不等的条索样结构称神经,神经内可含一束纤维,也可含多束纤维。

5. 网状结构

在中枢部,神经纤维交织成网,内含大小不等的神经核团,这种灰、白质交织的区域称为网状结构。

第二节　中枢神经系统

一、脊髓

脊髓是低级中枢,与高级中枢——脑有着密切的联系。

(一)脊髓的位置和外形

脊髓位于椎管内,呈前后略扁的圆柱状,全长约 42～45cm;上端于枕骨大孔处与延髓相连,下端约平第 1 腰椎下缘(成人),新生儿可达第 3 腰椎下缘。

脊髓全长粗细不等,有两处膨大,即颈膨大和腰骶膨大。脊髓末端逐渐变细呈圆锥状,称脊髓圆锥。自脊髓圆锥向下延伸出一根由软脊膜构成无神经组织的终丝,将脊髓固定于尾骨的背面。(图 11 - 3)

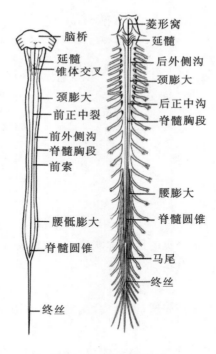

图 11 - 3　脊髓的外形

脊髓表面有 6 条纵形沟裂。前面正中较深的沟称为前正中裂,其两侧有与之平行、左右对称的前外侧沟;后面正中较浅的沟称为后正中沟,其两侧有左右对称的后外侧沟。运动神经纤维组成的脊神经前根从前外侧沟穿出脊髓;感觉神经纤维组成的脊神经后根从后外侧沟进入脊髓,后根在接近椎间孔处形成膨大的脊神经节(图 11 - 4)。

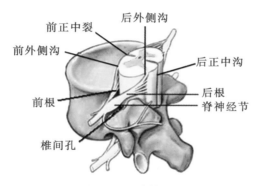

图 11-4　脊神经根

前根和后根在椎间孔处合成脊神经。脊髓全长连有 31 对脊神经。每对脊神经相连的一段脊髓称为一个脊髓节段,故脊髓共有 31 个节段,即 8 个颈节,12 个胸节,5 个腰节,5 个骶节和 1 个尾节(图 11-5)。

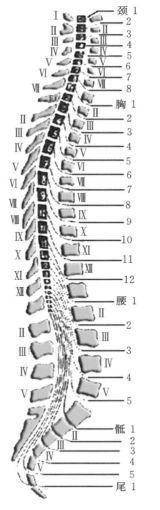

图 11-5　脊髓节段与椎骨对应关系

成人椎管长于脊髓,下段脊髓各节段高于相对应的椎骨(图 11 - 5)。而每一对脊神经要从对应的椎间孔穿出椎管,腰、骶、尾部的脊神经根连脊髓处与其对应的椎间孔距离较远。因此,在脊髓末端以下,腰、骶、尾部的神经根出椎管前围绕终丝近乎垂直下行,在椎管内聚集成束称为马尾(图 11 - 6)。

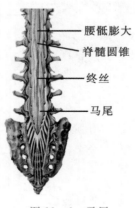

图 11 - 6 马尾

知识链接

腰椎穿刺定位

腰椎穿刺是神经科临床常用的检查方法之一,既可用于诊断,又可用于治疗,简便易行,操作也较为安全。

在人体两侧髂嵴最高点之间作一连线,此线与后正中线相交处即为第 4 腰椎棘突。在第 3~4 或第 4~5 腰椎棘突之间即腰椎穿刺进针部位。成年人第 1 腰椎以下的椎管中已无脊髓而只有马尾,因此选择这些位置点进行穿刺不致损伤脊髓。

虽然腰椎穿刺极少发生危险,但一旦发生,有可能危及患者的生命。了解腰椎穿刺正确的定位方法,可将危险发生率降低。

(二)脊髓的内部结构

脊髓各节段的横切面结构大致相似,由灰质、白质构成,灰质位于内部,白质位于周围,灰质正中可见中央管。(图 11 - 7)

1. 灰质

在脊髓的横断面上,可见呈蝶形围绕中央管的灰质。灰质两侧向前突出的宽大部分称前角,向后突出的窄长部分称后角。

灰质前角,主要聚集了运动神经元,神经元发出轴突形成脊神经前根,可支配躯干、四肢骨骼肌的随意运动。

灰质后角,主要聚集了接受后根传入纤维的中间神经元,神经元的轴突进入白质,形成上行的感觉纤维束,或可在脊髓各节段间起联络作用。

在脊髓的胸 1~腰 3 节段灰质前、后角之间有侧角,内含交感神经元;脊髓的第 2~4 骶节

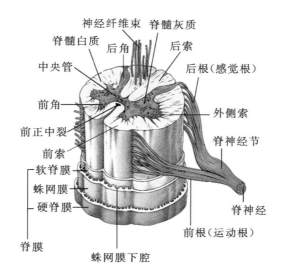

神经纤维束　脊髓灰质
脊髓白质
后角　　　后索
中央管　　　　　　　后根(感觉根)
前角
前正中裂　　　　　　　外侧索
前索　　　　　　　　脊神经节
软脊膜
蛛网膜
硬脊膜
脊膜　　　　　　　脊神经
　　　　　　　前根(运动根)
蛛网膜下腔

图 11－7　脊髓的内部结构

相当于侧角的位置为骶副交感核,含有副交感神经元。交感神经元、副交感神经元轴突形成内脏运动神经支配平滑肌舒张和收缩、腺体分泌、血管活动等内脏运动。

2.白质

每侧白质借脊髓表面的沟裂分为 3 个索。前正中裂与前外侧沟之间称前索;前、后外侧沟之间称外侧索;后正中沟与后外侧沟之间称后索。各索由密集纵行的纤维束构成。纤维束主要有两种。

(1)上行(感觉)纤维束　主要负责将后根传入的感觉信息向上传递给脑的不同部位。薄束和楔束传导躯干、四肢本体觉和精细触觉;脊髓丘脑束传导躯干、四肢痛温触(粗)压等浅感觉。

(2)下行(运动)纤维束　将脑的信息传递给脊髓前角或侧角。主要有支配骨骼肌随意运动的皮质脊髓束、皮质核束等。

(三)脊髓的功能

1.传导功能

脊髓是脑与躯干、四肢联系的重要通路,各种感觉冲动经脊髓的上行纤维束传导至脑,脑对躯干、四肢的控制信息经过脊髓的下行纤维束传导至效应器。临床上脊髓横断时,损伤节段以下躯体的所有感觉和运动均丧失,称截瘫。

2.反射功能

脊髓是某些反射的低级中枢,如膝反射、排尿反射等。正常情况下,脊髓的反射活动要在脑的控制下进行。

二、脑

脑位于颅腔内,是高级中枢所在。脑分为端脑、间脑、小脑、脑干四部分。(图 11－8)

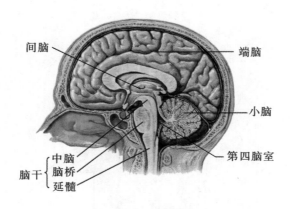

图 11-8　脑正中矢状面

（一）脑干

脑干自下而上分为延髓、脑桥、中脑三部分；上接间脑，下续脊髓，背面与小脑相连。延髓、脑桥和小脑之间的室腔为第四脑室。脑干表面连有第Ⅲ～Ⅻ对脑神经根。

1. 脑干的外形

（1）腹侧面　延髓位于脑干最下端，在枕骨大孔处与脊髓相延续，表面有与脊髓同名的沟裂。延髓前正中裂的上部两侧有一对纵行隆起称锥体，内有皮质脊髓束通过。皮质脊髓束的大部分纤维在延髓下部左右交叉，形成锥体交叉。延髓腹侧面连有舌咽神经、迷走神经、副神经、舌下神经。（图 11-9）

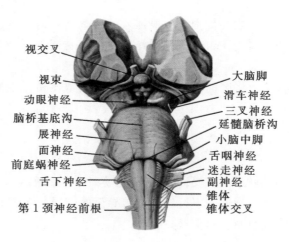

图 11-9　脑干外形（腹侧面）

脑桥腹侧面宽阔称基底部，正中有纵行的基底沟。基底部向两侧延伸与小脑相连，称小脑中脚；其上连有一对三叉神经根。脑桥下缘借延髓脑桥沟与延髓分界，沟内由内向外依次连有展神经、面神经、前庭蜗神经。

中脑位于脑干最上端，腹侧面有两个粗大、柱状的大脑脚，其间凹陷称脚间窝，动眼神经由此出脑。

（2）背侧面 延髓背侧面下部后正中沟两侧有两对纵行隆起,自内向外依次是薄束结节和楔束结节,其深面分别有薄束核和楔束核。延髓背面上部和脑桥背面共同形成菱形窝,构成第四脑室底。(图 11-10)

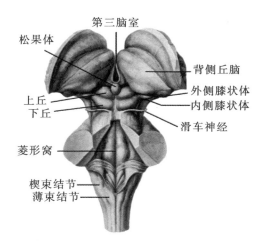

图 11-10 脑干外形（背侧面）

中脑背面有上、下两对隆起,分别称上丘和下丘。上丘是视觉反射的中枢;下丘是听觉反射的中枢。下丘下方有滑车神经穿出。中脑内的管道称中脑水管。

2.脑干的内部结构

脑干内部由灰质、白质和网状结构组成。

（1）灰质 脑干内的灰质主要以神经核的形式存在,有脑神经核、非脑神经核之分。脑神经核与脑神经直接联系,如动眼神经核、三叉神经核等,是脑神经纤维起始或终止的部位。非脑神经核与脑干内上行或下降的传导束相连,属于传导中继核,如薄束核和楔束核,薄束、楔束传来的本体觉和精细触觉在此更换神经元中继后,形成内侧丘系传至间脑。(图 11-11)

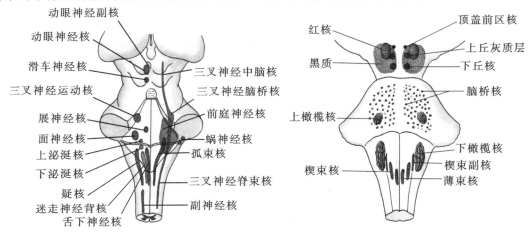

图 11-11 脑干的神经核（背面投影）

（2）白质　主要由上行纤维束、下行纤维束以及出入小脑的纤维束组成。上行纤维束有传导本体觉与精细触觉的内侧丘系、传导痛温触（粗）压浅感觉的脊髓丘脑系和三叉丘系等；下行纤维束有支配骨骼肌随意运动的锥体束。

脑干的内部结构与脊髓比较有以下特点：①灰质不连续成柱，分段聚集成大小不等的各种神经核；②延髓的中央管在延髓上部扩大形成第四脑室；③很多纤维束在脑干交叉穿行，使原本脊髓中灰质、白质的界限在脑干被打乱；④网状结构范围急剧扩大。

3. 脑干的功能

（1）传导功能　脑干是脑和脊髓之间上、下行纤维必经的通路，是中枢神经系统各部分联系的重要路径。

（2）反射功能　脑干是多个反射的中枢所在。延髓内有调节呼吸活动和心血管活动的"生命中枢"，脑桥有角膜反射中枢，中脑有对光反射中枢。

4. 第四脑室

第四脑室是位于延髓、脑桥和小脑之间的四棱锥形腔隙，底为菱形窝，顶朝向小脑，内含脑脊液。第四脑室向上经中脑水管通第三脑室，向下通脊髓中央管，经正中孔和一对外侧孔与蛛网膜下隙相通。

（二）小脑

1. 小脑的位置和外形

小脑位于颅后窝内，延髓和脑桥的背侧。大体可分为三部分，中间狭细称为小脑蚓，两侧膨隆称小脑半球，小脑半球下面接近枕骨大孔的部分较突出，称为小脑扁桃体。临床上当颅内压升高时（如颅脑外伤），小脑扁桃体可被挤压嵌入枕骨大孔形成小脑扁桃体疝，压迫延髓导致呼吸、循环衰竭危及生命（图 11 - 12）。

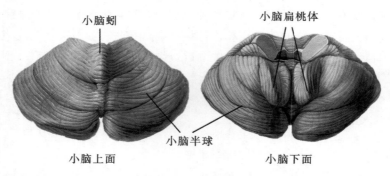

小脑蚓　　　　　　　　　　小脑扁桃体

小脑半球

小脑上面　　　　　　　　　　小脑下面

图 11 - 12　小脑外形

2. 小脑的功能

小脑是一个重要的运动调节中枢，主要功能是维持身体平衡，调节肌张力，协调肌肉的精细运动。

（三）间脑

间脑是仅次于端脑的高级中枢，位于中脑和端脑之间，大部分被端脑所覆盖，仅腹侧面的视交叉、垂体和乳头体等结构露于表面。两侧间脑之间的矢状裂隙为第三脑室。间脑包括背侧丘脑、上丘脑、下丘脑、后丘脑和底丘脑五部分。

1. 背侧丘脑

背侧丘脑又称丘脑,是一对卵圆形的灰质团块,位于间脑的背侧份。其外侧为内囊,内侧参与组成第三脑室的侧壁。其内部有一"Y"形内髓板,将背侧丘脑分为前核群、内侧核群、外侧核群 3 部分。外侧核群腹侧份的后部,称腹后核。腹后核又分腹后内侧核和腹后外侧核,是躯体感觉传导通路的中继核,接受内侧丘系、脊髓丘系和三叉丘系发出的纤维。全身各部的躯体感觉冲动,在此中继后发出丘脑中央辐射(也称丘脑皮质束)投射至大脑皮质的躯体感觉区。(图 11 - 13)

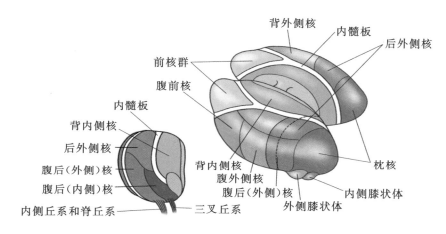

图 11 - 13　背侧丘脑核群模式图

2. 下丘脑

下丘脑位于背侧丘脑前下方,由前向后包括视交叉、灰结节、乳头体,灰结节向下延伸为漏斗,漏斗末端连有垂体。

下丘脑中含有多个神经核团,其中重要的有视上核和室旁核,两者均属神经内分泌核团。位于视交叉上方的视上核可分泌加压素,位于第三脑室侧壁的室旁核可分泌催产素,两种激素经漏斗输送至神经垂体储存或释放入血。(图 11 - 14)

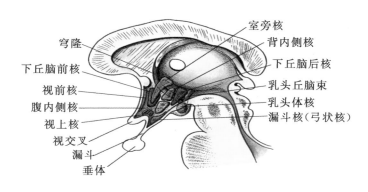

图 11 - 14　下丘脑核团模式图

下丘脑是神经内分泌的中心,通过与垂体的密切联系,调节机体的内分泌活动。下丘脑也是皮质下自主神经活动高级中枢,调节体温、摄食、生殖、水盐代谢及内分泌活动等。此外,下丘脑还参与调节情绪行为反应以及昼夜节律(生物钟)。

3.后丘脑

后丘脑位于丘脑的后下方,包括内侧膝状体和外侧膝状体,分别是听觉冲动、视觉冲动的传导中继核。

4.第三脑室

间脑的内腔是位于正中矢状面的狭窄裂隙,称第三脑室。它向下经中脑水管与第四脑室相通,向上经室间孔与侧脑室相通。

(四)端脑

端脑是脑的最高级部位,由两侧大脑半球借胼胝体连接而成。人类大脑半球高度发展,笼罩在间脑、中脑和小脑上面。左、右两大脑半球之间的纵行深沟为大脑纵裂,大脑半球和小脑之间近似水平位的裂隙为大脑横裂。

1.端脑的外形和分叶

每侧大脑半球均可以分为上外侧面、内侧面和下面。半球表面有许多隆起的脑回和深陷的脑沟,脑回和脑沟是对大脑半球进行分叶和定位的重要标志。每侧半球以3条较恒定的沟分为5叶(图11-15)。

3条沟分别是:①外侧沟:起于半球下面,自前下斜向后上至上外侧面;②中央沟:起于半球上缘中点稍后方,斜向前下方终于外侧面;③顶枕沟:位于半球内侧面后部,胼胝体后端斜向后上转至上外侧面。

5个叶分别是:①额叶:外侧沟上方和中央沟以前的部分;②颞叶:外侧沟以下的部分;③顶叶:中央沟后部,外侧沟以上,顶枕沟之前部分;④枕叶:顶枕沟之后的部分;⑤岛叶:呈三角形岛状,位于外侧沟深面,被额、顶、颞叶所掩盖。

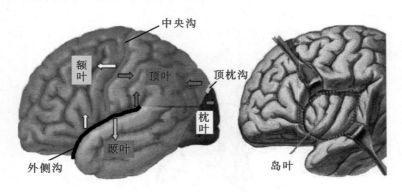

图11-15 大脑半球分叶

2.端脑的沟和回

(1)在大脑半球上外侧面中部有中央沟,其前后分别有与之平行的中央前沟和中央后沟,三条脑沟之间分别是中央前回和中央后回。(图11-16)

（2）在额叶，自中央前沟中部，向前发出上、下两条大致与半球上缘平行的沟，分别是额上沟、额下沟，两沟将中央前回之前的额叶分为额上回、额中回、额下回。（图11-16）

（3）在颞叶，外侧沟的下方，有与之平行的颞上沟和颞下沟。颞上沟的上方为颞上回，自颞上回转入外侧沟内有2条短而横行的颞横回。颞上沟与颞下沟之间为颞中回，颞下沟的下方为颞下回。（图11-16）

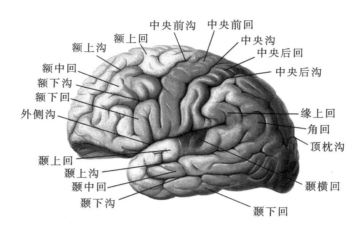

图11-16　大脑半球上外侧面图

（4）在半球内侧面上部，由中央前、后回延伸至内侧面的部分称中央旁小叶。在中部，有前后方向弓向上的胼胝体，胼胝体以上有与之平行的扣带回。胼胝体后下方有与顶枕沟几乎垂直相交的距状沟。距状沟下方，自枕叶向前伸向颞叶的沟称侧副沟。侧副沟内侧的脑回为海马旁回，海马旁回的前端弯曲，称钩。扣带回、海马旁回和钩等结构共同构成边缘叶。（图11-17）

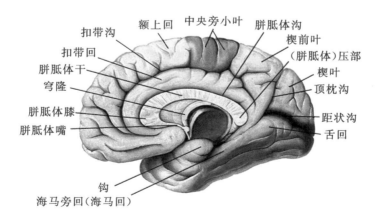

图11-17　大脑半球内侧面

（5）在半球下面，可见纵行的嗅束，其前端膨大称嗅球，与嗅神经相连。

3.端脑的内部结构

大脑半球表面被灰质覆盖,称大脑皮质,深部的白质称髓质,髓质内部的灰质核团称基底核,大脑半球内部的腔隙称侧脑室。

(1)大脑皮质的功能定位　大脑皮质是中枢神经系统发育最复杂和最完善的部位。人类大脑皮质分层排列着数十亿神经元,它们组成人体运动、感觉的最高中枢以及语言、意识思维的物质基础。在人类长期进化过程中,大脑皮质的某些部位,逐渐形成执行某种功能的核心部位。这些完成某种反射的相对集中区,称大脑皮质的功能定位(图 11-18,表 11-1)。

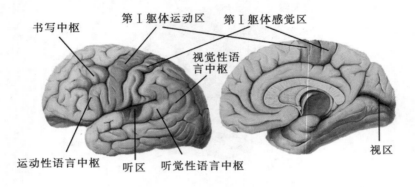

图 11-18　大脑皮质主要功能区

表 11-1　大脑皮质的功能定位

功能区		定位	功能
第Ⅰ躯体运动区		中央前回、中央旁小叶前部	管理对侧半身骨骼肌随意运动
第Ⅰ躯体感觉区		中央后回、中央旁小叶后部	接受对侧半身深、浅感觉冲动
视区		距状沟两侧皮质	一侧视区管理双眼对侧半视野
听区		颞横回	一侧听区接受双耳的听觉冲动,以对侧为主
语言区	运动型语言中枢	额下回后部	若此区受损,患者丧失说话能力,但能发音,称运动型失语症
	书写中枢	额中回后部	若此区受损,患者手部运动正常,但丧失了书写文字、符号的能力,称失写症
	听觉性语言中枢	颞上回后部	若此区受损,患者听觉无障碍,但不能理解其意思,不能正确回答问题及讲话,称感觉性失语症
	视觉性语言中枢	角回	若此区受损,患者视觉无障碍,但不能阅读和理解文字符号的意义,称失读症

 知识链接

优势半球

　　人类大脑左、右半球的功能基本相同,但各有特化的功能。通常,与从事语言文字方面的特化功能有关的称为优势半球;与从事空间感觉、美术、音乐等方面的特化功能有关的称为非优势半球。

　　这一概念是从"利手"的概念类比而来的。人在长期劳动和使用工具的过程中,一些日常必需的活动常习惯用一只手来进行,于是就有了人手的优势——"利手"的概念。大约有90%的人是用右手执行高度技巧性劳动操作的,称之为"右利手"。大脑对人体的管理,是交叉进行的,即左半球管理右手活动。根据"用进废退"的原理,就绝大多数人来说,左侧大脑半球比右侧大脑半球发达。长时期来"利手"被视为语言优势在哪一侧半球的外部标志。

　　一般情况下,优势半球多为左半球,绝大部分人的语言优势半球是在左侧。根据优势半球的特点,有意识地使用平时不常用的一侧脑,保持左、右脑机能的均衡,可使人的工作和学习效率得到大幅度的提高。

　　(2)基底核　是大脑半球髓质内灰质团块的总称,因靠近基底部而得名,包括豆状核、尾状核、杏仁体等。豆状核和尾状核合称纹状体,是锥体外系的重要组成部分,在调节躯体运动中起重要作用。(图11-19)

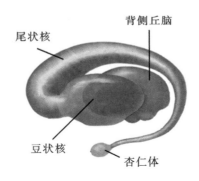

图 11-19　基底核(左侧视图)

　　(3)大脑髓质　由大量神经纤维组成,实现皮质各部之间以及皮质与皮质下结构间的联系,可分3类。

　　①连合纤维:为联系左、右两大脑半球的胼胝体。

　　②联络纤维:为联系同侧半球不同部位皮质的纤维。

　　③投射纤维:是连接大脑皮质和皮质下各结构的上、下行纤维,这些纤维大部分通过内囊。内囊是位于背侧丘脑、尾状核和豆状核之间的白质纤维板。在水平切面上,内囊呈开口向外的">＜"形。内囊分内囊前肢、内囊膝、内囊后肢三部分。内囊前肢位于豆状核和尾状核之间,主要有额桥束通过;内囊后肢位于豆状核与背侧丘脑之间,主要有皮质脊髓束、丘脑中央辐射、视辐射和听辐射通过;内囊膝位于前、后肢的结合部,有皮质核束通过。(图11-20)

　　(4)侧脑室　位于大脑半球深部的腔隙,左、右各一,分别借室间孔与第三脑室相通。室腔

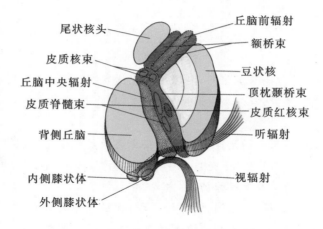

图 11-20　内囊水平切面模式图

内有脉络丛(见软脑膜),是脑脊液产生的部位(图 11-21)。

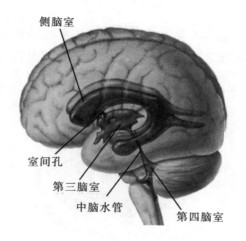

图 11-21　脑室投影图

(5)边缘系统　扣带回、海马旁回及钩等大脑回,合称边缘叶。边缘叶与下丘脑、杏仁体、背侧丘脑前核群等皮质下结构共同组成边缘系统,与内脏调节、学习和记忆、情绪反应、性活动等功能有关。

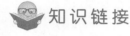 知识链接

三偏综合征

内囊包含大量上、下行纤维,一侧内囊损伤时,可引起对侧肢体偏瘫(皮质脊髓束、皮质核束损伤)、偏身感觉障碍(丘脑中央辐射受损)及双眼对侧半视野同向性偏盲(视辐射受损),即临床上所谓的三偏综合征(图 11-22)。

脑出血是其最常见原因,一般发病急骤,以突然晕倒、不省人事,伴口角歪斜、语言不利、半

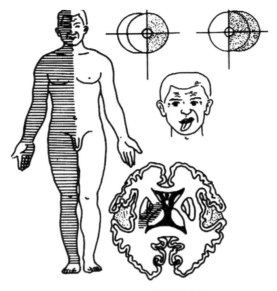

图 11-22　三偏综合征

身不遂为临床主症。

三、脊髓、脑的被膜和血管

（一）脊髓、脑的被膜

脑和脊髓外面分别包有三层被膜，从外向内依次是硬膜、蛛网膜和软膜，有保护和支持脑和脊髓的作用。（表 11-2）

表 11-2　脑和脊髓的被膜

（外→内）	硬膜	蛛网膜	软膜
脊髓	硬脊膜	脊髓蛛网膜	软脊膜
脑	硬脑膜	脑蛛网膜	软脑膜

1.脊髓的被膜

（1）硬脊膜　为厚而坚韧的管状膜，上端附于枕骨大孔边缘，下端达第 2 骶椎水平。全长包绕脊髓和马尾，两侧在脊神经根穿出处延续为脊神经外膜。硬脊膜与椎管内骨膜之间的狭窄腔隙，称硬膜外隙，内有脊神经根、疏松结缔组织，脂肪、淋巴管和椎内静脉丛通过，略呈负压。临床上硬膜外麻醉即将麻药注入此腔，阻滞脊神经的传导。（图 11-23）

（2）脊髓蛛网膜　脊髓蛛网膜为硬脊膜内的一层透明结缔组织薄膜，紧贴硬脊膜内，也包绕脊髓和马尾。上端与脑蛛网膜直接延续，下端达第 2 骶椎水平。蛛网膜向内发出许多结缔组织小梁与软脊膜相连，蛛网膜因此而得名（图 11-24）。

（3）软脊膜　软脊膜为紧贴脊髓外面的一层结缔组织膜。表面富含血管。蛛网膜与软脊膜之间有一个稍宽阔的腔隙，称蛛网膜下隙，充满脑脊液。蛛网膜下隙在马尾周围扩大为终池。脊髓和马尾周围有脑脊液保护。临床上腰椎穿刺或腰麻时，就是将针刺入蛛网膜下隙的终池，可无损伤脊髓之虑(图11-24)。

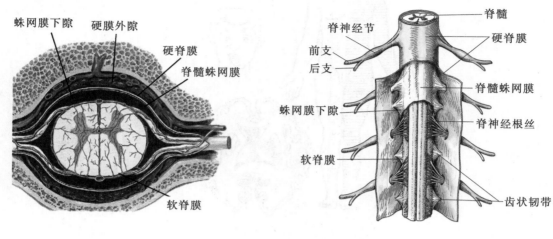

图 11-23　硬膜外隙

图 11-24　脊髓被膜模式图

2.脑的被膜

(1)硬脑膜　硬脑膜由颅骨内膜和硬膜合成，硬脑膜的血管和神经分布在两层之间。硬脑膜与颅顶骨结合较松，与颅底骨结合紧密。颅顶部外伤时，易在颅骨与硬脑膜间形成硬膜外血肿；颅底骨折时，往往连同硬脑膜和蛛网膜撕裂，造成严重的脑脊液外漏。

硬脑膜内层向内折叠形成几个板状结构伸入脑的各部之间，对脑有承托和固定作用(图11-25)。主要有：①大脑镰：呈镰刀状，矢状垂直位插入大脑纵裂内；②小脑幕：呈新月形，横向伸入大、小脑之间。其前缘游离，形成小脑幕切迹，前方有中脑通过。幕下有小脑、脑桥、延髓和第四脑室。当颅内压增高时，幕上的大脑海马旁回和钩可挤入小脑幕切迹下，压迫中脑，形成危及生命的小脑幕切迹疝。

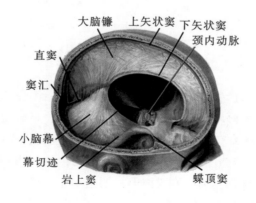

图 11-25　硬脑膜

硬脑膜的一些部位，内、外两层分开，内面衬以内皮细胞，形成特殊的颅内静脉管道，称硬脑膜窦。脑的静脉血最后都注入硬脑膜窦。窦壁不含平滑肌，无收缩能力，硬脑膜窦损伤时，易造成严重的出血。

主要硬脑膜窦有：①上矢状窦，位于大脑镰上缘，自前向后汇入窦汇；②下矢状窦，较小，位于大脑镰下缘，自前向后汇入直窦；③直窦，位于大脑镰和小脑幕结合处，向后注入窦汇；④窦汇，是上矢状窦、直窦和横窦汇合扩大处，位于枕内隆凸；⑤横窦和乙状窦，横窦左、右各一，自窦汇起，沿横窦沟向外，延续为乙状窦；⑥海绵窦，位于蝶鞍两侧，交通广泛，前有眼静脉汇入，后汇入乙状窦，两侧海绵窦还有海绵间窦交通。海绵窦的外侧壁内面有动眼神经、滑车神经、眼神经和上颌神经经过，窦腔内有颈内动脉和展神经穿行。面部感染所引起的海绵窦炎，常波及窦内结构，产生复杂的症状。

（2）脑蛛网膜　脑蛛网膜是在硬脑膜下的一层透明薄膜，包绕整个脑，但不深入脑沟内。该膜与硬脑膜间有潜在的间隙，易于分离；与软脑膜间连有许多结缔组织小梁，其间为蛛网膜下隙。脑蛛网膜下隙通过枕骨大孔与脊髓蛛网膜下隙相通。蛛网膜下隙一般较狭窄，在某些部位扩大，称蛛网膜下池。重要的有小脑与延髓间的小脑延髓池，第四脑室的脑脊液流入该池后再流入蛛网膜下隙，临床上可经枕骨大孔进针做小脑延髓池穿刺抽取脑脊液。在上矢状窦等处，蛛网膜呈颗粒状突入窦内，称蛛网膜粒，脑脊液自此渗入硬脑膜窦内，是脑脊液回流的重要途径。（图11-26）

（3）软脑膜　是紧贴脑表面的一层薄膜，血管丰富，并随大脑沟回的起伏深入脑沟内。在脑室附近，软脑膜、毛细血管丛和室管膜上皮共同突入脑室内形成脉络丛，是产生脑脊液的主要结构。（图11-26）

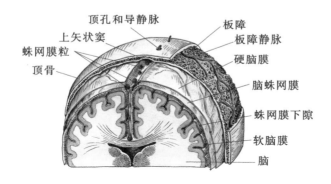

图11-26　脑的被膜冠状切面

（二）脊髓、脑的血管

1. 脊髓的血管

（1）脊髓的动脉　脊髓的动脉来源为椎动脉和节段性动脉。椎动脉发出脊髓前、后动脉，沿脊髓表面下降。腰动脉与肋间后动脉发出节段性动脉，与脊髓前后动脉分支吻合成网，营养脊髓。在脊髓的胸4、腰1节段，是两条动脉吻合的过渡地段，血供较差，如脊髓支的血供来源阻断，有可能发生横断性缺血坏死，称危险区。

（2）脊髓的静脉　脊髓的静脉较动脉多而粗，脊髓内的小静脉汇合成脊髓前、后静脉，最后注入硬膜外隙的椎内静脉丛。

2.脑的血管

人脑功能复杂,新陈代谢旺盛,脑血管的分布也非常丰富。脑平均重量不到全身体重的3％,但是血流量和脑的耗氧量却占全身血流量和全身耗氧量的20％左右。因此,脑细胞对缺血、缺氧非常敏感。脑血流阻断5秒钟即可引起意识丧失,阻断5分钟可导致脑细胞不可逆的损害。只有良好的血液供应,才能维持脑的正常功能。

(1)脑的动脉　脑动脉主要来自颈内动脉和椎动脉。

①颈内动脉:起自颈总动脉,入颅后分出大脑前动脉、大脑中动脉等,主要供应大脑半球的前2/3和部分间脑。大脑中动脉起始处垂直发出一些细小的中央支,分布于内囊膝、内囊后肢、纹状体和背侧丘脑。在动脉硬化及高血压患者,中央支容易破裂,有"出血动脉"之称。

②椎动脉:起自锁骨下动脉,入颅后左、右椎动脉在脑桥基底部合并为一条基底动脉(通常将这两段动脉合称椎-基底动脉)。基底动脉至脑桥上缘分支为左、右大脑后动脉,分支供应大脑半球后1/3、间脑后部、小脑和脑干。

③大脑动脉环(Willis环):由前交通动脉、大脑前动脉、颈内动脉、后交通动脉和大脑后动脉吻合而成,围绕视交叉、灰结节和乳头体。大脑动脉环将颈内动脉和椎-基底动脉联系在一起,也使左、右大脑半球的动脉相吻合。当动脉环某处发育不良或阻断时,可通过动脉环使血液重新分配,起到代偿作用以维持脑的血液供应。(图11-27)

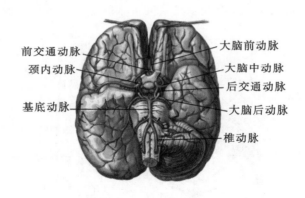

图11-27　大脑动脉环

(2)脑的静脉　脑的静脉不与动脉伴行;管壁薄而无瓣膜;收集大脑、脑干和小脑的静脉血,分别注入各硬脑膜窦中。

四、脑脊液及其循环

脑脊液是充满脑室和蛛网膜下隙的无色透明液体,总量约150 mL左右。正常脑脊液呈动态平衡,其循环途径是:侧脑室脉络丛产生的脑脊液,经室间孔入第三脑室;汇合第三脑室脉络丛产生的脑脊液,经中脑水管入第四脑室;再汇合第四脑室脉络丛产生的脑脊液,自第四脑室正中孔和外侧孔不断流入小脑延髓池;继而流至脑、脊髓的蛛网膜下隙;蛛网膜下隙的脑脊液主要通过蛛网膜粒渗入上矢状窦,最终汇入颈内静脉(图11-28)。

总之,脑脊液由毛细血管渗出,最后又回到静脉。脑脊液循环发生障碍时,可引起脑积水

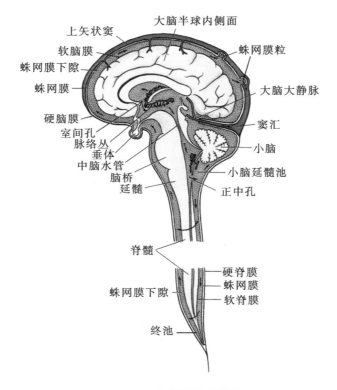

图 11 - 28　脑脊液及其循环

或颅内压增高,进而使脑组织受压移位,甚至形成脑疝。

　　正常脑脊液有运送营养物质、带走代谢产物、缓冲压力、减少震荡和保护脑、脊髓的作用。正常脑脊液有较恒定的化学成分和细胞数,脑的某些疾病可改变脑脊液的成分;临床上检查脑脊液可以帮助诊断疾病。

五、血—脑屏障

　　为保证中枢神经系统内神经元机能活动正常进行,需要周围微环境保持相对稳定。因此,在脑毛细血管与脑组织之间,具有选择性通透作用的结构称血—脑屏障,这种屏障能够阻止有害物质由血液进入脑组织,其构成是:①连续性毛细血管的内皮及内皮细胞间的紧密连接;②毛细血管基膜;③星形胶质细胞的胶质膜。临床上选用药物治疗脑部疾病时,必须考虑其通过血—脑屏障的能力,才能取得预期效果。

第三节　周围神经系统

　　周围神经系统包括脊神经、脑神经和内脏神经 3 部分。脊神经借前后根与脊髓相连,分布于躯干和四肢。脑神经与脑相连,主要分布于头面部。随脑神经、脊神经走行的内脏神经纤维,分布于内脏、心血管和腺体。

一、脊神经

脊神经共31对,包括颈神经8对、胸神经12对、腰神经5对、骶神经5对和尾神经1对。每一对脊神经都由前根和后根在椎间孔处汇合而成。前根属于运动性,借前根根丝与脊髓前外测沟相连;后根属于感觉性,借后根根丝与脊髓后外侧沟相连,后根上有假单极神经元胞体聚集而成的脊神经节。

脊神经是混合性神经,均含有感觉神经(传入)纤维和运动神经(传出)纤维两种纤维成分。感觉神经纤维分为躯体感觉神经纤维和内脏感觉神经纤维两部分,运动神经纤维分为躯体运动神经纤维和内脏运动神经纤维两部分。因此,脊神经含有4种神经纤维成分:①躯体感觉(传入)纤维,分布于皮肤、骨骼肌、肌腱和关节。②内脏感觉(传入)纤维,分布于内脏、心血管和腺体。③躯体运动(传出)纤维,支配骨骼肌运动。④内脏运动(传出)纤维,支配平滑肌、心肌运动和腺体的分泌等。(图11-29)

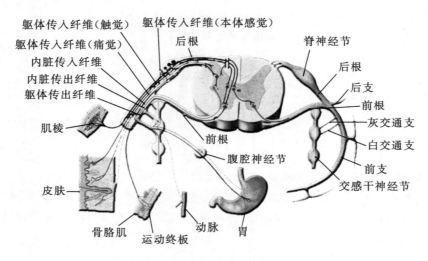

图 11-29 脊神经的组成和分布模式图

脊神经出椎间孔后,立即分为前支、后支、脊膜支和交通支。脊膜支经椎间孔又返回椎管内,分布于脊膜。交通支连于脊神经与交感干(连结交感神经椎旁节的串珠样结构)之间。脊神经后支一般较细小,向后分布于躯干背侧的皮肤及深层肌肉。脊神经前支粗大,分布于躯干前外侧和四肢的皮肤、肌肉。在人类,除第2~11胸神经前支保持着明显的节段性外,其余的前支交织成颈丛、臂丛、腰丛和骶丛,再由各丛发出分支分布于相应区域。

(一)颈丛

1. 颈丛的组成和位置

颈丛由第1~4颈神经前支组成,位于颈侧胸锁乳突肌上部的深面。

2. 颈丛的主要分支

颈丛的分支有皮支和肌支。颈丛皮支由胸锁乳突肌后缘中点附近穿出,呈放射状分布于周围皮肤及浅层结构,其分支有:枕小神经、耳大神经、颈横神经、锁骨上神经等。胸锁乳突肌后缘中点是颈部浅层结构浸润麻醉的阻滞点(图 11 - 30)。

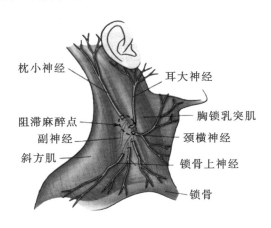

图 11 - 30　颈丛浅支

颈丛最重要的分支为膈神经。膈神经为混合性神经,发出后斜经前斜角肌前面下降至其内侧,穿锁骨下动、静脉之间入胸腔,经肺根前方,沿纵隔下行至膈肌。其运动纤维支配膈肌,感觉纤维分布于心包、纵隔胸膜、膈胸膜和膈下的腹膜。右膈神经的感觉纤维还分布于肝和胆囊表面的腹膜。膈神经(图 11 - 31)损伤可致同侧膈瘫痪,腹式呼吸减弱或消失,引起呼吸困难。膈神经受刺激使膈肌痉挛性收缩,产生呃逆。

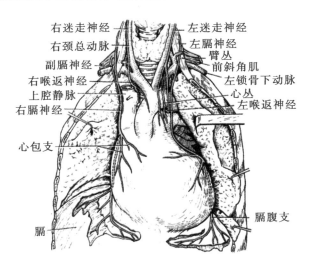

图 11 - 31　膈神经

(二)臂丛

1. 臂丛的组成和位置

臂丛由第 5~8 颈神经前支及第 1 胸神经前支的一部分组成(图 11 - 32)。臂丛自斜角肌间隙穿出,行于锁骨下动脉后上方,经锁骨后方进入腋窝,行程中臂丛纤维经过分离组合,最后围绕腋动脉形成内侧束、外侧束及后束。此三束再分出若干长、短神经(图 11 - 33)。在锁骨中点后方,臂丛各分支较集中,位置较浅,为进行臂丛阻滞麻醉的部位。

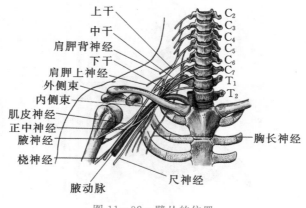

图 11-32 臂丛的位置

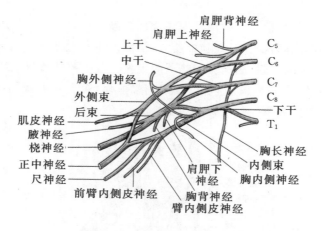

图 11-33 臂丛的组成和分支

2.臂丛的主要分支

(1)胸长神经 于锁骨上方发于臂丛,沿前锯肌表面下降并支配此肌。此神经损伤,前锯肌麻痹,表现为翼状肩,上肢上举困难。

(2)肌皮神经 发出后斜穿喙肱肌,经肱二头肌与肱肌之间下行,并发出分支支配上述三肌。终支在肘关节稍上方的外侧,穿出深筋膜,改名为前臂外侧皮神经,分布于前臂外侧皮肤。

(3)正中神经 发自臂丛内、外侧束,沿肱二头肌内侧下行到肘窝,继而沿前臂正中下行,经腕至手掌。(图 11-34)

正中神经在臂部无分支。在肘部和前臂发出肌支支配除肱桡肌、尺侧腕屈肌和指深屈肌尺侧半以外所有前臂屈肌及旋前肌;在手掌,支配除拇收肌以外的鱼际肌和第 1、2 蚓状肌。发出皮支分布于手掌桡侧 2/3、桡侧 3 个半指掌面及其背面中节和远节的皮肤。正中神经损伤可致:①运动障碍:前臂不能旋前,屈腕力减弱,拇指、食指及中指不能屈曲。拇指不能做对掌动作。②感觉障碍:上述皮肤分布区感觉障碍,尤以拇、食、中指远节关节最为明显。③肌肉萎缩:鱼际肌萎缩,手掌平坦称为"猿手"(图11-37)。

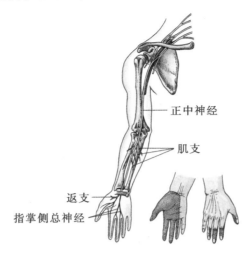

图11-34　正中神经

(4)尺神经　发自臂丛内侧束,沿肱二头肌随肱动脉下行,在臂中部向后下经肱骨尺神经沟进入前臂,沿尺动脉的内侧进入腕部。(图11-35)

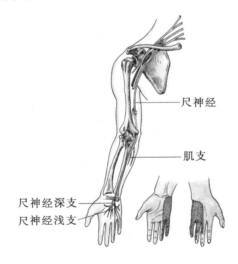

图11-35　尺神经

其在尺神经沟中位置表浅,紧贴骨面,骨折时易受损伤。

尺神经在前臂发出肌支,支配尺侧腕屈肌和指深屈肌尺侧半。深支支配小鱼际肌、拇收肌、全部骨间肌及第3、4蚓状肌。浅支在手掌分布于小鱼际的皮肤和尺侧1个半指皮肤,手背支分布于手背尺侧半及尺侧2个半指皮肤。尺神经损伤后可致:①运动障碍:屈腕力减弱,拇指不能内收,其他各指不能内收与外展,无名指与小指末节不能屈曲。②感觉障碍:尺神经分布区感觉迟钝,而小鱼际及小指感觉丧失。③肌肉萎缩:小鱼际平坦,由于骨间肌及蚓状肌萎缩,掌骨间隙出现深沟,各掌指关节过度后伸,第4、5指的指间关节屈曲,表现为"爪形手"(图

11-37)。

(5)桡神经 发自臂丛后束,在腋动脉后方,伴肱深动脉向后,肱三头肌深面紧贴肱骨体的桡神经沟向外下走行,到肱骨外上髁前方分为浅支与深支。浅支伴桡动脉下行,至前臂中、下1/3交界处转向手背,深支主要为肌支。(图11-36)

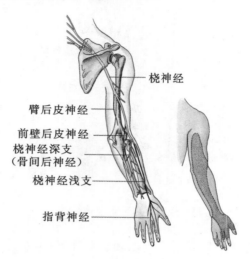

桡神经
臂后皮神经
前壁后皮神经
桡神经深支
(骨间后神经)
桡神经浅支
指背神经

图11-36 桡神经

桡神经肌支支配肱三头肌、肱桡肌及前臂后群肌。桡神经皮支分布于臂、前臂背侧和手背桡侧半及桡侧2个半手指皮肤。肱骨干骨折易伤及桡神经,表现为:①运动障碍:不能伸腕和伸指,拇指不能外展,前臂旋后功能减弱。②感觉障碍:前臂背侧皮肤及手背桡侧半感觉迟钝,"虎口"区皮肤感觉丧失。③抬前臂时,由于伸肌瘫痪及重力作用,出现"垂腕征"(图11-37)。

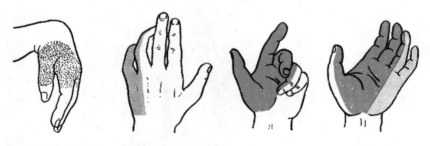

垂腕(桡神经损伤) 爪形手(尺神经损伤) 枪形手、猿掌(正中神经损伤)

图11-37 上肢神经损伤的手形

(6)腋神经 发自臂丛后束,向后绕肱骨外科颈至三角肌深面。其肌支支配三角肌和小圆肌;皮支绕三角肌后缘分布于肩部和臂部上1/3外侧面皮肤。肱骨外科颈骨折时,可损伤腋神经,表现为:①运动障碍:肩关节外展幅度减小。②三角肌区皮肤感觉障碍。③三角肌萎缩,肩部失去圆形隆起的外观,肩峰突出,形成"方形肩"。

（三）胸神经前支

胸神经前支共 12 对,其中除第 1 对的大部分和第 12 对的小部分分别参与臂丛和腰丛的组成外,其余均不形成神经丛。第 1～11 对胸神经前支均各自位于相应的肋间隙中,称肋间神经(图 11－38)。第 12 胸神经前支的大部分位于第 12 肋下缘,故称肋下神经。

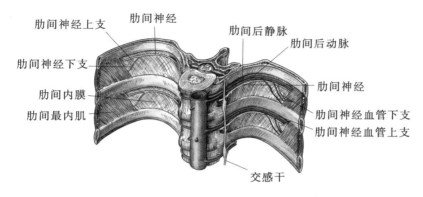

图 11－38　肋间神经和肋间血管

肋间神经和肋下神经的肌支支配肋间肌和腹肌的前外侧群,皮支分布于胸、腹壁的皮肤,还发出分支分布于胸膜和腹膜壁层。胸神经皮支在胸、腹壁的分布具有明显的节段性,呈环形条带状分布。其分布规律是:T_2 分布于胸骨角平面,T_4 分布于乳头平面,T_6 分布于剑突平面,T_8 分布于肋弓平面,T_{10} 分布于脐平面,T_{12} 分布于脐至耻骨联合上缘连线中点平面(图 11－39)。了解这种分布,有助于脊髓疾病的定位诊断。

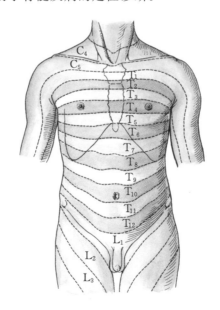

图 11－39　胸神经前支的分布

(四)腰丛

1.腰丛的组成和位置

腰丛由第 12 胸神经前支一部分及第 1～3 腰神经前支和第 4 腰神经前支一部分组成。腰丛位于腰大肌之中及其后方,其分支分别自腰大肌穿出。

2.腰丛的主要分支

腰丛组成后,立即发出肌支支配髂腰肌与腰方肌,其余分支如下。

(1)髂腹下神经及髂腹股沟神经 二者以共同的神经干发自腰丛,再分为平行的两细支,经腰方肌前面平行向外下,至髂嵴上方,进入腹横肌与腹内斜肌之间前行。髂腹下神经最终于腹股沟浅环上方穿腹外斜肌腱膜浅出于皮下。髂腹股沟神经于腹股沟韧带中点附近进入腹股沟管,并随精索或子宫圆韧带穿出浅环,分布于男性阴茎根部及阴囊(或女性大阴唇)皮肤。此二神经在走行过程中,分布于腹股沟区的肌肉和皮肤,在腹股沟疝手术时应避免伤及。

(2)生殖股神经 贯穿腰大肌,分为生殖支和股支。生殖支入腹股沟管随精索走行,支配提睾肌;股支分布于股三角附近皮肤。

(3)股外侧皮神经 自腰大肌外侧缘向外下,经腹股沟韧带深面入股部,分布于大腿外侧面的皮肤。

(4)股神经 为腰丛中最大的分支,在腰大肌外侧缘和髂肌之间下行,经腹股沟韧带深面进入股三角内,位于股动脉外侧,分为数支。其中肌支支配耻骨肌、股四头肌及缝匠肌等;皮支分布于大腿前皮肤,其中最长的皮支为隐神经。隐神经与大隐静脉伴行,向下分布于小腿内侧面及足内侧缘皮肤。(图 11-40)

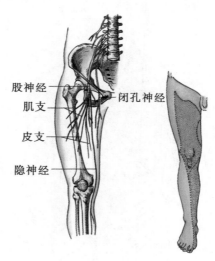

股神经
肌支
皮支
隐神经
闭孔神经

图 11-40 股神经

股神经损伤表现为:①运动障碍:股前群肌瘫痪,行走时抬腿困难,不能伸小腿。②感觉障碍:大腿前面及小腿内侧面皮肤感觉障碍。③股四头肌萎缩,髌骨突出。④膝反射消失。

(5)闭孔神经 穿闭孔至大腿内侧,分布于股内侧群肌和大腿内侧的皮肤。闭孔神经损伤表现为:①股内侧肌瘫痪,大腿内收力减弱,仰卧时患肢不能置于健侧大腿之上。②股内侧皮肤感觉障碍。

(五)骶丛

1.骶丛的组成和位置

骶丛由腰骶干(第4腰神经前支余部和第5腰神经前支)、全部骶神经前支及尾神经前支组成,骶丛位于盆腔内,骶骨及梨状肌前面,其主要部分略呈三角形,尖端向下,移行为坐骨神经。

2.骶丛的主要分支

(1)臀上神经　经梨状肌上孔向后出骨盆,支配臀中、小肌及阔筋膜张肌。

(2)臀下神经　经梨状肌下孔向后出骨盆,支配臀大肌。

(3)阴部神经　分布于肛门、会阴部和外生殖器的肌肉和皮肤。

(4)股后皮神经　出梨状肌下孔,分布于臀下部、股后部腘窝的皮肤。

(5)坐骨神经　为全身最粗大、最长的神经。经梨状肌下孔出盆腔,在臀大肌深面下行,经大转子与坐骨结节之间下行至大腿后面,于股二头肌深面下降,至腘窝上方分为胫神经和腓总神经。(图11-41)

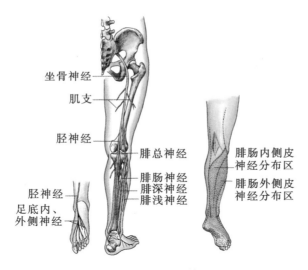

图11-41　坐骨神经

①胫神经:沿腘窝中线下降,在比目鱼肌深面伴胫后动脉下行,经内踝后方到达足底,分为足底内侧神经和足底外侧神经。胫神经在小腿分支分布于膝关节、小腿肌后群及小腿后面的皮肤。足底内、外侧神经分布于足底肌和皮肤。

胫神经损伤时可致:a.运动障碍:足不能跖屈,不能屈趾和足内翻;b.感觉障碍:小腿后面及足底感觉迟钝或丧失。c.足畸形:因小腿肌前、外侧群的牵拉,足呈背屈外翻状态,为"仰趾足"或"钩状足"(图11-42)。

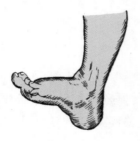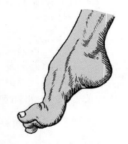

仰趾足（胫神经损伤）　　　　马蹄内翻足（腓总神经损伤）

图 11-42　下肢神经损伤足形

②腓总神经：沿腘窝外侧缘下降，绕腓骨颈外侧向前，到小腿前面分为腓浅神经和腓深神经。

腓总神经损伤表现为：a.运动障碍：足不能背屈，足下垂，略有内翻，不能伸趾，行走时呈"跨阈步态"，患者用力抬下肢，使髋膝关节高度屈曲以提高下肢抬起足尖，才能行走。b.感觉障碍：小腿外侧足背及趾背皮肤感觉迟钝或消失。c.足畸形：久之可呈"马蹄内翻足"（图 11-42）。

知识链接

注射性神经损伤

注射（肌内注射、静脉注射）是临床常用给药途径，是重要的护理操作技术。注射失误造成刺激性药物注入（或静脉注射药物漏出）神经干或其周围，可造成神经不同程度损伤，称为注射性神经损伤。其早期一般表现为受损神经支配区剧烈疼痛，远期可出现受损区功能障碍。临床上比较容易造成注射性损伤的神经有：①坐骨神经：常见于臀部肌内注射，注射部位偏向内下方；②桡神经：常见于三角肌肌内注射，注射部位于三角肌中、下 1/3 后部，进针过深损伤桡神经；③正中神经：常见于肘窝正中或腕部掌侧静脉注射药液外漏损伤。

二、脑神经

脑神经是与脑相连的周围神经，有 12 对，其排列顺序一般用罗马数字表示：Ⅰ嗅神经、Ⅱ视神经、Ⅲ动眼神经、Ⅳ滑车神经、Ⅴ三叉神经、Ⅵ展神经、Ⅶ面神经、Ⅷ前庭蜗神经、Ⅸ舌咽神经、Ⅹ迷走神经、Ⅺ副神经及Ⅻ舌下神经。（图 11-43）

组成脑神经的纤维成分包括躯体感觉纤维、内脏感觉纤维、躯体运动纤维、内脏运动纤维四种。脑神经中的内脏运动纤维均为副交感神经纤维。

根据脑神经中所含纤维成分的不同，将 12 对脑神经分为感觉性神经（Ⅰ、Ⅱ、Ⅷ）、运动性神经（Ⅲ、Ⅳ、Ⅵ、Ⅺ、Ⅻ）、混合性神经（Ⅴ、Ⅶ、Ⅸ、Ⅹ）。（表 11-3）

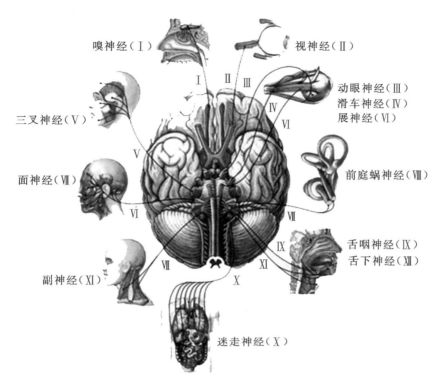

嗅神经（Ⅰ）

视神经（Ⅱ）

动眼神经（Ⅲ）
滑车神经（Ⅳ）
展神经（Ⅵ）

三叉神经（Ⅴ）

前庭蜗神经（Ⅷ）

面神经（Ⅶ）

舌咽神经（Ⅸ）
舌下神经（Ⅻ）

副神经（Ⅺ）

迷走神经（Ⅹ）

图 11 - 43　脑神经概观

表 11 - 3　脑神经序号、名称、分布范围及损伤表现

序号、名称	性质	连脑部位	分布范围	损伤表现
Ⅰ 嗅神经	感觉性	端脑嗅球	鼻腔嗅黏膜	嗅觉障碍
Ⅱ 视神经	感觉性	间脑视交叉	眼球视网膜	视觉障碍
Ⅲ 动眼神经	运动性	中脑腹侧脚间窝	上、下、内直肌，下斜肌、上睑提肌、瞳孔括约肌、睫状肌	眼外下斜视、上睑下垂，对光反射消失
Ⅳ 滑车神经	运动性	中脑背侧下丘下方	上斜肌	眼不能向外下斜视
Ⅴ 三叉神经	混合性	脑桥基底部外侧	额、顶及颅面部皮肤，眼球及框内结构，口、鼻腔黏膜，舌前 2/3 黏膜，牙及牙龈； 咀嚼肌	头面部皮肤、口鼻腔黏膜感觉障碍； 咀嚼肌瘫痪、张口时下颌偏向患侧
Ⅵ 展神经	运动性	延髓脑桥沟	外直肌	眼内斜视

序号、名称	性质	连脑部位	分布范围	损伤表现
Ⅶ 面神经	混合性	延髓脑桥沟	面肌、颈阔肌； 泪腺、下颌下腺、舌下腺、鼻腔及腭腺体； 舌前 2/3 味蕾	面肌瘫痪、额纹消失；眼睑不能闭合、口角歪向健侧； 腺体分泌障碍、角膜干燥； 舌前 2/3 味觉障碍
Ⅷ 前庭蜗神经	感觉性	延髓脑桥沟	半规管壶腹嵴、椭圆囊斑、球囊斑、螺旋器	眩晕、眼球震颤； 听力障碍
Ⅸ 舌咽神经	混合性	延髓侧面	咽肌； 腮腺； 咽壁、鼓室黏膜、颈动脉窦、颈动脉小球； 舌后 1/3 黏膜及味蕾	咽反射消失； 腺体分泌障碍； 咽壁感觉障碍； 舌后 1/3 味觉障碍
Ⅹ 迷走神经	混合性	延髓侧面	咽、喉肌； 胸、腹腔脏器的平滑肌、腺体、心肌； 胸、腹腔脏器及咽喉； 硬脑膜、耳廓及外耳道皮肤	发音困难、声音嘶哑 吞咽困难，内脏运动、腺体分泌障碍； 内脏感觉障碍； 耳廓、外耳道皮肤感觉障碍
Ⅺ 副神经	运动性	延髓侧面	随迷走神经至咽喉肌、胸锁乳突肌、斜方肌	面不能转向健侧、不能上提患侧肩胛骨
Ⅻ 舌下神经	运动性	延髓锥体两侧	舌内肌和大部分舌外肌	舌肌瘫痪、伸舌时舌尖偏向患侧

三、内脏神经

内脏神经主要分布于内脏、心血管、平滑肌和腺体，分为内脏运动神经和内脏感觉神经两部分。

(一)内脏运动神经

内脏运动神经调节内脏、心血管的运动和腺体的分泌，以控制和调节动、植物共有的物质代谢活动，通常不受人的意志控制，故又称自主神经或植物神经(图 11－44)。

内脏运动神经与躯体运动神经相比，在功能和形态上有较大差别：

(1)支配的器官不同　躯体运动神经支配骨骼肌，受人意识的支配；内脏运动神经则支配平滑肌、心肌和腺体，一般不受意识支配。

(2)结构不同　躯体运动神经自低级中枢至骨骼肌只有一个神经元，而内脏运动神经从低级中枢到达所支配的器官须经过两个神经元(肾上腺髓质例外，只需一个神经元)。第一个神

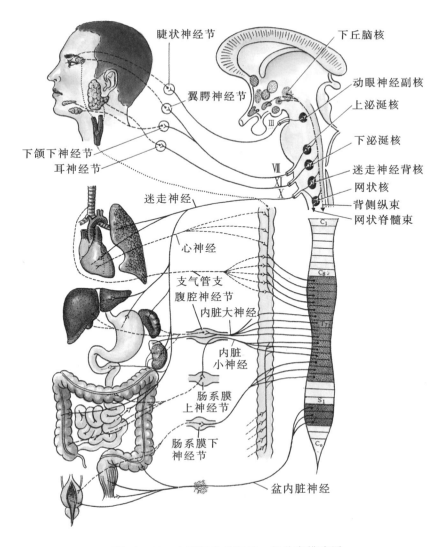

图 11-44 内脏运动神经的一般分布模式图

经元称节前神经元,胞体位于脑干和脊髓内的低级中枢,其轴突称节前纤维。第二个神经元称节后神经元,胞体位于周围部的内脏运动神经节内,其轴突称节后纤维。

(3)分布形式不同　躯体神经常以神经干的形式分布,而内脏神经节后纤维常攀附脏器或血管形成神经丛,再分支至效应器。

(4)纤维成分不同　躯体运动神经只有一种纤维成分,内脏运动神经则有交感和副交感两种纤维成分。多数内脏器官又同时接受交感和副交感神经的双重支配。

交感神经、副交感神经同是内脏运动神经,在多数脏器有双重分布,但两者在神经来源、形态结构、分布范围和功能等方面有诸多不同。(表 11-4)

表 11 - 4 交感神经与副交感神经的不同

	交感神经	副交感神经
低级中枢位置	脊髓灰质胸 1～腰 3 侧角	脑干副交感神经核、脊髓骶 2～4 骶副交感核
周围神经节的位置	椎旁节、椎前节	器官旁节、壁内节
节前、节后纤维	节前纤维短，节后纤维长	节前纤维长，节后纤维短
神经元的联系	一个节前神经元可与许多节后神经元形成突触	一个节前神经元只有少数节后神经元形成突触
分布范围	广泛（全身血管、内脏、平滑肌、心肌、腺体、瞳孔开大肌和竖毛肌）	局限（大部分血管、肾上腺髓质、汗腺、竖毛肌等处无分布）
对心脏的作用	心律加快，收缩力增强，冠状动脉舒张	心律减慢，收缩力减弱，冠状动脉轻度收缩
对支气管的作用	支气管平滑肌舒张	支气管平滑肌收缩
对消化系统的作用	胃肠平滑肌蠕动减弱，分泌减少，括约肌收缩	胃肠平滑肌蠕动增强，分泌增加，括约肌舒张
对泌尿系统的作用	膀胱壁的平滑肌舒张，括约肌收缩（贮尿）	膀胱壁的平滑肌收缩，括约肌舒张（排尿）
对瞳孔的作用	瞳孔散大	瞳孔缩小

（二）内脏感觉神经

内脏感觉神经分布于内脏及心血管，参与完成排尿、排便等内脏反射，其感觉冲动经脑干传至大脑皮质，产生内脏感觉。

内脏感觉神经虽然在形态结构上与躯体感觉神经大致相同，但仍有某些固有的特点。

（1）内脏感觉痛阈较高 一般强度的刺激不会引起主观感觉，较强烈的内脏活动才能引起感觉。内脏对切割、烧灼等刺激不敏感，对牵拉、膨胀和痉挛等刺激较敏感。因此，临床手术中挤压、切割内脏时，患者并不感觉疼痛，但当过度牵拉内脏时，患者则有较难忍的不适感。

（2）内脏感觉弥散、定位不准确 内脏感觉的传入途径比较分散，一个脏器的感觉纤维，可经几个节段的脊神经同时传入脊髓，而一条脊神经又可同时含有传导几个脏器的感觉纤维。因此，内脏痛往往定位模糊可出现牵涉性痛。

牵涉性痛是指当某些内脏器官有病变时，常在体表的一定部位产生疼痛或感觉过敏的现象。临床上可根据牵涉性痛，协助诊断某些内脏疾病。（表 11 - 5）

表 11 - 5　常见内脏牵涉性痛部位

内脏	牵涉性痛部位
心	胸前区、左臂部内侧
肝、胆囊	右肩部
胃	上腹部
小肠、阑尾	上腹部、脐周围
肾、输尿管	腰部及腹股沟区
膀胱、子宫	下腹部或腰部、会阴区

第四节　脑和脊髓的传导通路

感受器接受内、外环境的各种刺激,转化为神经冲动后通过传入神经、上行纤维束传导至大脑皮质产生感觉。这一神经通路称感觉(上行)传导通路。大脑皮质分析整合感觉信息之后,发出的指令通过下行纤维束、传出神经到达效应器官,对体内外各种刺激做出反应。这一神经通路称运动(下行)传导通路。

一、感觉(上行)传导通路

感觉传导通路主要有本体感觉、浅感觉和视觉传导通路。

(一)本体(深)感觉传导通路

本体感觉亦称深感觉,是来自骨、关节、肌、肌腱的位置觉、运动觉和震动觉。在本体感觉传导通路中,还传导皮肤的精细触觉(即辨别两点距离和物体的纹理粗细等的感觉)。躯干和四肢的意识性本体感觉和精细触觉传导通路由三级神经元组成(图 11 - 45,图 11 - 46)。

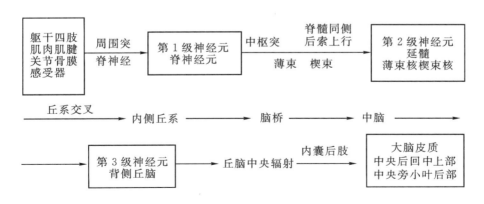

图 11 - 45　躯干、四肢的本体觉和精细触觉传导途径

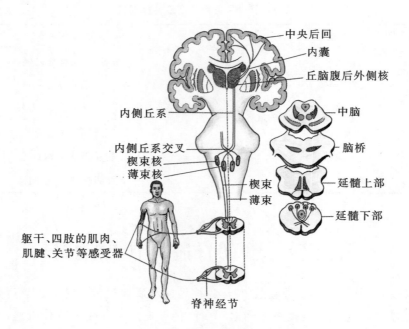

图 11-46   躯干、四肢的本体觉和精细触觉传导通路

(二)痛觉、温觉、粗略触觉和压觉(浅)传导通路

痛觉、温觉、粗略触觉和压觉又称浅感觉。躯干、四肢以及头面部的浅感觉传导通路需三级神经元构成。

1.躯干和四肢的痛觉、温觉和粗触觉传导通路(图 11-47,图 11-48)

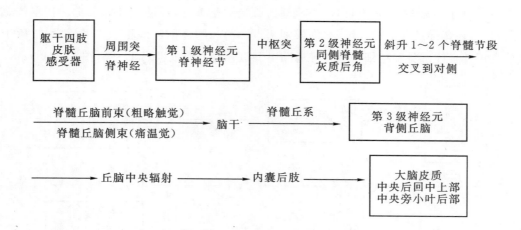

图 11-47   躯干、四肢浅感觉传导途径

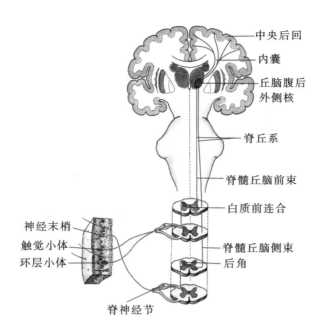

图 11-48　躯干、四肢浅感觉传导通路

2.头面部的痛觉、温觉和粗触觉传导通路(图 11-49,图 11-50)

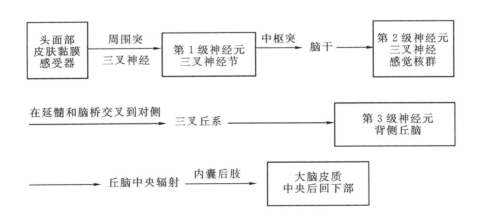

图 11-49　头面部痛觉、温觉和粗触觉传导途径

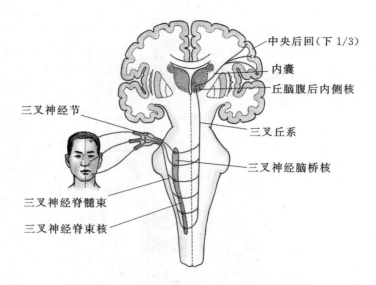

图 11-50 头面部痛觉、温觉和粗触觉传导通路

(三)视觉传导通路

视觉传导通路亦需三级神经元(图 11-51,图 11-52)。

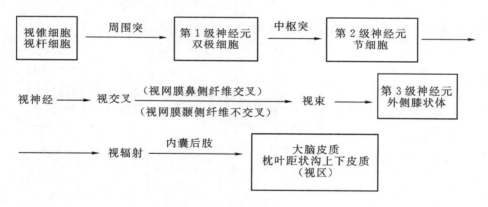

图 11-51 视觉传导途径

当眼球固定向前平视时,所能看到的空间范围称视野。每一眼的视野都可分为鼻侧和颞侧两部分。由于眼的屈光作用,一眼鼻侧半视野的物象投射到该眼视网膜颞侧部,而颞侧半视野的物象,则投射到该眼视网膜鼻侧部。

当视觉传导通路在不同部位受损时,可引起不同的视野缺损:①一侧视神经损伤可致该侧视野全盲;②视交叉中交叉纤维损伤可致双眼视野颞侧半偏盲;③一侧视交叉外侧部的不交叉纤维损伤,则患侧视野的鼻侧半偏盲;④一侧视束以后的部位(视辐射,视区皮质)受损,可致双眼对侧半视野同向性偏盲(如右侧受损则右眼视野鼻侧半和左眼视野颞侧半偏盲)。

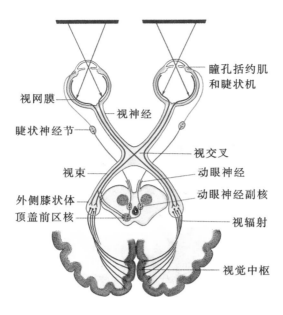

图 11-52　视觉传导通路

二、运动(下行)传导通路

运动传导通路管理骨骼肌的运动,分为锥体系和锥体外系两部分。

(一)锥体系

锥体系管理骨骼肌的随意运动,由两级神经元组成,即上运动神经元和下运动神经元。

1.皮质脊髓束(图 11-53,图 11-54)

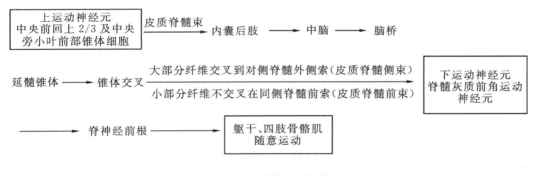

图 11-53　皮质脊髓束传导途径

2.皮质核束(图 11-55)

(二)锥体外系

锥体外系是指锥体系以外的控制骨骼肌活动的神经传导通路,其主要功能是调节肌张力,协调肌群运动,协助锥体系完成精细的随意运动,维持身体平衡,支配习惯性和节律性动作等。

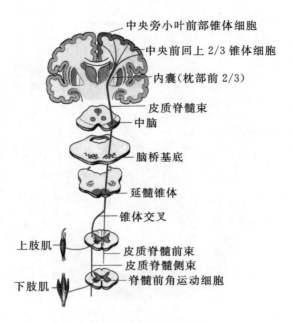

图 11 - 54　皮质脊髓束

图 11 - 55　皮质核束传导途径

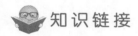 知识链接

传导通路小结

①上行(感觉)传导通路一般由三级神经元组成。

②下行(运动)传导通路(锥体系)一般由两级神经元组成。

③上行和下行传导通路在行程中一般要进行一次交叉。一侧大脑半球接受对侧半身的感觉冲动和管理对侧半身的运动。但交叉的平面不同,锥体交叉和(内侧)丘系交叉在延髓内,痛、温度觉传导束的交叉在脊髓内。了解交叉的高度,根据临床的体征,可以推断病变的部位。

④一侧大脑半球接受两侧视、听觉冲动。

本章小结

一、本章提要

通过本章学习,使同学们了解神经系统的相关知识,重点掌握神经系统的组成与分部。具体包括以下内容：

1.掌握各节涉及的一些基本概念,如反射、灰质、白质、马尾、内囊等。

2.具有归纳神经系统划分的能力,如区别中枢神经系统与周围神经系统、传入神经与传出神经等。

3.了解神经系统对机体的调控功能,如脑、脊髓作为中枢的反射、传导功能。

4.了解脊髓、脑的被膜和血管以及脑和脊髓的传导通路。

二、本章重、难点

1.神经系统的区分,神经系统的常用术语。

2.脊髓的位置、外形、分部;脑干的位置、外形、分部;内囊的概念、分部、走行结构及临床意义。

3.硬膜下隙、蛛网膜下隙的概念及意义;脑脊液的循环途径。

4.大脑皮质的主要功能定位。

 课后习题

一、单选题

1.下列哪一部分属于脑干( )。

A.延髓　　　　B.端脑　　　　C.间脑　　　　D.小脑　　　　E.脊髓

2.下列哪一部分不属于脑( )。

A.延髓　　　　B.脑桥　　　　C.小脑　　　　D.端脑　　　　E.脊髓

3.每侧大脑半球分为几个叶( )。

A.3　　　　B.4　　　　C.5　　　　D.6　　　　E.7

4.脊髓( )。

A.下端平对第三腰椎

B.下端有神经组织构成的终丝连在尾骨上

C.前外侧沟与前根相连

D.全长有一个膨大称脊髓圆锥

E.分为30个节段

5.为避免损伤脊髓,腰椎穿刺常在何处( )。

A.第1腰椎下缘　　　　　B.第2腰椎下缘　　　　　C.第3～4腰椎间隙

D.第2～3腰椎间隙　　　　E.以上均正确

6.成人脊髓下端平对( )

A.第一骶椎上缘　　　　　B.第二腰椎上缘　　　　　C.第三腰椎下缘

D.第一腰椎下缘　　　　　E.第一骶椎下缘

7.大脑皮层第Ⅰ躯体运动区位于( )。

A.额叶　　　　　　　　　B.顶叶　　　　　　　　　C.枕叶

D. 颞叶   E. 岛盖

8.有关内囊位置的说法正确的是（　　）。

A. 位于尾状核、间脑和豆状核之间

B. 位于背侧丘脑、尾状核与豆状核之间

C. 位于背侧丘脑、后丘脑和下丘脑之间

D. 位于尾状核、大脑半球与豆状核之间

E. 位于豆状核和丘脑之间

9.脑脊液产生于（　　）。

A. 蛛网膜粒   B. 脉络丛   C. 睫状体

D. 脉络膜   E. 硬脑膜窦

10.脑脊液容纳在（　　）。

A. 硬脑膜外隙   B. 硬脑膜与网膜之间   C. 蛛网膜下隙

D. 软脑膜与脑之间   E. 内囊

11.脑脊液回流至硬脑膜窦的途中最后要经过（　　）。

A. 海绵窦   B. 脉络丛   C. 室间孔

D. 蛛网膜粒   E. 中脑水管

12.脑脊液经何结构入第四脑室（　　）。

A. 中脑水管   B. 侧脑室   C. 第三脑室

D. 室间孔   E. 终池

13.内囊（　　）。

A. 在大脑半球的水平切面呈"＞＜"形

B. 位于豆状核和尾状核之间

C. 可分为前肢、中肢、后肢三部分

D. 位于豆状核与背侧丘脑之间

E. 每个部分均有上下行的投射纤维通过

14.全身最长、最粗大的神经是（　　）。

A. 坐骨神经   B. 隐神经   C. 尺神经

D. 腋神经   E. 面神经

15.脊髓灰质前角内含有（　　）。

A. 运动神经元   B. 感觉神经元   C. 交感神经元

D. 副交感神经元   E. 联络神经元

16.管理骨骼肌随意运动的传导束是（　　）。

A. 脊髓丘脑束   B. 薄束   C. 楔束

D. 三叉丘脑束   E. 皮质脊髓束

17.在脑干背面出脑的脑神经是（　　）。

A. 滑车神经   B. 动眼神经   C. 三叉神经

D. 展神经   E. 面神经

18.第三脑室借助什么结构与侧脑室相通（　　）。

A.外侧孔　　　　　　　　B.正中孔　　　　　　　　C.室间孔

D.中脑水管　　　　　　　E.中央管

19.第一躯体运动区位于（　　）。

A.中央前回　　　　　　　B.中央后回　　　　　　　C.中央旁小叶

D.距状沟两侧　　　　　　E.角回

20.右侧内囊损伤会导致（　　）。

A.右侧半身感觉障碍　　　B.右侧半身运动障碍　　　C.左侧半身瘫痪

D.右侧瘫痪　　　　　　　E.右眼看不清

二、填空题

1.脊髓位于_____内,上端在_____与延髓相续,下端成人约平_____下缘,新生儿则平齐_____。

2.中枢神经系统分为_____、_____两部分。

3.脑位于_____内,是由_____、_____、_____和_____四部分组成。

4.脑干自下而上分为_____、_____、_____。

5.脊髓有三层被膜,由外向内分别是_____、_____、_____。

三、名词解释

1.灰质　2.马尾　3.硬膜外隙　4.蛛网膜下隙　5.内囊

四、简答题

1.请简述脑脊液的循环途径。

2.请简述大脑皮质的功能定位。

3.腰椎穿刺常选的部位是哪儿？该如何定位？

第十二章 内分泌系统

⭢ 学习目标

    1.掌握甲状腺、甲状旁腺、肾上腺的位置、形态;垂体的位置、形态和分部;主要内分泌腺所分泌的激素。
    2.熟悉甲状腺滤泡细胞、肾上腺皮质与髓质、腺垂体远侧部的微细结构。
    3.了解内分泌系统的定义、组成及功能。

    内分泌系统(图 12-1)是指体内所有的内分泌器官、内分泌组织及内分泌细胞构成的调节体系,它与神经系统共同维持机体内环境的平衡与稳定,调节机体的生长发育和各种代谢活动。内分泌器官指在形态结构上独立存在,可以用肉眼辨认的特殊腺体,体积和重量都很小,无导管,故又称无管腺或内分泌腺,包括甲状腺、甲状旁腺、肾上腺、垂体、松果体和胸腺等。内分泌组织是指分散存在于某些器官内的一些细胞群体,肉眼难以分辨,包括胰腺内的胰岛,卵巢内的卵泡和黄体,睾丸的间质细胞等。内分泌细胞是指零星分布于各器官、组织内的内分泌细胞。

    内分泌器官或组织分泌激素,激素通过毛细血管或淋巴管进入血液循环,运送至全身,影响靶器官的活动。

    本章仅叙及甲状腺、甲状旁腺、肾上腺、垂体等内分泌器官。

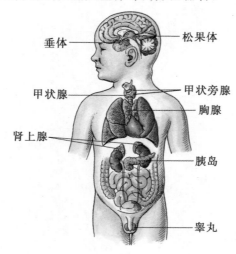

图 12-1　内分泌系统概观

第一节　垂　体

一、垂体的形态、位置

垂体呈椭圆形灰红色小体(图 12-2)，重约 0.5g，位于颅中窝的垂体窝内，外包以硬膜，借漏斗和下丘脑相连，是身体最重要、功能最复杂的内分泌腺。成人的垂体相当于一颗大的豌豆，女性较男性稍大，尤其在妊娠期更为明显。

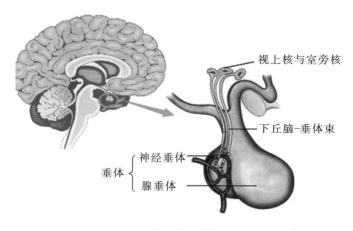

图 12-2　垂体

二、垂体的分部、功能

(一)垂体的分部

垂体分为前、后两部，前部称腺垂体，后部称神经垂体。腺垂体包括远侧部(前叶)、结节部和中间部。神经垂体包括神经部(后叶)、漏斗柄和正中隆起，漏斗柄和正中隆起合称为漏斗。垂体分部如图 12-3。

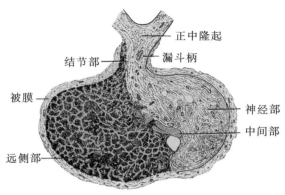

图 12-3　垂体矢状切面模式图

(二)垂体的微细结构

1.腺垂体

(1)远侧部　远侧部为垂体的主要部分,体积较大,约占垂体的75%,腺细胞呈索形排列或围成小滤泡。其间有丰富的毛细血管和少量的结缔组织。根据腺细胞染色的不同,远侧部的细胞分为嗜酸性细胞、嗜碱性细胞和嫌色细胞三种(图12-4)。

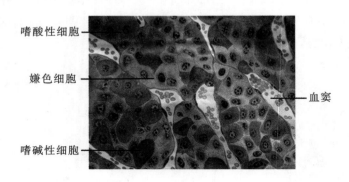

图12-4　垂体远侧部光镜图

①嗜酸性细胞:数量较多,胞体较大,呈圆形或多边形,胞质中含大量嗜酸性颗粒。根据其分泌激素的不同,嗜酸性细胞又可分为生长激素细胞和催乳激素细胞。

生长激素细胞数量较多,能合成和分泌生长激素(GH),主要促进全身代谢和生长,尤其可刺激骺软骨生长,促进骨骼增长,对人的生长有重要作用。幼年时,如生长激素分泌不足,可致身材矮小,但智力正常,称侏儒症;如分泌过多,可引起巨人症。在成人,生长激素分泌过多则导致肢端肥大症。

催乳激素细胞在妊娠和哺乳期增多、增大,可分泌催乳素(PRL),能促进乳房发育和乳汁分泌。

②嗜碱性细胞:数量较少,胞质中含嗜碱性颗粒。根据所分泌激素的不同,嗜碱性细胞可分为促甲状腺激素细胞、促性腺激素细胞和促肾上腺皮质激素细胞三种。

促甲状腺激素细胞分泌促甲状腺激素(TSH),能促进甲状腺滤泡上皮的增生及甲状腺激素的合成和释放。

促性腺激素细胞能分泌卵泡刺激素(FSH)及黄体生成素(LH)。卵泡刺激素在女性可促进卵泡的发育,在男性则促进精子的发生。黄体生成素在女性能够促进排卵和黄体形成,在男性则刺激睾丸间质细胞分泌雄激素。

促肾上腺皮质激素细胞能分泌促肾上腺皮质激素(ACTH),促进肾上腺皮质束状带细胞分泌糖皮质激素。

③嫌色细胞:数目最多,大多数具有长的分支突起,突起伸入腺细胞之间起支持作用,少部分可能是脱颗粒的嗜色细胞,或是嗜色细胞的前身,可分化为嗜酸性细胞和嗜碱性细胞。

(2)结节部　是垂体前叶向上伸展的部分,包绕神经垂体的漏斗,有丰富的纵行毛细血管。主要是嫌色细胞,其间有少量的嗜酸性细胞和嗜碱性细胞。

（3）中间部　是位于远侧部与神经部之间的狭窄部分,由薄层结缔组织和嗜碱性小细胞构成,其中一部分细胞围成滤泡。人类中间部不发达。

2.神经垂体

神经垂体包括神经部(后叶)和漏斗部,不具有分泌功能,而是一个贮存激素的场所。

神经部由大量无髓神经纤维、垂体细胞及丰富的窦状毛细血管组成,与下丘脑直接相连。无髓神经纤维主要是下丘脑的视上核、室旁核发出的轴突,构成下丘脑—垂体束。视上核、室旁核可分泌两种神经垂体激素,即抗利尿激素(ADH)和催产素(OT),经下丘脑—垂体束轴浆运输至神经垂体贮存(图12-5),其分泌颗粒在运输过程中常聚集成团,使轴突呈串珠状膨大,HE染色切片上呈现大小不等的嗜酸性均质团块,称赫令体。垂体细胞即神经胶质细胞,有支持和营养神经的作用。

下丘脑视上核、室旁核分泌的抗利尿激素又称加压素(VP),可使尿量减少,还可使小血管平滑肌收缩、血压升高;催产素可引起妊娠子宫平滑肌收缩,加速分娩过程,并促进乳腺分泌。

（三）下丘脑—垂体—靶器官的相互关系

1.下丘脑与神经垂体的关系

下丘脑与神经垂体在结构和功能上有直接联系,二者共同组成下丘脑—神经垂体系。下丘脑分泌激素储存于神经垂体,当机体需要时,神经垂体释放激素进入血液,作用于靶器官。

2.下丘脑与腺垂体的关系

下丘脑与腺垂体的联系是通过垂体门脉系统实现的(图12-5)。腺垂体的血液供应来自大脑动脉环所发出的垂体上动脉,其在漏斗处形成初级毛细血管网,继而入结节部汇集成数条垂体门微静脉,下行至远侧部再形成次级毛细血管网。垂体门微静脉及两端的毛细血管网共同构成垂体门脉系统。

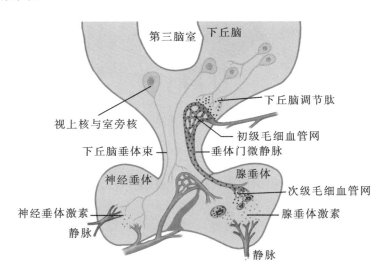

图12-5　下丘脑与垂体关系图

下丘脑分泌的激素可沿轴突运至漏斗处,释放入初级毛细血管网,经垂体门微静脉到次级毛细血管网,进而调节腺垂体远侧部的分泌活动。下丘脑不同类型的神经核团可产生一系列肽类激素,它们经垂体门脉系统能有效地调节控制腺垂体远侧部各种激素的合成和分泌。对腺细胞分泌起促进作用的激素,称释放激素;反之,称释放抑制激素。

第二节　甲状腺和甲状旁腺

一、甲状腺

(一)甲状腺的形态、位置

甲状腺是人体最大的内分泌腺,其形态略呈"H"形,分左、右侧叶和中间的峡部,有 2/3 的人从峡部向上伸出一个锥状叶(图 12 - 6)。其位于喉和气管颈部的前外侧面,上达甲状软骨中部,下至第 6 气管软骨环,峡部位于第 2~4 气管软骨环的前方。甲状腺左、右侧叶的后外方与颈部的大血管相邻;内侧与喉、气管、咽、食管和喉返神经等相邻。甲状腺借结缔组织附着于甲状软骨和环状软骨上,吞咽时可随喉上、下移动。

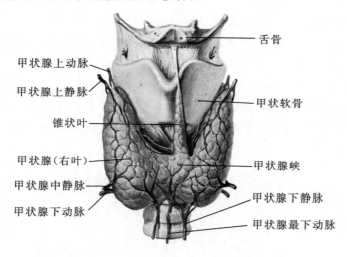

图 12 - 6　甲状腺(前面)

(二)甲状腺的微细结构

甲状腺的表面包有薄层结缔组织构成的被膜。被膜伸入实质,将甲状腺分成许多分界不明显的小叶。每个小叶内含有许多甲状腺滤泡,构成甲状腺实质;滤泡间有少量结缔组织,构成甲状腺的间质。间质中有少量滤泡旁细胞,贴附于滤泡周围。(图 12 - 7)

1.甲状腺滤泡

甲状腺滤泡呈圆形或椭圆形,大小不一,无导管,滤泡腔内充满嗜酸性红染胶质。滤泡上皮细胞为单层立方上皮,但可随年龄及分泌功能不同而改变,功能活跃时变成单层柱状,反之变成单层扁平。滤泡上皮有合成、贮存和分泌甲状腺素的功能。滤泡腔内充满由滤泡上皮细胞分泌的胶质,主要成分是碘化甲状腺球蛋白。

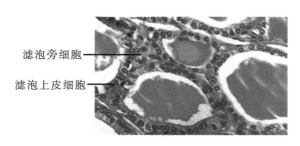

滤泡旁细胞———

滤泡上皮细胞———

图 12 - 7　甲状腺微细结构

甲状腺滤泡上皮细胞能合成和分泌甲状腺激素。其主要功能是促进机体的新陈代谢,促进生长发育,提高神经系统兴奋性,尤其对幼儿的骨骼和神经系统发育影响更为重要。甲状腺功能亢进时,机体基础代谢率升高。甲状腺功能低下时,基础代谢率降低,发育迟缓,精神呆滞;于小儿易引起身材矮小、智慧低下,称呆小症。

2.滤泡旁细胞

滤泡旁细胞单个或群集散布于滤泡之间和滤泡上皮细胞之间,卵圆形,HE 染色切片上细胞质着色浅,数量较少。滤泡旁细胞能分泌降钙素,使钙盐沉着于骨质内,血钙降低,还有抑制甲状腺分泌的作用。

二、甲状旁腺

(一)甲状旁腺的形态、位置

甲状旁腺是两对扁椭圆形的小体,棕黄色,约黄豆大小(图 12 - 8)。一般位于甲状腺侧叶后方,有上、下两对,其位置、数目均可有变异。

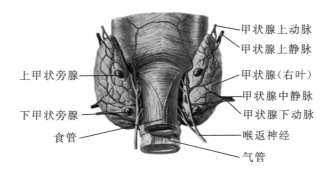

甲状腺上动脉
甲状腺上静脉
甲状腺(右叶)
甲状腺中静脉
甲状腺下动脉
喉返神经
气管

上甲状旁腺
下甲状旁腺
食管

图 12 - 8　甲状旁腺(后面)

(二)甲状旁腺的微细结构

甲状旁腺表面有结缔组织被膜,腺细胞排列成团索状,细胞团索之间有少量的结缔组织和丰富的毛细血管。甲状旁腺的细胞有主细胞和嗜酸性细胞两种(图 12 - 9)。

1.主细胞

主细胞是构成甲状旁腺的主要细胞,体积小,呈圆形或多边形,HE 染色切片中胞质着色

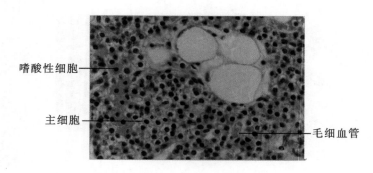

图 12 - 9　甲状旁腺微细结构

浅,核圆,位于细胞中央。

　　主细胞分泌甲状旁腺素。这种激素能促进骨细胞和破骨细胞的活动,使骨盐溶解,并促进肠和肾小管吸收钙,使血钙升高。甲状旁腺素与甲状腺滤泡旁细胞分泌的降钙素协同作用,共同调节血钙浓度,维持血钙平衡。如甲状旁腺功能亢进,可致骨质疏松,易发生骨折。甲状腺手术中要注意保留甲状旁腺,如误摘除可造成血钙降低,引起肌肉抽搐甚至死亡。

　　2.嗜酸性细胞

　　嗜酸性细胞数量少,常单个或成群分布于主细胞之间。细胞为多边形,体积较主细胞大,胞质内含有嗜酸性颗粒,细胞核较小,染色深。嗜酸性细胞的功能尚不清楚。

第三节　肾上腺

一、肾上腺的形态、位置

　　肾上腺左、右各一,位于肾的上方,与肾共同包在肾筋膜内(图 12 - 10)。左侧者近似半月形,右侧者近似三角形,质地柔软,淡黄色。肾上腺有独立的纤维囊和脂肪囊,在肾下垂时,肾上腺可固定于原位。

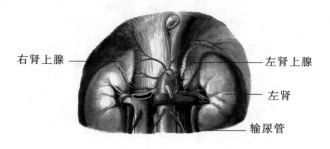

图 12 - 10　肾上腺

二、肾上腺的微细结构

　　肾上腺表面包有一层结缔组织被膜,结缔组织伴随神经、血管深入腺实质内,分布于细胞之间构成间质。肾上腺实质由周围的皮质和中央的髓质两部分构成,两者的结构及功能均不相同。

(一)皮质

皮质较厚,约占肾上腺体积的 80%~90%。根据细胞的排列方式,可将皮质分为三个带,由浅入深分别是球状带、束状带和网状带(图 12-11),它们分别占皮质总体积的 15%、65% 和 7%。

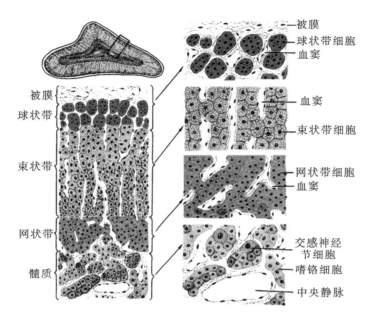

图 12-11　肾上腺微细结构模式图

1. 球状带

球状带位于被膜下方,肾上腺皮质最浅层。细胞排列成球状,细胞团之间有血窦和少量结缔组织。细胞较小,呈低柱状或多边形,核小染色深,胞质内有少量脂滴。

球状带的细胞分泌盐皮质激素,如醛固酮,其主要作用是促进肾远曲小管及集合管重吸收钠和排出钾,对调节体内电解质和水的平衡起重要的作用。

2. 束状带

束状带位于球状带深面,最厚。细胞排列成单行或双行细胞索,呈放射状伸向髓质,细胞索之间有血窦。束状带细胞呈多边形,体积较大,细胞质富含脂滴,在 HE 染色切片中脂滴被溶解而呈空泡状。细胞核圆形或椭圆形,着色淡。

束状带的细胞可分泌糖皮质激素,主要为皮质醇和皮质酮,它们的主要作用是促使蛋白质及脂肪分解并转变成糖(糖异生)。此外,还有抗炎症及降低免疫应答等作用。

3. 网状带

网状带位于皮质深层,束状带与髓质之间。细胞排列成索状,并吻合成网。网状带细胞较小,呈多边形,胞质内常有脂褐素,因而染色较束状带深。细胞核也小,着色深。

网状带细胞主要分泌雄激素,也分泌少量糖皮质激素及雌激素。

(二)髓质

髓质薄,仅占肾上腺体积的10％～20％,位于腺体中央,主要由排列成网状或索状的髓质细胞构成,其间有少量结缔组织和血窦。髓质细胞体积较大,圆形或多边形,胞质染色浅,核圆,位于细胞中央。如用铬盐染色,可见细胞质内有棕黄色的嗜铬颗粒,又称嗜铬细胞。

根据颗粒中所含物质的不同,髓质细胞又分为肾上腺素细胞和去甲肾上腺素细胞。肾上腺素细胞可分泌肾上腺素,此种细胞数量多,约占髓质细胞的80％以上;去甲肾上腺素细胞可分泌去甲肾上腺素。两种激素均属儿茶酚胺类物质,都可作用于心脏和血管,但又各有侧重。肾上腺素使心率加快、心肌收缩力增强;去甲肾上腺素使小动脉收缩,血压升高。

本章小结

一、本章提要

通过本章学习,了解内分泌系统的组成及相关概念;熟悉一些常见的内分泌名词,如腺垂体、神经垂体、远侧部、甲状腺滤泡、滤泡旁细胞、甲状旁腺、肾上腺皮质与髓质等;重点掌握甲状腺、甲状旁腺、肾上腺的位置、形态,垂体的位置、形态和分部。

二、本章重、难点

1.甲状腺、肾上腺、垂体的形态、位置及其所分泌的激素。

2.垂体的分部,垂体与下丘脑的联系。

课后习题

一、单选题

1.关于内分泌系统的叙述,错误的是( )。

A.由内分泌器官和内分泌组织组成

B.内分泌器官指结构上独立存在的内分泌腺

C.内分泌器官肉眼可见

D.与神经系统在功能和结构上无关系

E.器官都有导管

2.不属于内分泌腺的是( )。

A.甲状腺　　　　　　　B.肾上腺　　　　　　C.垂体

D.腮腺　　　　　　　　E.甲状旁腺

3.关于垂体的说法哪项是错误的( )。

A.分腺垂体和神经垂体两部分

B.垂体是成对器官

C. 位于蝶骨的垂体窝内

D. 借漏斗连于下丘脑

E. 实质性器官

4. 内分泌腺（　　）。

A. 散布于其他器官内

B. 内含丰富的毛细血管

C. 腺细胞排列成管状

D. 分泌物可经导管排出

E. 都不对

5. 神经垂体（　　）。

A. 分泌加压素

B. 是独立的腺体，能分泌激素

C. 是贮存和释放下丘脑激素的部位

D. 能分泌激素控制腺垂体的活动

E. 都不对

6. 下述激素中，哪一种是神经垂体释放的（　　）。

A. 生长激素　　　　　　　B. 催产素　　　　　　　C. 促甲状腺素

D. 催乳素　　　　　　　　E. 肾素

7. 下丘脑的视上核分泌（　　）。

A. 醛固酮　　　　　　　　B. 抗利尿激素　　　　　C. 肾上腺素

D. 降钙素　　　　　　　　E. 去甲肾上腺素

8. 童年时期垂体嗜酸性细胞分泌激素过少可引起（　　）。

A. 巨人症　　　　　　　　B. 呆小症　　　　　　　C. 侏儒症

D. 尿崩症　　　　　　　　E. 三偏征

9. 关于甲状腺的叙述，错误的是（　　）。

A. 有两个侧叶，一个峡，偶有一个锥状叶

B. 侧叶位于喉和气管的两侧

C. 是体内最大的内分泌腺

D. 峡位于第 3～5 气管软骨的前方

E. 可分泌甲状腺激素

10. 甲状腺滤泡上皮细胞分泌（　　）。

A. 甲状旁腺素　　　　　　B. 降钙素　　　　　　　C. 促甲状腺素

D. 甲状腺素　　　　　　　E. 胰岛素

11. 肾上腺（　　）。

A. 位于肾的前方

B. 球状带分泌糖皮质激素

C. 束状带分泌盐皮质激素

D.髓质可分泌肾上腺素和去甲肾上腺素

E.有导管

12.患儿身体矮小,智力低下是由于下列哪种激素分泌不足( )。

A.生长素   B.雄激素   C.甲状腺激素

D.肾上腺皮质激素   E.醛固酮

13.影响神经系统发育的最主要的激素是( )。

A.糖皮质激素   B.生长素   C.肾上腺素

D.甲状腺激素   E.神经细胞生长因子

二、填空题

1.内分泌系统由_____和_____组成。

2.人体内分泌器官有_____、_____、_____、_____等。

3.甲状腺大部分位于_____的两侧,甲状腺峡位于第_____的前方。

4.肾上腺位于_____,左肾上腺呈_____形,右肾上腺为_____形。

5.垂体可分为_____和_____两部分。

6.神经垂体储存和释放的激素有_____和_____等。

7.幼年时期生长激素分泌过多,可引起_____症;分泌不足则引起_____症。

8.肾上腺皮质由表向里依次分为_____、_____、_____三个带。

9.甲状腺分泌的激素包括_____、_____,其中能影响到智力和生长发育的是_____。

10.肾上腺皮质中的球状带细胞分泌_____激素,束状带细胞分泌_____激素,网状带分泌_____激素。

11.肾上腺髓质主要由_____细胞构成,能分泌_____和_____激素。

三、名词解释

1.内分泌器官   2.神经垂体

四、简答题

1.简述内分泌系统的组成和功能。

2.列表叙述人体垂体、甲状腺、甲状旁腺和肾上腺的位置、激素和分泌失调的后果。

第十三章　人胚早期发育

　　人体胚胎的发生发育自两性生殖细胞结合形成受精卵开始，至胎儿出生离开母体为止，历时 38 周（约 266 天）。经历三个时期：①从受精卵形成到第 2 周末称胚前期；②第 3 周到第 8 周末称胚期；③第 9 周到出生时止称胎期（图 13 - 1）。胚前期和胚期受精卵迅速分裂、增殖、分化，形成各器官雏形及胎儿基本外形；胎期胎儿继续发育长大，各器官继续发育。胎儿娩出后还要经过长时间的发育、完善方能发育成熟。

　　母体内胚胎和胎儿发育成长的过程称妊娠或怀孕。妇女自体内卵子受精形成受精卵开始至胎儿及其附属结构排出体外为止的一段生理时期称妊娠期，又称怀孕期。人类妊娠期约 38 周（约 266 天）。若自妊娠妇女末次月经开始算起，妊娠期约 40 周（280 天）（图 13 - 1）。

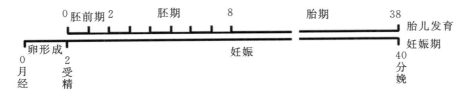

图 13 - 1　胚胎发育分期与妊娠期示意图

第一节　人胚早期发育

一、生殖细胞

　　生殖细胞包括精子和卵子。

　　精子在睾丸的生精小管中发生，精原细胞经过增殖、生长、成熟和变形，发育成精子。精子的染色体数目减少一半，1/2 的精子内携带 X 染色体，另外 1/2 精子内携带 Y 染色体（图 13 - 2）。生精小管内的精子，运动能力很弱，尚无使卵子受精的能力。精子进入附睾管后，在附睾上皮分泌物及雄激素的作用下,经过8~10天的成熟发育,精子获得了定向运动的能力。附睾管腔内发育成熟的精子仍然不能穿过卵周围的放射冠和透明带,无法使卵子受精。当精子通过女性生殖管道时,在管道上皮某些分泌物的作用下,获得了释放顶体酶、穿透放射冠和透明带使卵子受精的能力,此现象称获能。

卵在卵巢的卵泡内发生。在月经周期的中期,成熟卵泡破裂,排出停留在第二次成熟分裂中期的次级卵母细胞。待卵与精子结合受精时,次级卵母细胞在精子穿入的激发下,完成第二次成熟分裂,形成一个成熟的卵子(23,X)和一个小的第二极体。

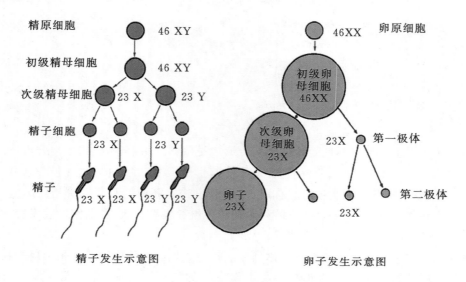

图 13-2　精子与卵子发生示意图

二、受精

精子和卵子融合成一个受精卵的过程,称受精。

(一)受精的条件

(1)男、女性生殖管道通畅。若输精管结扎或输卵管粘堵可阻止受精。

(2)生殖细胞成熟。即卵细胞必须处于第二次成熟分裂中期;精子的形态结构正常,精子发育成熟并获能。

(3)精子数量足够。正常情况下,每次射精的量约2~6 mL,每毫升约含1亿个精子,若每毫升精子数少于500万个,形态异常的精子≥20%,精子活动能力明显减弱或死精子量多,都可使受精无法完成,引起男性不育。

(4)排出的精子和卵子必须在12~24小时内相遇。精子进入女性生殖管道24小时后失去受精能力;排卵后13~24小时,卵子丧失受精能力。

(二)受精的部位

受精的正常部位在输卵管壶腹部。

(三)受精的过程

受精是一个连续的过程,分三期(图 13-3)。

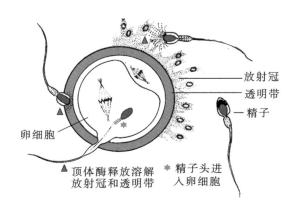

图 13-3　受精过程示意图

1.精子穿越放射冠和透明带

获能的精子接触到卵细胞周围的放射冠时,顶体释放顶体酶。在顶体酶的作用下,精子穿过放射冠、透明带,并与卵细胞膜相贴。精子释放顶体酶,溶蚀放射冠和透明带的过程,称顶体反应。

2.精子细胞膜与卵细胞膜融合

精子头细胞膜与卵细胞膜融合后,精子头进入卵细胞内,激发卵细胞完成第二次成熟分裂,形成成熟的卵细胞。精卵结合后,卵细胞释放皮质颗粒引起透明带结构变化,透明带不再接受精子的穿入,这一过程称透明带反应。透明带反应保证了人类的单精受精。

3.雌原核、雄原核靠近、融合,受精卵细胞核形成

在卵细胞内,精子的细胞核膨大形成雄原核;卵细胞核形成雌原核。雌、雄原核形成后,两核靠近,核膜消失,染色体混合,形成受精卵细胞核,受精卵染色体恢复为 23 对。至此受精卵形成,受精过程完成。

(四)受精的意义

1.受精标志着一个新个体生命的开始

受精卵一旦形成,就迅速进行分裂、增殖与分化,直至形成新个体。

2.受精使得子代个体染色体数恢复为 23 对

受精卵有 23 条染色体来自于精子,23 条染色体来自于卵子,子代既有亲代的遗传性,又有自身的特异性。

3.受精决定新个体的遗传性别

胚胎的性别取决于性染色体。若核型为(23,X)的精子与卵子结合,受精卵的核型为(46,XX),胚胎发育为女性;若核型为(23,Y)的精子与卵子结合,受精卵的核型为(46,XY),胚胎发育为男性。

 知识链接

人工授精

人工授精是指通过非性交方式将精液放入女性生殖道内,以达到受孕目的的一种技术。根据所选用精液来源不同,分为丈夫精液人工授精(AIH)和供精者精液人工授精(AID)。人工授精是人类社会不断进步的一种表现。根据注射精子途径不同,人工授精分两种:①体内人工授精,将精液注入正处于排卵前期的女性生殖管道内,使精子和卵子融合成受精卵,并在母体内发育成胎儿;②体外人工授精,人工取出卵细胞,将其置入具备合适理化条件的试管内,精子和卵子在试管内受精。受精卵在试管内分裂,形成胚泡,再将胚泡送入分泌期的子宫腔内发育。胎儿发育成熟后,由母体娩出,这种新生儿称试管婴儿。

三、卵裂和胚泡形成

(一)卵裂

受精卵早期进行的有丝分裂称卵裂。卵裂形成的子细胞,称卵裂球。卵裂在透明带内进行,卵裂球的数量不断增加,而体积却越来越小。

在受精后第3天,透明带内形成由12～16个卵裂球组成的细胞团,称桑葚胚(图13-4)。借助于输卵管平滑肌的蠕动、纤毛的摆动及管内液体的流动,桑葚胚不断向子宫腔的方向移动。

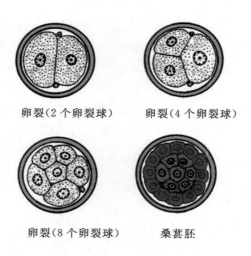

卵裂(2个卵裂球)　　卵裂(4个卵裂球)

卵裂(8个卵裂球)　　桑葚胚

图13-4　卵裂和桑葚胚示意图

(二)胚泡

桑葚胚向子宫腔移动的同时,细胞不断分裂、增殖,重新排列形成泡状,称胚泡(图13-5)。

胚泡由滋养层、胚泡腔和内细胞群三部分组成:滋养层是一层扁平细胞,构成胚泡壁;胚泡腔由滋养层围成,内含胚泡液;内细胞群为胚泡腔一侧的细胞团,是人胚发育的原基;若胚泡腔内出现两个内细胞群,则形成两个胎儿。若两内细胞群彼此未完全分离,则形成联体双胎。与内细胞群相邻的滋养层,称极端滋养层。

图 13 - 5　胚泡结构示意图

受精后第 5 天,胚泡进入子宫腔,其周围的透明带消失。

四、植入

胚泡埋入子宫内膜的过程称植入,又称着床。

(一)植入的时间

胚泡的植入开始于受精后第 6~7 天,完成于第 11~12 天。

(二)植入的部位

胚泡植入的正常部位在子宫体前、后壁和子宫底。胚泡在正常植入部位以外完成植入称异位妊娠,常见有胚泡植入于子宫颈处,形成前置胎盘,胚泡植入在子宫以外的部位,形成宫外孕。输卵管妊娠为宫外孕最常见的类型。

(三)植入的过程

胚泡的极端滋养层首先接触子宫内膜,并分泌蛋白水解酶溶蚀子宫内膜,使胚泡得以逐渐侵入子宫内膜中。当胚泡完全侵入子宫内膜后,结缔组织和上皮修复创口,植入完成(图13-6)。

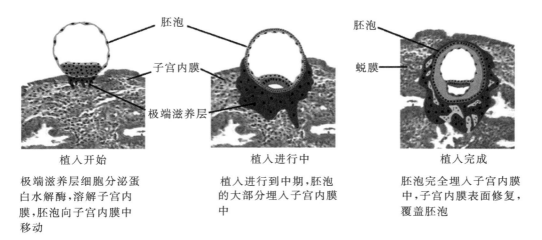

植入开始
极端滋养层细胞分泌蛋白水解酶,溶解子宫内膜,胚泡向子宫内膜中移动

植入进行中
植入进行到中期,胚泡的大部分埋入子宫内膜中

植入完成
胚泡完全埋入子宫内膜中,子宫内膜表面修复,覆盖胚泡

图 13 - 6　植入过程示意图

（四）植入的条件

植入必须具备以下条件：①雌激素和孕激素分泌正常，子宫内膜处于分泌期；②胚泡及时进入子宫腔和透明带准时断裂消失；③子宫内环境必须正常。

（五）植入后子宫内膜的变化

胚泡植入后的子宫内膜称蜕膜。植入后分泌期的子宫内膜进一步增厚，血液供应更丰富，腺体分泌更旺盛，基质细胞变得肥大，胞质中出现糖原颗粒和脂滴。上述子宫内膜的变化称蜕膜反应。具有蜕膜反应的子宫内膜称蜕膜，其中的基质细胞改称为蜕膜细胞。根据胚泡与蜕膜的位置关系，蜕膜分为三部分。（图 13-7）

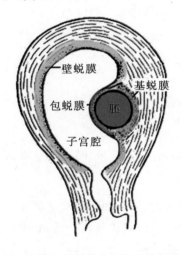

图 13-7　胚胎与蜕膜的位置关系及蜕膜的分部

（1）底蜕膜　又称基蜕膜，位于胚泡深面，参与胎盘的构成。

（2）包蜕膜　覆盖于胚泡的宫腔侧。

（3）壁蜕膜　覆盖在子宫腔的内表面（包蜕膜除外）。包蜕膜和壁蜕膜之间为子宫腔，随着胚胎发育，两者完全贴合，子宫腔消失。

五、三胚层的形成与分化

（一）二胚层胚盘及相关结构的形成

受精后第 2 周，胚泡埋入子宫内膜过程中，逐渐形成二胚层胚盘及相关结构（图 13-8）。

1. 下胚层和卵黄囊的形成

受精后第 2 周初，内细胞群朝胚泡腔一侧的细胞增殖分化形成一层整齐的立方形细胞，称下胚层。下胚层周缘细胞向腹侧延伸并融合，与下胚层共同围成卵黄囊。

2. 上胚层和羊膜囊的形成

下胚层形成同时，其邻极端滋养层一侧内细胞群细胞重排成两层：一层细胞呈扁平形，紧贴极端滋养层，称羊膜；另一层高柱状细胞称上胚层。羊膜与上胚层共同围成羊膜囊，其中的腔称羊膜腔，内储羊水。

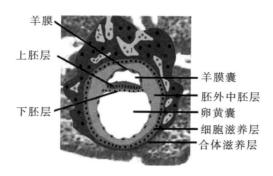

图 13-8　二胚层胚盘及相关结构

3.二胚层胚盘的形成

羊膜腔底部的上胚层和卵黄囊顶部的下胚层紧密相贴,中间隔以基膜,形成一椭圆盘状结构,称二胚层胚盘。二胚层胚盘是胚体发生的原基。

4.滋养层分化与胚外中胚层形成

在胚泡植入过程中,滋养层增殖分化为两层。外层厚细胞界限消失,胞质融合在一起,称合体滋养层;内层细胞呈立方形,细胞界限清楚,称细胞滋养层。受精后第 10~11 天,细胞滋养层分裂产生的细胞向胚泡腔内迁移,形成胚外中胚层。受精后第 12~13 天,胚外中胚层内出现了许多小腔,进而融合成一个大腔,称胚外体腔。胚外体腔将胚外中胚层分成了三部分(图 13-9):贴在羊膜外表面和细胞滋养层内表面者称为胚外中胚层壁层;贴在卵黄囊外表面者称胚外中胚层脏层;位于胚体尾端和极端滋养层之间者称体蒂。体蒂将来发育成脐带的主要部分。

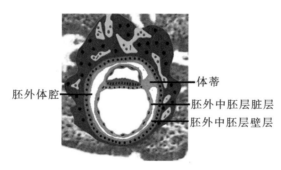

图 13-9　胚外体腔及体蒂

(二)三胚层胚盘及相关结构的形成

受精后第 3 周,人胚出现了原条和脊索,形成中胚层,原来的二胚层胚盘演变为三胚层胚盘。

1.原条的发生

胚胎第 3 周初,胚盘尾端中线处上胚层细胞增殖较快,形成原条。原条头端略膨大,称原结。

2. 三胚层的形成

原条形成后，其底部细胞增生迁入下胚层，形成一层新的细胞，并逐渐全部置换了下胚层细胞，改称内胚层。此时，上胚层改称外胚层。原条细胞继续增殖，在内、外胚层之间形成一新的细胞层，称胚内中胚层，又称中胚层。此时，胚盘由内、中、外三个胚层组成，称三胚层胚盘（图 13 - 10）。

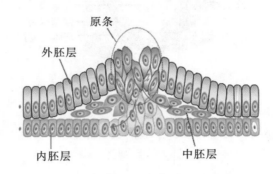

图 13 - 10   三胚层胚盘形成示意图（胚盘横断面）

在三胚层胚盘头端和尾端各有一个小区缺乏中胚层，内、外胚层直接相贴。头端的小区称口咽膜，尾端的小区称泄殖腔膜（图 13 - 11）。

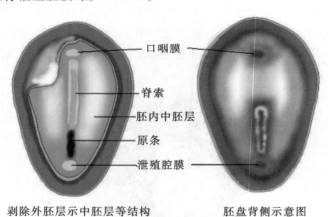

剥除外胚层示中胚层等结构   胚盘背侧示意图

图 13 - 11   胚内中胚层与脊索的形成

3. 脊索的发生

原结的细胞继续增殖并下陷，同时在内、外胚层间向头端生长，形成一条细胞索称脊索。原条和脊索构成胚盘中轴，随着胚盘的发育，原条由头端向尾端逐渐退化消失。出生后，若原条残留，可在骶尾部形成畸胎瘤。脊索最后退化，仅在成人椎间盘中央留下遗迹即髓核。

（三）三胚层的分化

三胚层形成后，随即开始分化形成各器官的原基。

1. 外胚层的分化

脊索形成后，诱导其背侧的外胚层细胞增厚成板状，称神经板。除神经板细胞之外的其余部分外胚层细胞常称表面外胚层。神经板经过一系列演变发育分化成脑、脊髓、周围神经系统、肾上腺髓质等。表面外胚层分化为皮肤的表皮及其附属器、内耳和腺垂体等。

2. 中胚层的分化

脊索两旁的中胚层细胞增殖较快，由中轴向两侧依次分为轴旁中胚层、间介中胚层和侧中胚层。中胚层先分化为间充质，然后分化为结缔组织、血管、肌肉和骨骼等。出生后，人体某些组织内仍可见到间充质细胞，它们具有分化成多种结缔组织细胞的潜能。来源于间充质的良性肿瘤称为瘤，来源于间充质的恶性肿瘤称为肉瘤。

(1)轴旁中胚层　紧邻脊索两侧的轴旁中胚层分成节段状，形成体节。体节分化为皮肤的真皮、中轴骨骼和骨骼肌。

(2)间介中胚层　位于轴旁中胚层与侧中胚层之间，分化为泌尿系统和生殖系统的主要器官。

(3)侧中胚层　最外侧的侧中胚层最初为板状，之后裂开成两层，与内胚层相邻者称脏壁中胚层，分化为消化系统和呼吸系统的平滑肌及结缔组织；与外胚层相邻者称体壁中胚层，分化为体腔壁的骨骼、骨骼肌和结缔组织。两层之间的腔称胚内体腔，将来分化为心包腔、胸膜腔和腹膜腔。

3. 内胚层的分化

随着胚盘卷折成圆柱形的胚体，内胚层被卷入胚体内，形成原始消化管。原始消化管分化为消化管、消化腺、呼吸道和肺、中耳、甲状腺、甲状旁腺、胸腺、膀胱及阴道等器官的上皮。

六、胚体外形建立

伴随三胚层的分化，胚盘边缘向腹侧卷折形成头褶、尾褶和左、右侧褶，扁平的胚盘逐渐变成了圆柱状的胚体，卵黄囊顶部被卷入胚体内，形成了原始消化管。第 5 周后，胚胎外形发生了一系列的变化。至第 8 周末，胚体外表已可见眼、耳和鼻的原基及发育中的四肢，初具人形。

第二节　胎膜与胎盘

胎盘、胎膜总称衣胞。分娩时，胎儿娩出后，胎盘、胎膜与子宫分离并被排出体外。

一、胎膜

胎膜是由胚泡发育分化出来的附属结构，不参与胚胎的构成。其对胚体起营养、保护、呼吸、排泄和内分泌等作用。其包括绒毛膜、羊膜、卵黄囊、尿囊和脐带。

(一)绒毛膜

绒毛膜由滋养层与胚外中胚层壁层发育而成。绒毛膜包在胚胎的最外面，直接与子宫内膜接触。胚胎发育到第 2 周时，细胞滋养层局部增殖，伸入合体滋养层内，形成许多绒毛状突起，称初级绒毛干。第 3 周时，胚外中胚层伸入初级绒毛干内，并与之共同形成次级绒毛干。次级绒毛干的中轴出现血管后，改称三级绒毛干。三级绒毛干的表面发出分支，形成许多细小的绒毛。胚外中胚层的壁层紧贴细胞滋养层，两者合称绒毛膜板。次级绒毛干和绒毛膜板合称绒毛膜。胚胎第 8 周后,底蜕膜处的绒毛枝叶茂盛,称丛密绒毛膜,其与底蜕膜共同构成胎盘。胎儿通过绒毛从胎盘母体血中吸收氧气和营养物质并排出代谢废物。

(二)羊膜

羊膜为半透明的薄膜,由羊膜上皮和胚外中胚层构成。羊膜与外胚层共同围成羊膜囊。羊膜囊内的腔,称羊膜腔,内含羊水。羊水不断被羊膜吸收和被胎儿吞饮,故羊水是不断更新的。羊水能保护胎儿,防止胎体粘连;分娩时,羊水能扩张子宫颈,清洁与润滑产道,有利于胎儿的娩出。

正常足月胎儿的羊水量为 1000~1500mL。在妊娠晚期,羊水的量多于 2000mL,称羊水过多;少于 500mL,称羊水过少。羊水过多或过少均可由胎儿和母体两方面的因素引起。母体患糖尿病或胎儿畸形(无脑儿、食管闭锁)可引起羊水过多;胎儿尿道闭锁和无肾畸形可引起羊水过少。

(三)卵黄囊

胚胎发育到第 4 周后,卵黄囊顶部卷进胚体内形成原始消化管,其余部分形成卵黄蒂与中肠相通。胚胎第 5~6 周时,卵黄蒂闭锁。如果卵黄蒂在出生后仍与中肠保持通畅,则肠内容物可由脐部溢出,称脐瘘。胚第 2 周末,卵黄囊壁的胚外中胚层细胞聚集成团,称血岛。血岛中央的细胞分化成造血干细胞。

(四)尿囊

胚胎第 3 周时,卵黄囊顶部尾端的内胚层向体蒂内突出,形成尿囊。尿囊根部演化为膀胱顶和脐尿管。出生后,脐尿管退化,形成脐中韧带。尿囊壁外的胚外中胚层分化为两条尿囊动脉和两条尿囊静脉。尿囊动脉最终演变为两条脐动脉;尿囊静脉演变为一条脐静脉。

(五)脐带

羊膜包卷体蒂、退化的尿囊、退化的卵黄囊、两条脐动脉和一条脐静脉,形成一条索状的结构,称脐带。脐带是胎儿与胎盘间物质运输的通道。足月胎儿的脐带长 40~60cm。脐带过长(120cm 以上)可导致脐带绕颈和脐带打结,引起胎儿营养不良,甚至胎儿死亡。脐带过短(20cm 以下),胎儿娩出时可导致胎盘早剥,造成阴道大出血。

二、胎盘

胎盘是胎儿与母体进行物质交换的结构。

(一)胎盘的形态、结构

1.胎盘形态

胎盘呈圆盘状,直径 15~20cm,中央有脐带附着。胎盘的胎儿面覆盖羊膜,表面光滑,透过羊膜可见放射状走行的脐血管分支。胎盘母体面可见由浅沟分隔成的 15~20 个稍隆起的胎盘小叶(图 13-12)。

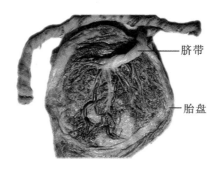

图 13 - 12　胎盘(胎儿面)

2.胎盘的结构(图 13 - 13)

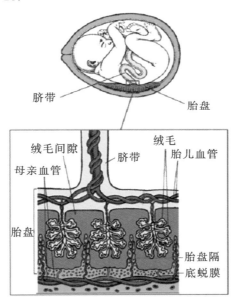

图 13 - 13　胎盘结构示意图

胎盘由胎儿的丛密绒毛膜与母体的底蜕膜共同构成。胎盘由三部分构成:胎儿面是绒毛膜板,母体面是滋养层壳和底蜕膜,中间部有绒毛和绒毛间隙。母体的血液经螺旋动脉流入绒毛间隙内,丛密绒毛膜发出的绒毛浸泡其中。脐血管进入绒毛分支内,形成毛细血管。

底蜕膜呈嵴状突起伸入绒毛间隙,称胎盘隔。胎盘隔将胎盘分成若干个胎盘小叶。

(三)胎盘的血液循环

胎盘内有母体和胎儿两套血液循环系统,胎儿血液与母体血液在胎盘中互不相混。母体血液由子宫螺旋动脉流入绒毛间隙,与绒毛毛细血管内的胎儿血液进行物质交换后,再经子宫小静脉流回母体。胎儿的静脉血(含代谢产物)经脐动脉流向绒毛毛细血管,与母体血液进行物质交换后,成为动脉血(主要含氧和营养物质)经脐静脉回流到胎儿体内。胎儿血液与母体血液在胎盘内进行物质交换所经过的结构,称胎盘膜或胎盘屏障。胎盘膜由合体滋养层、细胞滋养层、滋养层基膜、绒毛内结缔组织、绒毛内的毛细血管基膜和毛细血管内皮所构成。

(四)胎盘的功能

1.物质交换

胎儿和母体在胎盘处进行物质交换,母体血液中的营养物质和氧气经胎盘膜进入胎儿血液中,而胎儿血液中的代谢产物和二氧化碳经胎盘膜排入母体血液中。

2.屏障作用

胎盘膜可阻挡大分子有害物质、细菌和血细胞通过,对胎儿有一定的保护作用。某些病原微生物如病毒及药物可通过胎盘膜进入胎儿体内,导致胎儿先天畸形,因此,孕妇应避免感染,用药要慎重。

3.内分泌功能

胎盘的合体滋养层能分泌多种激素,对维持妊娠、保证胎儿正常发育起着重要作用。

胎盘分泌的激素主要有三种。

①人绒毛膜促性腺激素(HCG):受精后第 2 周出现,之后逐渐增加,第 9～12 周达高峰。HCG 主要由尿排出,测定尿中的 HCG 可用于早孕的诊断。

②人胎盘催乳素(HPL):既能促使母体乳腺生长发育,又可促进胎儿新陈代谢和生长发育。

③雌激素(HPE)和孕激素(HPP):于妊娠第 4 个月时分泌,此时母体妊娠黄体萎缩,这两种激素可以继续维持妊娠。

第三节　双胎、多胎及联胎

一、双胎

一次分娩两个新生儿称双胎,又称孪生。其可分为双卵双胎和单卵双胎。

1.双卵孪生

又称假孪生,是一次排出两个卵细胞,都受精后发育而成。两个胎儿性别、血型和组织抗原可相同或不相同,相貌和生理特点的差别如一般兄弟姐妹。

2.单卵孪生

又称真孪生,是由一个受精卵发育成两个胚胎。他们的遗传基因完全一样,故其性别、血型相同,相貌、性格、体态和生理特性极为相似,彼此器官移植不排斥。

二、多胎

一次分娩出三个或三个以上的新生儿称多胎。多胎可为单卵性、多卵性或混合性,混合性多胎常见。多胎的发生率极低。

三、联体双胎

在单卵孪生中,两个胎儿发生局部联接,称联体双胎。

第四节　影响胚胎发育的因素

在致畸因素的作用下,胚胎发育紊乱,形成人体出生时即已存在的形态结构异常,这些形态结构异常称**先天性畸形**。

在人类胚胎的各种先天畸形中,约有 25% 为遗传因素导致,10% 为环境因素,65% 为遗传因素与环境因素的互相作用或原因不明。

胚胎发育是一个连续的过程,处于不同发育阶段的胚胎,对致畸因子作用的敏感程度不同,最易发生畸形的发育时期称**致畸敏感期**(图 13-14)。胚期第 3~8 周,胚体内细胞增殖分化活跃,最易受致畸因子的干扰而发生畸形,故在这一时期的孕期保健尤为重要。

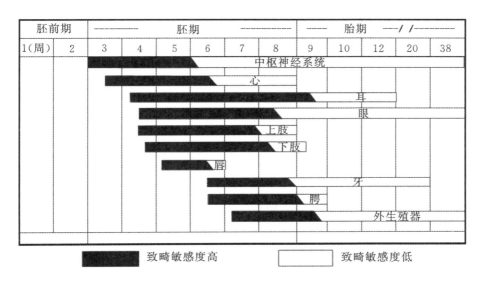

图 13-14　人胚胎主要器官致畸敏感期示意图

📚 本章小结

一、本章提要

通过本章学习,同学们可以了解人胚早期发育的相关知识。重点掌握受精、卵裂的概念,受精的过程、意义;植入的概念及过程;三胚层的形成过程及分化;胎膜的概念、组成;胎盘的结构及功能。

二、本章重、难点

1.受精的概念、受精的意义。

2.植入的正常部位、植入过程。

3.二胚层胚盘的概念,胚内中胚层形成过程。

4.胎盘的结构;胎盘屏障的概念。

 课后习题

一、单选题

1.人体胚胎早期发生时期是指（　）

A.受精至第 2 周 　　　　B.受精至第 4 周 　　　　C.受精至第 8 周

D.受精至第 10 周 　　　　E.受精至第 12 周

2.排卵后,卵子的受精能力约保持（　）

A.6～12 小时 　　　　B.12～24 小时 　　　　C.36～48 小时

D.48～60 小时 　　　　E.60～72 小时

3.精子在女性生殖道内的受精能力约保持（　）

A.6 小时 　　　　B.12 小时 　　　　C.1 天

D.2 天 　　　　E.3 天

4.精子获能是在（　）

A.生精小管内 　　　　B.睾丸网内 　　　　C.附睾管内

D.精液内 　　　　E.以上都不对

5.卵子完成第二次成熟分裂是在（　）

A.生长卵泡时期 　　　　B.成熟卵泡时期 　　　　C.排卵后

D.受精时 　　　　E.以上都不对

6.常见的受精部位是（　）

A.子宫腔 　　　　B.输卵管壶腹部 　　　　C.输卵管子宫部

D.输卵管漏斗部 　　　　E.腹腔

7.受精时,精子进入（　）

A.卵原细胞 　　　　B.初级卵母细胞 　　　　C.次级卵母细胞

D.成熟卵细胞 　　　　E.卵泡细胞

8.下列哪一种核型的精子与卵细胞结合后发育成正常男性胎儿（　）

A.23 条常染色体加 1 条 Y 染色体 　　　　B.23 条常染色体加 1 条 X 染色体

C.22 条常染色体加 1 条 X 染色体 　　　　D.22 条常染色体加 1 条 Y 染色体

E.22 对常染色体加 1 对性染色体

9.下列哪一项不属于胚泡的结构（　）

A.滋养层 　　　　B.放射冠 　　　　C.胚泡液

D.胚泡腔 　　　　E.内细胞群

10.透明带消失发生在（　）

A.卵裂开始 　　　　B.4 个细胞期 　　　　C.8 个细胞期

D.桑葚胚期 　　　　E.胚泡期

11. 植入后的子宫内膜称为（ ）

A. 胎膜   B. 黏膜   C. 蜕膜

D. 基膜   E. 以上都不是

12. 宫外孕常发生在（ ）

A. 腹腔   B. 卵巢   C. 直肠子宫陷窝

D. 输卵管   E. 肠系膜

13. 卵细胞受精后的细胞分裂称（ ）

A. 第一次成熟分裂   B. 第二次成熟分裂   C. 卵裂

D. 无丝分裂   E. 以上都不是

14. 前置胎盘是由于胚泡植入在（ ）

A. 子宫后壁   B. 子宫颈   C. 子宫底部

D. 子宫前壁   E. 子宫底

15. 胚胎植入是在（ ）

A. 卵裂早期   B. 桑葚胚时期   C. 胚泡时期

D. 胚盘分化时期   E. 受精后 24 小时

二、名词解释

1. 受精   2. 卵裂   3. 植入   4. 致畸敏感期   5. 胎盘屏障   6. 孪生

三、填空题

1. 精子携带有_____条染色体，其中含有一条_____染色体。

2. 正常受精位置是_____。

3. 植入的正常部位是_____和_____子宫内膜。

4. 三胚层胚盘中三个胚层分别是_____、_____、_____。

5. 胎膜包括_____、_____、_____、_____、_____。

四、简要回答下列问题

1. 受精的意义。

2. 胎盘的结构和功能。

下　篇

实训指导

实训一　显微镜的构造及使用方法

【实训目标】

掌握普通光学显微镜的构造与使用方法。

【实训方法】

1. 教师分步骤演示使用光学显微镜。

2. 学生分步骤操作,教师指导。

3. 分组光镜下观察切片。

【实训准备】

双目电光源光学显微镜、上皮组织切片(单层扁平上皮或复层扁平上皮,HE 染色)

【实训内容】

1. 观察显微镜,说出其组成及构造(实训图-1)。

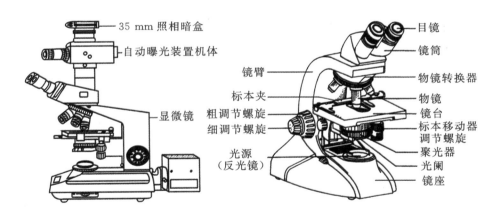

实训图 1-1　光学显微镜的构造

2. 学习显微镜的使用方法

(1)准备　将显微镜小心地从镜箱中取出(移动显微镜时应以右手握住镜臂,左手托住镜座),放置在实验台的偏左侧,以镜座的后端离实验台边缘约 6～10cm 为宜。首先检查显微镜的各个部件是否完整和正常。如果是镜筒直立式光镜,可使镜筒倾斜一定角度(一般不应超过45°)以方便观察(观察临时装片时禁止倾斜镜臂)。

(2)低倍镜的使用方法

①对光:打开显微镜上的电源开关,转动粗调螺旋,使镜筒略升高(或使载物台下降),调节物镜转换器,使低倍镜转到工作状态(即对准通光孔),当镜头完全到位时,可听到轻微的扣

碰声。

打开光圈并使聚光器上升到适当位置(以聚光镜上端透镜平面稍低于载物台平面的高度为宜)。然后用左眼向着目镜内观察(注意两眼应同时睁开),同时调节反光镜的方向(自带光源显微镜,调节亮度旋钮),使视野内的光线均匀、亮度适中。

②放置玻片标本:将玻片标本放置到载物台上用标本移动器上的弹簧夹固定好(注意:使有盖玻片或有标本的一面朝上),然后转动标本移动器的螺旋,使需要观察的标本部位对准通光孔的中央。

③调节焦距:用眼睛从侧面注视低倍镜,同时用粗调螺旋使镜头下降(或载物台上升),直至低倍镜头距玻片标本的距离小于0.6cm(注意操作时必须从侧面注视镜头与玻片的距离,以避免镜头碰破玻片)。然后用左眼在目镜上观察,同时用左手慢慢转动粗调螺旋使镜筒上升(或使载物台下降)直至视野中出现物像为止,再转动细调螺旋,使视野中的物像最清晰。

如果需要观察的物像不在视野中央,甚至不在视野内,可用标本移动器前后、左右移动标本的位置,使物像进入视野并移至中央。在调焦时如果镜头与玻片标本的距离已超过了1cm还未见到物像时,应严格按上述步骤重新操作。

(3)高倍镜的使用方法

①在使用高倍镜观察标本前,应先用低倍镜寻找到需观察的物像,并将其移至视野中央,同时调准焦距,使被观察的物像最清晰。

②转动物镜转换器,直接使高倍镜转到工作状态(对准通光孔),此时,视野中一般可见到不太清晰的物像,只需调节细调焦螺旋,一般都可使物像清晰。

3.观察上皮组织切片,说出细胞的基本结构

【注意事项】

1.取用显微镜时,应一手紧握镜臂,一手托住镜座,不要用单手提拿,以避免目镜或其他零部件滑落。

2.不可随意拆卸显微镜上的零部件,以免发生丢失损坏或使灰尘落入镜内。

3.显微镜的光学部件不可用纱布、手帕、普通纸张或手指揩擦,以免磨损镜面,需要时只能用擦镜纸轻轻擦拭。机械部分可用纱布等擦拭。

4.在从低倍镜准焦的状态下直接转换到高倍镜时,有时会发生高倍物镜碰擦玻片而不能转换到位的情况(这种情况,主要是高倍镜、低倍镜不配套,即不是同一型号的显微镜上的镜头),此时不能硬转,应检查玻片是否放反、低倍镜的焦距是否调好以及物镜是否松动等情况后重新操作。如果调整后仍不能转换,则应将镜筒升高(或使载物台下降)后再转换,然后在眼睛的注视下使高倍镜贴近盖玻片,再一边观察目镜视野,一边用粗调螺旋使镜头极其缓慢地上升(或载物台下降),看到物像后再用细调螺旋准焦。

5.显微镜使用完后应及时复原。先升高镜筒(或下降载物台),取下玻片标本,使物镜转离通光孔。如镜筒、载物台是倾斜的,应恢复直立或水平状态。然后下降镜筒(或上升载物台),使物镜与载物台相接近。垂直反光镜,下降聚光器,关小光圈,最后放回镜箱中锁好。

6. 在利用显微镜观察标本时,要养成两眼同时睁开,双手并用(左手操纵调焦螺旋,右手操纵标本移动器)的习惯,必要时应一边观察一边计数或绘图记录。

【实训作业】

绘图:细胞的基本构造。

实训二　基本组织的镜下观察

【实训目标】

1.掌握不同器官中各种上皮组织的光镜形态结构特点,并能在镜下识别。

2.掌握结缔组织的分类、分布和结构特点;疏松结缔组织不同细胞成分和纤维成分的形态结构特征,并能在镜下识别。

3.掌握三种肌纤维光镜下的结构特点,并能在镜下识别。

4.掌握有髓神经纤维的结构特征;各种神经末梢的形态特征。

5.了解光镜下微绒毛、纤毛、基膜的形态结构特点;不同面上细胞特殊结构的电镜结构特点,理解各自的功能。

6.了解致密结缔组织、脂肪组织和网状组织的结构特点。

7.了解神经胶质细胞及神经末梢的结构。

【实训方法】

1.教师对基本组织相关知识点进行回顾。

2.教师对实验所涉及标本、切片进行示教。

3.结束后按照实验报告书写的格式及内容,将实验的内容和结果及心得体会进行如实记录。

【实训准备】

1.双目电光源光学显微镜(教师 1 台,学生 48 台)。

2.单层扁平上皮表面(肠系膜镀银染色)切片、单层扁平上皮切面(心 HE 染色)切片、单层立方上皮(甲状腺 HE 染色)切片、单层柱状上皮(小肠 HE 染色)切片、假复层纤毛柱状上皮(气管 HE 染色)切片、复层扁平上皮(食管 HE 染色)切片、变移上皮(膀胱 HE 染色)切片、腺上皮(下颌下腺 HE 染色)切片、疏松结缔组织铺片、血涂片、骨骼肌(舌肌)、脊髓横切片。

3.擦镜纸和显微投影仪。

【实训内容】

1.教师示教

打开计算机和显微镜操控软件,教师机示切片放大图像于计算机上,学生观察。

2.切片观察

(1)单层扁平上皮表面观察

材料:肠系膜　染色:镀银染色

①低倍观察:选一最薄处观察,可见 1 层多边形细胞。

②高倍观察:细胞排列紧密,多边形,边缘呈锯齿状,相邻细胞彼此紧密相嵌。

（2）单层扁平上皮切面观察

材料：心 染色：HE 染色

①肉眼观察：标本中呈浅粉色，一面是心内膜，可见心瓣膜；中间很厚，呈红色为心肌膜，其外是心外膜。

②低倍观察：心内膜的表面为 1 层内皮；心外膜结缔组织的外表面被覆 1 层间皮。

③高倍观察：内皮细胞呈扁梭形，界限不明显。

（3）单层立方上皮

材料：甲状腺 染色：HE 染色

①肉眼观察：表面有薄层粉红色被膜，内部隐约可见许多红色小圆块，为甲状腺滤泡。

②低倍观察：甲状腺滤泡上皮为单层立方上皮，中央为红色均质样物质。

③高倍观察：上皮细胞紧密相邻，细胞立方形，界限清，核圆，居中。

（4）单层柱状上皮

材料：小肠 染色：HE 染色

①肉眼观察：标本一侧不平部分是腔面上皮组织，其余部分染成粉红色，为小肠壁的其他结构。

②低倍观察：小肠腔面有许多皱襞，表面衬以单层柱状上皮。

③高倍观察：细胞排列紧密，界限清。细胞呈高柱状，细胞核椭圆形，位于细胞基底部。

（5）假复层纤毛柱状上皮

材料：气管 染色：HE 染色

①肉眼观察：气管横切面成圆环形，被覆腔面的薄层红色部分是假复层纤毛柱状上皮。

②低倍观察：上皮的表面和基底面很整齐，细胞形态不一，界限不清。胞核位置高低不一致。

③高倍观察：4 种细胞（柱状上皮、杯状上皮、梭形细胞、锥体形细胞）构成，细胞基底面均附于基膜。

（6）复层扁平上皮

材料：食管 染色：HE 染色

①肉眼观察：食管横切面的腔面凹凸不平，最腔面色深部分为复层扁平上皮。

②低倍观察：上皮细胞层数多，从深层到表层染色逐渐变浅。

③高倍观察：基底层为 1 层立方形细胞，排列紧密。

中间层为数层多边形细胞；核呈圆形，染色深。

表层呈扁平形，染色浅。

（7）变移上皮

材料：膀胱 染色：HE 染色

①肉眼观察：切片上有两个长条形组织，均为膀胱壁。厚的为收缩状态，薄的为扩张状态。

②低倍观察：收缩状态的膀胱上皮不平整，细胞层数较多；扩张状态的膀胱上皮较平整，细胞层数少。

③高倍观察：盖细胞

(8)腺上皮

材料:下颌下腺　染色:HE染色

①低倍观察:可见许多腺泡大小不等,深浅不一。其包括浆液性腺泡、黏液性腺泡和二者共同组成的混合性腺泡。

②高倍观察:浆液性腺细胞、黏液性腺细胞。

(9)疏松结缔组织铺片

材料:小鼠　染色:HE染色

①低倍观察:可见胶原纤维和弹性纤维交织成网,细胞分散其间。

②高倍观察:观察成纤维细胞、巨噬细胞、肥大细胞、浆细胞、脂肪细胞等。

(10)血涂片

材料:人血　染色:Wright's染色

①低倍观察:可见大量无核双凹圆盘状红细胞,偶见白细胞。

②高倍观察:进一步观察红细胞、各种白细胞的形态特征。

(11)骨骼肌

材料:舌肌　染色:HE染色

①低倍观察:可见细长圆柱状的多核细胞,有明暗交替的横纹。

②高倍观察:高倍镜下骨骼肌纤维横切面观察肌原纤维断面,纵切面调至暗视野观察肌原纤维及其明带和暗带等。

(12)脊髓横切

材料:猫脊髓　染色:HE染色

①低倍观察:中央深染为灰质,周围浅淡为白质。灰质前角有多极神经元。

②高倍观察:多极神经元胞体不规则,多突起,细胞核位于中央,大而圆,染色淡。

3.学生自主观察,教师答疑并总结

【实训讨论】

1.怎样在光镜下区分各种白细胞?各种白细胞执行什么功能?

2.比较三种肌组织光镜结构的异同。

3.镜下如何区分白质与灰质,神经元与神经胶质细胞?

【注意事项】

爱惜切片、标本模型和显微镜,轻拿轻放。

【实训作业】

绘图:1.单层柱状上皮(HE染色,高倍)。

　　　2.骨骼肌纤维(HE染色,高倍)。

实训三　躯干骨、四肢骨及其连结

【实训目标】

1.掌握躯干骨、四肢骨的组成。

2.掌握胸骨、椎骨、肩胛骨、肱骨、尺骨、桡骨、髋骨、股骨、胫骨、腓骨的主要形态特征。

3.掌握胸廓、脊柱、肩关节、肘关节、髋关节、膝关节的组成及形态特征。

【实训方法】

1.教师对骨及骨连结相关知识点进行回顾。

2.教师对实验所涉及标本、模型进行演示。

3.分组讨论、学习,按照实验报告书写的格式,将实验的内容和结果及心得体会进行如实记录。

【实训准备】

1.煅烧骨及酸泡骨。

2.完整骨架标本。

3.分离椎骨、肋骨、胸骨、肩胛骨、肱骨、尺骨、桡骨、髋骨、股骨、胫骨、腓骨标本。

4.脊柱及其连结的分段标本及矢状切标本。

5.胸廓、脊柱、肩关节、肘关节、髋关节、膝关节标本。

6.运动系统挂图及模型。

【实训内容】

1.教师示教

教师对实验所涉及标本、模型进行演示。

2.标本观察

(1)煅烧骨及酸泡骨观察

①触摸感受煅烧股及酸泡骨的区别,理解成人骨骼理化性质。

②观察骨断面,理解骨密质和骨松质的区别。

(2)完整骨架标本观察

①观察骨架标本,对照自身辨认体表标志。

②观察骨架标本,识别辨认全身各骨名称及主要骨连结构成。

(3)分离椎骨、肋骨、胸骨标本观察　观察其分离标本,与完整骨架结合理解胸廓的构成及功能。

(4)脊柱及其连结的分段标本及矢状切标本观察　观察其分离标本,与完整骨架结合理解脊柱的形态及功能。

（5）四肢骨各关节标本观察

①观察四肢骨标本,熟悉关节面的形态及骨性标志。

②重点观察肩关节、肘关节、髋关节、膝关节标本,掌握关节的组成、特点及运动。

3.学生分组观察、讨论,教师答疑并总结

【实训讨论】

1.为何老年人摔倒时容易造成骨折?

2.肘关节的脱位与骨折如何辨别?

【注意事项】

爱惜标本模型,轻拿轻放。

【实训作业】

绘图:1.三种类型椎骨的外形。

问答题:2.肩关节的组成及特征。

实训四　骨骼肌

【实训目标】

1.掌握骨骼肌的分类。

2.掌握人体主要骨骼肌,如咀嚼肌、胸锁乳突肌、斜方肌、背阔肌、胸大肌、膈肌、腹前外侧壁各肌、三角肌、肱二头肌、肱三头肌、臀大肌、股四头肌、小腿三头肌的位置、形态及功能。

3.掌握斜角肌间隙、腹股沟管、股三角等结构的位置、构成及意义。

【实训方法】

1.教师对肌学相关知识点进行回顾。

2.教师对实验所涉及标本、模型进行演示。

3.分组讨论、学习,按照实验报告书写的格式,将实验的内容和结果及心得体会进行如实记录。

【实训准备】

1.头颈肌标本或模型。

2.躯干肌标本。

3.咀嚼肌标本或模型。

4.上肢肌标本。

5.下肢肌标本。

6.已解剖好的全身肌标本。

7.肌肉注射操作视频。

【实训内容】

1.教师示教

教师对实验所涉及标本、模型进行演示。

2.标本观察

(1)观察头颈肌标本或模型,指认标本和活体上的胸锁乳突肌、咀嚼肌,观察斜角肌间隙。

(2)观察躯干肌标本,指认标本和活体上的斜方肌、背阔肌、胸大肌、膈肌、腹前外侧壁各肌,观察腹股沟管的组成。

(3)观察上肢肌标本,指认标本和活体上的三角肌、肱二头肌、肱三头肌。

(4)观察下肢肌标本,指认标本和活体上的臀大肌、股四头肌、小腿三头肌。

3.观看视频,初步接触肌内注射,了解注射的位置及注意事项

【实训讨论】

1.胸腔和腹腔是否不相通?

2.分析讨论参与呼吸运动的肌及其作用方式。

【注意事项】

爱惜标本模型,轻拿轻放。

【实训作业】

问答:膈的形态、位置,裂孔的位置、名称及通过的结构。

实训五　消化管

【实训目标】

1.掌握消化系统的组成。

2.掌握消化管各段的位置、连续关系并说出其形态结构特点。

3.熟悉食管、胃和直肠的毗邻。

4.了解消化管的层次结构。

5.了解消化管各段的微细结构特点。

【实训方法】

1.教师对消化管相关知识点进行回顾。

2.教师对实验所涉及标本、模型和组织切片进行演示。

3.学生分组实践，教师巡回指导。

4.结束后按照实验报告书写的格式及内容，将实验的内容、结果及心得体会进行如实记录。

【实训准备】

1.消化系统概观模型、标本及挂图。

2.胸腹腔解剖标本、模型及挂图。

3.人体可拆装全身或半身模型。

4.头颈部正中矢状切面标本、模型及挂图。

5.上、下颌带牙标本或模型。

6.各类牙标本和牙的结构模型及挂图。

7.舌标本、模型。

8.咽后壁切开标本、模型。

9.颈部和纵隔标本、模型。

10.男性骨盆、女性骨盆正中矢状切面标本、模型。

11.直肠标本或模型。

12.消化管各段离体的标本、模型。

13.人体活体口腔。

14.新鲜的动物胃肠标本。

15.消化系统解剖挂图。

16.插胃管术及灌肠术视频。

17.食管横切切片。

18.胃底切片。

19.空肠或回肠切片。

20.显微镜、擦镜纸和显微投影仪。

【实训内容】

1.教师示教

教师对实验所涉及标本、模型、切片进行演示。

2.标本、模型、切片观察

(1)消化系统概观模型、标本观察　观察并辨认消化系统的组成,理解上、下消化道概念。

(2)胸腹腔解剖标本或模型观察

①观察腹腔解剖标本、模型和胃的离体标本、模型,指出胃的位置、形态和分部。

②观察腹腔解剖标本,指认小肠的分部及主要形态结构。

③观察腹腔解剖标本,指认大肠的分部和位置,描述大肠的形态特点。

④观察腹腔解剖标本、模型及半身模型,指出肝的位置和体表投影。

(3)上、下颌带牙标本或模型观察　观察并辨认乳牙、恒牙。

(4)消化管各段离体的标本或模型观察　指认食管、胃、小肠、大肠的形态结构特点。

(5)食管、胃、小肠、肝、胰切片(HE染色)镜下观察　观察 HE 染色的食管切片、胃底切片、回肠或空肠切片,识别食管壁、胃壁及小肠壁微细结构特点。

3.学生分组观察、讨论,教师答疑并总结

【实训讨论】

一儿童误吞入玻璃球,第二天经肛门排出,问玻璃球经过的途径?

【注意事项】

爱惜标本模型,轻拿轻放。

【实训作业】

绘图:1.结肠的特征性结构。

　　　2.胃壁的微细结构。

实训六 消化腺

【实训目标】

1.掌握肝的位置、形态和体表投影。

2.掌握胆囊的位置和形态,胆囊底的体表投影。指出肝外胆道的组成和通连关系。

3.熟悉胰的位置和形态。

4.了解肝小叶和门管区的微细结构。

5.了解胰的外分泌部和内分泌部的微细结构。

【实训方法】

1.教师对消化腺相关知识点进行回顾。

2.教师对实验所涉及标本、模型和组织切片进行演示。

3.学生分组实践,教师巡回指导。

4.结束后按照实验报告书写的格式及内容,将实验的内容和结果及心得体会进行如实记录。

【实训准备】

1.腹腔解剖标本或半身人模型。

2.腹膜后间隙器官标本、模型及挂图。

3.肝的离体标本、模型及挂图。

4.肝、胆、胰和十二指肠连体标本或模型及挂图。

5.新鲜的动物肝、胆、胰标本。

6.肝、胆、胰、十二指肠局解挂图。

7.唾液腺的标本、模型。

8.胰切片。

9.肝切片。

10.显微镜、擦镜纸和显微投影仪。

【实训内容】

1.教师示教

教师对实验所涉及标本、模型、切片进行演示。

2.标本、模型、切片观察

(1)观察腹腔解剖标本、模型及半身模型 指出肝的位置和体表投影。

(2)肝的离体标本或模型观察 观察游离肝标本,描述肝的形态。

(3)肝、胆、胰和十二指肠连体标本或模型观察

①指认胆囊的形态、分部和位置,指认输胆管道的组成。

②指认胰的位置和形态。

(4)食管、胃、小肠、肝、胰切片(HE染色)镜下观察

①观察HE染色的食管切片、胃底切片、回肠或空肠切片,识别食管壁、胃壁及小肠壁微细结构特点。

②观察HE染色的肝切片和胰切片,描述肝和胰的微细结构特点。

(5)观察头面部解剖标本 指出三对大唾液腺的位置、形态及导管的走行和开口部位。

3.学生分组观察、讨论,教师答疑并总结

【实训讨论】

在进食和非进食状态下胆汁是如何排出的?

【注意事项】

爱惜标本模型,轻拿轻放。

【实训作业】

绘图:1.肝的脏面。

2.肝小叶、门管区微细结构模式图。

实训七　呼吸系统

【实训目标】

1. 掌握呼吸系统的组成。
2. 掌握鼻腔的分部及各部形态特点,鼻旁窦的名称、位置及开口部位;了解外鼻形态结构。
3. 掌握喉的位置、喉软骨种类、喉腔形态分部;了解喉连接、喉肌。
4. 掌握左、右主支气管的位置、形态特点,气管与主支气管的组织结构;了解气管的构造。
5. 掌握肺的位置、形态及分叶,肺的组织学结构;了解肺段、肺的体表投影。
6. 掌握胸膜分部、胸膜腔;了解胸膜体表投影。
7. 掌握纵隔分部、界限;了解纵隔内的结构。

【实训方法】

1. 教师对呼吸系统相关知识点进行回顾。
2. 教师对实验所涉及标本、模型进行演示。
3. 按照实验报告书写的格式将实验的内容和结果及心得体会进行如实记录。

【实训准备】

1. 呼吸系统概观标本、模型。
2. 鼻旁窦标本、模型。
3. 喉及喉软骨标本、模型。
4. 气管、主支气管标本、模型;气管横断 HE 染色切片。
5. 左右肺标本、模型;肺 HE 染色切片。
6. 纵隔标本、模型。
7. 显微镜、擦镜纸和显微投影仪。

【实训内容】

1. 教师示教

教师对实验所涉及标本、模型、切片进行演示。

2. 标本、模型、切片观察

(1)呼吸系统概观模型、标本观察　观察并辨认呼吸系统的组成,理解上、下呼吸道概念。

(2)鼻腔及鼻旁窦标本或模型观察

①观察鼻腔,区分鼻前庭和固有鼻腔,识别上、中、下鼻甲及上、中、下鼻道。

②观察鼻旁窦模型,识别四种鼻窦及其开口位置。

(3)喉及喉软骨标本或模型观察　识别四种喉软骨,辨认前庭襞和声襞,确认喉前庭、喉中间腔及声门下腔的位置。

(4)气管、主支气管离体标本或模型观察　观察气管及主支气管模型,辨识左、右主支气管。

(5)左、右肺标本或模型观察　观察肺标本及模型,确认左、右肺的形态特点,辨认右肺斜裂、水平裂和上、中、下三叶,左肺斜裂和上、下两叶。

(6)气管横断切片、肺切片(HE 染色)观察

①观察气管切片,识别气管壁三层结构及各层细胞。

②观察肺切片,识别肺小叶、肺泡的微细结构。

(7)纵隔标本或模型观察　观察纵隔标本模型,确认纵隔界限,辨认纵隔分部,观察纵隔内结构。

3.学生分组观察、讨论,教师答疑并总结

【实训讨论】

气管内异物易坠入哪侧主支气管,为什么?

【注意事项】

爱惜标本模型,轻拿轻放。

【实训作业】

绘图:肺的形态(大体形态及微细结构)。

实训八 泌尿系统

【实训目标】

1.掌握泌尿系统的组成。

2.掌握肾的形态、剖面结构及微细结构;了解肾被膜的位置及特点。

3.掌握输尿管的三处狭窄;了解输尿管的分部。

4.掌握膀胱壁的微细结构,膀胱三角的位置及特点;了解膀胱的分部及位置毗邻。

5.了解女性尿道的特点。

【实训方法】

1.教师对泌尿系统相关知识点进行回顾。

2.教师对实验所涉及标本、模型进行演示。

3.按照实验报告书写的格式将实验的内容和结果及心得体会进行如实记录。

【实训准备】

1.男性泌尿生殖系统概观模型。

2.女性泌尿生殖系统概观模型。

3.肾脏离体标本和模型。

4.肾的冠状剖面标本和模型。

5.膀胱标本或模型。

6.肾切片(HE染色)、膀胱壁切片(HE染色)。

7.显微镜、擦镜纸和显微投影仪。

【实训内容】

1.教师示教

教师对实验所涉及标本、模型、切片进行演示。

2.标本、模型、切片观察

(1)泌尿系统概观模型、标本观察

①观察并辨认泌尿系统的组成,了解男性、女性泌尿系统的差别。

②观察输尿管标本或模型,确认输尿管三处狭窄的位置。

(2)肾标本或模型观察 观察肾标本或模型,识别肾皮质、肾锥体、肾乳头、肾小盏、肾大盏、肾盂等结构。

(3)膀胱标本或模型观察 观察膀胱标本或模型,确认膀胱三角的位置及特点,了解膀胱形态分部。

(4)肾切片观察 观察肾切片,识别肾小球、肾小管、集合管、球旁复合体等结构。

（5）膀胱壁切片观察　观察膀胱壁切片,辨识黏膜、肌层和外膜三层结构。

（6）女性尿道标本或模型观察　了解女性尿道的特点。

3.学生分组观察、讨论,教师答疑并总结

【实训讨论】

肾盂结石随尿液排出体外的途径?

【注意事项】

爱惜标本模型,轻拿轻放。

【实训作业】

绘图:1.肾的剖面结构。

2.肾皮质微细结构。

实训九　生殖系统

【实验目标】

 1.掌握男、女性生殖系统的组成及功能。

 2.掌握睾丸的位置、形态和组织结构,男性尿道的特点。

 3.掌握卵巢的位置、形态和组织结构,输卵管的位置、分部、形态结构及结扎的部位。

 4.掌握子宫的形态、位置和固定装置。

【实训方法】

 1.教师对生殖系统的结构进行讲解。

 2.教师对实验内容进行演示。

 3.按照实验报告书写的格式,将实验的内容和结果及心得体会进行如实记录。

【实训准备】

 1.男性、女性生殖系统概观模型、标本及挂图。

 2.男、女性盆腔正中矢状断面标本及模型;男、女性生殖系统离体标本;睾丸、附睾及阴茎标本及模型;女阴标本及模型。

 3.睾丸切片、卵巢切片(HE 染色)。

 4.显微镜、擦镜纸和显微投影仪。

【实验内容】

 1.教师示教

 教师对实验所涉及标本、模型、切片进行演示。

 2.标本、模型、切片观察

 (1)男性、女性生殖系统概观模型、标本观察

 ①观察并辨认男性生殖系统的组成,指认睾丸、附睾、输精管、前列腺、阴囊、阴茎、男性尿道等结构。

 ②观察女性生殖系统的组成,指认卵巢、输卵管、子宫、阴道等结构。

 (2)男、女性盆腔正中矢状断面标本及模型观察

 ①观察前列腺与膀胱颈、尿生殖膈和直肠的位置关系;观察男性尿道分部,两个弯曲、三个狭窄、三个膨大的形态和部位。

 ②观察子宫的位置以及其和膀胱、尿道和直肠的位置关系。观察阴道的位置和毗邻;查看阴道穹的构成,以及阴道后穹与直肠子宫陷凹的位置关系。

 (3)男、女性生殖系统离体标本观察

 ①观察睾丸、附睾的位置和形态;观察精囊、前列腺的位置、形态,精囊与输精管壶腹的位

置关系,识别男性输精管的行程和终止,触摸其硬度。

　　②观察子宫、输卵管、卵巢的形态特征;子宫腔与子宫颈管的形态及其连通关系;子宫阔韧带、子宫圆韧带、子宫骶韧带位置、附着和构成。

　　(4)睾丸、附睾及阴茎标本及模型观察　区分阴茎头、阴茎体和阴茎根,观察阴茎的构造和三个海绵体的位置和形态关系;查看阴茎、包皮及阴茎系带的位置和构成。

　　(5)女阴标本及模型观察　辨认阴阜、大阴唇、小阴唇、阴道前庭、阴蒂及尿道内口与阴道口的位置关系。

　　(6)睾丸切片、卵巢切片(HE 染色)镜下观察　辨认各种生精细胞、处于不同发育阶段的各级卵泡、黄体、白体等结构。

　　3.学生分组观察、讨论,教师答疑并总结

【实训讨论】

　　正确辨认各组织结构,阐述男性、女性生殖系统结构的特点。

【注意事项】

　　正确使用显微镜;爱惜标本模型,轻拿轻放。

【实训作业】

　　1.简述男性尿道的分部及三个狭窄。

　　2.试述子宫的分部与固定装置。

实训十　　心的形态

【实训目标】

1.掌握心的外形及心腔结构。

2.熟悉心包的结构。

【实训方法】

1.教师对中枢神经系统相关知识点进行回顾。

2.教师对实验所涉及标本、模型进行讲解演示。

3.按照实验报告书写的格式将实验的内容和结果及心得体会进行如实记录。

【实训准备】

1.心脏解剖视频。

2.完整离体心脏标本。

3.心脏模型(示心腔)。

4.示心传导系统模型。

5.心壁微细结构切片(HE染色)。

【实训内容】

1.教师示教

教师对实验所涉及标本、模型、切片进行演示。

2.标本、模型、切片观察

(1)男尸胸腔脏器观察　打开胸壁,观察标本,描述心脏的位置,指出心尖的朝向和体表投影。

(2)完整离体心脏标本、心脏模型(示心腔)观察　观察心脏模型,分别指出四个心腔及心腔的出入口和瓣膜;观察心脏模型,分别描述房间隔和室间隔的结构特点。

(3)观察心传导系统　分别指出窦房结、房室结等结构。

(4)心壁微细结构切片(HE染色)　辨认心壁三层结构。

3.学生分组观察、讨论,教师答疑并总结

【实训讨论】

1.房间隔和室间隔缺损的好发部位及原因。

2.心脏内血液的正常流向及瓣膜的作用。

【注意事项】

爱惜标本模型，轻拿轻放。

【实训作业】

绘图：心脏各腔及血流方向。

实训十一　体循环的血管

【实训目标】

1.掌握全身各部的动脉主干和主要分支。

2.熟悉上、下腔静脉的主要属支。

3.掌握上、下肢浅静脉位置、走行及意义。

【实训方法】

1.教师对体循环的血管相关知识点进行回顾。

2.教师对实验所涉及标本、模型进行演示。

3.按照实验报告书写的格式将实验的内容和结果及心得体会进行如实记录。

【实训准备】

1.静脉输液操作视频。

2.头颈、上肢的血管标本。

3.盆部、下肢的血管标本。

4.腹腔脏器的血管标本。

5.肝门静脉系模型。

6.大动脉、中动脉、毛细血管微细结构切片(HE 染色)。

【实训内容】

1.教师示教

教师对实验所涉及标本、模型、切片进行演示。

2.标本、模型、切片观察

(1)静脉输液操作视频观察　结合观察浅静脉的血管标本,指出头静脉、贵要静脉、肘正中静脉及大隐静脉、小隐静脉的位置及走行。

(2)头颈、上肢的血管标本;盆部、下肢的血管标本;腹腔脏器的血管标本观察

①观察体循环的血管标本及模型,描述主动脉的分部,指出头臂干、左颈总动脉、左锁骨下动脉等。

②观察体循环的血管标本,指出腋动脉、肱动脉、尺动脉、桡动脉及髂总动脉、髂外动脉和股动脉等。

③观察体循环的血管标本及模型,描述静脉角的概念,指出上腔静脉、左右头臂静脉、下腔静脉、髂总静脉等。

(3)肝门静脉系模型观察　理解肝门静脉系的收集范围;与上、下腔静脉之间的吻合。

(4)观察浅静脉的血管标本　指出头静脉、贵要静脉、肘正中静脉及大隐静脉、小隐静脉。

(5)观察大动脉、中动脉、毛细血管微细结构切片 描述各类血管的管壁特征。

3.学生分组观察、讨论,教师答疑并总结

【实训讨论】

1.上、下肢的浅静脉有哪些? 各注入何处?

2.经股动脉穿刺,将心脏支架放入左冠状动脉前降支,导管经过了哪些血管?

【注意事项】

爱惜标本模型,轻拿轻放。

【实训作业】

绘图:大动脉、中动脉管壁结构。

实训十二　感觉器

【实训目标】

了解视器的组成及分部。

【实训方法】

1. 教师对视器相关知识点进行回顾。

2. 教师对实验所涉及操作、模型进行演示。

3. 按照实验报告书写的格式及内容,将实验的内容和结果及心得体会进行如实记录。

【实训准备】

1. 眼球放大模型。

2. 眼副器模型。

3. 泪道冲洗术视频。

【实训内容】

1. 泪道冲洗术视频

观看泪道冲洗术视频,理解眶与鼻腔的交通。

2. 标本、模型、切片观察

(1) 眼球模型观察　观察眼球模型,描述眼球壁分层及眼内容物;理解眼屈光系统。

(2) 眼副器模型观察　观察眼副器模型,描述泪道组成。

(3) 耳放大模型、内耳模型观察　观察并了解各感受器的位置及功能。

3. 学生分组观察、讨论,教师答疑并总结

【实训讨论】

眼的屈光系统包括哪些?

【注意事项】

爱惜模型,轻拿轻放。

【实训作业】

绘图:眼球结构示意图。

问答:房水的循环途径?

实训十三　中枢神经系统

【实训目标】

掌握中枢神经系统的组成及分部。

【实训方法】

1.教师对中枢神经系统相关知识点进行回顾。

2.教师对实验所涉及标本、模型进行演示。

3.按照实验报告书写的格式及内容,将实验的内容和结果及心得体会进行如实记录。

【实训准备】

1.腰椎穿刺术视频。

2.离体脑和脊髓标本、模型。

3.脊髓横切面模型。

4.脑干、端脑和小脑标本及模型。

5.脑室标本及模型。

6.脑脊液循环电动模型。

【实训内容】

1.腰椎穿刺术视频

观看腰椎穿刺术视频,指认腰椎穿刺定位点。

2.标本、模型、切片观察

(1)离体脑和脊髓标本、模型观察　观察离体脑和脊髓标本,描述脊髓的外形,指出颈膨大、腰骶膨大、脊髓圆锥等;描述脊神经根的形态及出入脊髓的特点。

(2)脑干、端脑和小脑标本及模型观察　观察脑干、端脑、小脑标本及模型,说出脑的分部及各部的形态特点。

(3)脊髓横切面模型观察　观察脊髓横切面模型,描述脊髓内部结构。

(4)脑室标本及模型观察　观察脑室标本及模型,指出各脑室位置及交通;结合脑脊液循环电动模型,指出脑脊液产生部位及循环途径。

(5)观察脑脊液循环电动模型　指出脑脊液产生部位及循环途径。

3.学生分组观察、讨论,教师答疑并总结

【实训讨论】

腰椎穿刺为什么常选取第 3～4 或第 4～5 腰椎棘突之间进针?

【注意事项】

爱惜标本模型,轻拿轻放。

【实训作业】

绘图:1.脊髓的外形。

2.脑的分部。

实训十四 周围神经系统

【实训目标】

熟悉周围神经系统的组成及分部。

【实训方法】

1.教师对周围神经系统相关知识点进行回顾。

2.教师对实验所涉及标本、模型进行演示。

3.结束后按照实验报告书写的格式及内容,将实验的内容和结果及心得体会进行如实记录。

【实训准备】

1.离体脊髓标本。

2.离体颈丛、臂丛、腰丛、骶丛标本。

3.脑干标本、模型。

4.纵隔标本、模型。

【实训内容】

1.观察离脊髓标本

描述脊神经根的形态及出入脊髓的特点。

2.观察四大神经丛标本

描述各自的组成及位置。

3.离体颈丛、臂丛、腰丛、骶丛标本观察

观察四大神经丛标本,重点观察膈神经、正中神经、尺神经、桡神经、股神经、坐骨神经等。

4.脑干连脑神经标本、模型观察

观察脑干标本、模型,说出脑神经进、出脑的部位。

5.观察纵隔标本、模型,指出胸交感干、椎旁神经节等

【实训讨论】

肱骨中段和外科颈骨折时各容易损伤哪条神经? 主要症状是什么?

【注意事项】

爱惜标本模型,轻拿轻放。

【实训作业】

绘图:坐骨神经走行及分支模式图。

实训十五　内分泌系统

【实训目标】

1.掌握内分泌器官、内分泌组织的基本概念和甲状腺、肾上腺及垂体的形态与位置。

2.熟悉甲状旁腺形态及位置。

3.了解甲状腺、肾上腺及垂体主要功能。

【实训方法】

1.教师对内分泌系统相关知识点进行回顾。

2.教师对实验所涉及标本、模型进行演示。

3.结束后完成实训讨论和实训作业。

【实训准备】

1.内分泌系统概观模型。

2.游离甲状腺、肾上腺。

3.脑标本保留垂体。

4.脑模型示垂体。

5.垂体、甲状腺、甲状旁腺、肾上腺的组织切片。

【实训内容】

1.观察内分泌系统概观模型

说出内分泌系统的组成并指认各内分泌腺。

2.观察脑的标本及模型

需要借助颅底标本上的垂体窝显示其位置,借助模型观察其形态。指认垂体的位置、毗邻、组成及形态特征。

3.活体互相触摸甲状腺

体会甲状腺的位置及其与吞咽的关系。

4.颈部实物标本和喉的游离标本上观察甲状腺

着重观察甲状腺的形态及其与喉的关系。

5.游离肾上腺标本观察

依据左、右肾上腺分别位于左、右肾的上端,因此,肾脏为寻找肾上腺的标志。另外,请仔细观察左、右肾上腺的形态学特征。

6.镜下观察垂体、甲状腺、肾上腺的组织切片

说出甲状腺、肾上腺微细结构特点。

【实训讨论】

应激反应时,机体内分泌系统发生了哪些变化?

【注意事项】

爱惜标本模型,轻拿轻放。

【实训作业】

1.内分泌腺的结构特点,体内的内分泌器官和内分泌组织有哪些?

2.绘图:甲状腺、肾上腺皮质 HE 染色镜下图。

参考文献

[1] 柏树令,应大君.系统解剖学[M].8 版.北京:人民卫生出版社,2013.

[2] 王滨.正常人体结构[M].2 版.北京:高等教育出版社,2010.

[3] 高英茂,李和.组织学和胚胎学[M].2 版.北京:人民卫生出版社,2010.

[4] 窦肇华,吴建清.人体解剖学与组织胚胎学[M].6 版.北京:人民卫生出版社,2012.

[5] 刘文庆.人体解剖学[M].5 版.北京:人民卫生出版社,2005.

[6] 朱大年.人体解剖生理学[M].上海:复旦大学出版社,2007.

[7] 邹仲之.组织学与胚胎学[M].6 版.北京:人民卫生出版社,2004.

[8] 钱亦华,林奇.人体解剖学图谱[M].2 版.西安:西安交通大学出版社,2013.

[9] 马新基,唐晓凤,易传安.正常人体结构[M].大连:大连理工大学出版社,2014.

[10] 窦肇华.正常人体结构[M].2 版.北京:人民卫生出版社,2012.

[11] 任晖,袁耀华.解剖学基础[M].3 版.北京:人民卫生出版社,2015.

[12] 钟世镇.临床应用解剖学[M].北京:人民军医出版社,1998.

[13] 姚泰.生理学[M].5 版.北京:人民卫生出版社,2001.

参考答案

绪论　参考答案

略

第一章　参考答案

一、单选题

1. B　2. E　3. B　4. A　5. B

二、填空题

1. 结构　功能

2. 细胞器　线粒体　高尔基复合体　核糖体　内质网　溶酶体

3. 核膜　核仁　核基质　染色质

三、名词解释

1. 单位膜：即细胞膜，在电镜下可分为内、中、外 3 层结构，内、外两层电子密度高、深暗；中间层电子密度低、明亮。3 层总厚约 7.5nm。这种 3 层的膜结构是一切生物膜所具有的共同特性，称为单位膜。

2. 细胞器：分布在细胞质内，具有特定形态与功能的结构称细胞器。主要包括线粒体、核糖体、内质网、高尔基复合体、溶酶体、中心体等。

3. 异染色质：是指在细胞分裂间期，光镜下可见的细胞核内被碱性染料深染的细丝状或团块状结构，其主要化学成分是蛋白质和 DNA。

4. 线粒体：在光镜下呈杆状、线状或颗粒状。电镜下为双层单位膜构成的椭圆形小体，外膜光滑，内膜向内折叠形成线粒体嵴。其功能是为细胞活动提供能量。

四、简答题（略）

第二章　参考答案

一、单选题

1. B　2. A　3. C　4. D　5. A　6. B　7. D　8. D　9. B　10. D　11. C　12. B　13. B

14. A　15. C　16. A　17. B　18. A　19. D　20. C　21. B　22. C

二、填空题

1. 密集　少　无血管　有极性　神经末梢

2. 柱状纤毛细胞　杯状细胞　梭形细胞　锥形细胞

3. 胶原纤维　弹性纤维　网状纤维

4. 透明软骨　纤维软骨　弹性软骨

5. 中性粒细胞　嗜酸性粒细胞　嗜碱性粒细胞　单核细胞　淋巴细胞

6. 肌纤维　肌膜　肌浆　肌浆网

7. 游离神经末梢　触觉小体　环层小体　肌梭

三、名词解释

1. 内皮：分布于心血管、淋巴管腔面的单层扁平上皮。

2. 间皮：分布于体腔表面的单层扁平上皮。

3. 骨单位：又称哈弗斯系统，由中央管及围绕其呈同心圆排列的哈弗斯骨板构成。中央管与穿通管相通，穿通管内的结缔组织、血管和神经进入中央管。

4. 尼氏体：是神经元细胞内的特征性结构，光镜下 HE 染色标本中为颗粒状嗜碱性物质。电镜下，尼氏体由发达的粗面内质网核游离核糖体聚集而成，是神经元合成蛋白质的部位。

5. 突触：是神经元传递信息的结构，它是神经元与神经元之间，或神经元与非神经元之间的一种特化的细胞连接，通过它的传递作用实现细胞与细胞之间的通讯。

四、简答题(略)

第三章　　参考答案

一、单选题

1. B　2. C　3. D　4. B　5. E　6. D　7. C　8. D　9. B　10. B　11. D　12. E　13. C
14. C　15. D　16. A　17. C　18. E　19. C　20. D

二、填空题

1. 胸骨　肋

2. 骨膜　骨髓

3. 凸向前　凸向后

4. 前臂肌　手肌

5. 腓肠肌　比目鱼肌

6. 肌腹　肌腱

7. 髋骨　骶骨

三、名词解释

1. 胸骨角:胸骨柄和胸骨体相接处向前突起的角叫胸骨角,两侧平对第二肋,是计数肋骨的重要标志。

2. 翼点:是额骨、顶骨、颞骨和蝶骨大翼4骨相交处所形成的"H"形骨缝,此处骨质薄弱,内有脑膜中动脉前支通过,此处受暴力打击易骨折,骨折易损伤血管形成硬膜外血肿。

3. 椎间孔:由相邻椎骨的椎上切迹与椎下切迹围成,是脊神经出椎管的位置。

四、简答题(略)

附　内脏学概述　参考答案

一、单选题

1. D　2. D　3. D　4. D

二、填空题

1. 中空性器官　实质性器官
2. 腹上区　季肋区　脐区　腹外侧区　腹下区　腹股沟区

三、名词解释

肩胛线:通过肩胛骨下角所做的垂直线。

四、简答题(略)

第四章　参考答案

一、单选题

1. C　2. D　3. B　4. D　5. C　6. B　7. C　8. B　9. E　10. C　11. D　12. C　13. B　14. C　15. E　16. D

二、填空题

1. 上消化道　下消化道
2. 贲门部　胃底　胃体　幽门部
3. 脐与右髂前上棘连线的中、外1/3交点处
4. 结肠带　结肠袋　肠脂垂
5. 右季肋区　腹上区　左季肋区
6. 血窦面　胆小管面　肝细胞连接面

7. 黏膜 黏膜下层 肌层 外膜
8. 环形皱襞 绒毛 微绒毛

三、名词解释

1. 肝门管区:相邻肝小叶之间呈三角形或椭圆形结缔组织区域,可见三种伴行的管道,即小叶间动脉、小叶间静脉、小叶间胆管。

2. 咽峡:腭垂、两侧的腭舌弓和舌根共同围成的结构称咽峡,是口腔和咽的分界。

3. 麦氏点:即阑尾根部的体表投影,在脐与右髂前上棘连线中、外 1/3 交点处。当急性阑尾炎时,此处压痛最明显。

4. 肝门:肝的脏面中部有 H 形沟,横沟有肝左右管、肝固有动脉左右支、肝门静脉左右支及肝的淋巴管神经出入,称肝门。

四、简答题(略)

第五章 参考答案

一、单选题

1. D 2. C 3. A 4. B 5. A 6. B 7. C 8. A 9. D 10. E

二、填空题

1. 鼻 咽 喉 气管及主支气管 肺
2. 喉前庭 喉中间腔 声门下腔
3. 胸膜顶 肋胸膜 膈胸膜 纵隔胸膜

三、名词解释

1. 上呼吸道:呼吸道是人体输送气体的通道,常将鼻、咽、喉,称为上呼吸道。

2. 下呼吸道:气管和各级支气管,称为下呼吸道。

3. 易出血区:鼻中隔前下部黏膜血管丰富且表浅,是鼻出血的好发部位,称为易出血区。

4. 鼻旁窦:是鼻腔周围含气的空腔,由骨性鼻旁窦内衬黏膜而成,包括上颌窦、额窦、筛窦和蝶窦四对。

5. 声门裂:喉腔中两侧声襞之间的裂隙称为声门裂,是喉腔最狭窄的部位。

6. 肺门:肺纵隔面中间凹陷,有支气管、血管、神经和淋巴管等出入,称为肺门。

7. 肺段:每一肺段支气管及其分支和所属的肺组织构成一个支气管肺段,简称肺段。

8. 纵隔:是两侧纵隔胸膜之间所有器官、结构的总称。

四、简答题(略)

第六章   参考答案

一、单选题

1. A   2. A   3. D   4. A   5. D   6. D   7. C   8. B   9. B   10. E 11. D   12. C   13. B   14. C   15. C   16. C   17. B   18. B

二、填空题

1. 肾   输尿管   膀胱   尿道
2. 纤维囊   脂肪囊   肾筋膜
3. 起始处   跨过髂血管处   壁内部

三、名词解释

1. 肾区：肾门的体表投影位于竖脊肌外缘与第 12 肋的夹角处称肾区，肾病患者触压和叩击该处可引起疼痛。
2. 肾单位：是肾结构和功能的基本单位，由肾小体和肾小管两部分构成。
3. 滤过屏障：又称滤过膜，由有孔毛细血管内皮、基膜和足细胞的裂孔膜三层组成，血浆内小分子物质通过滤过屏障进入肾小囊腔形成原尿。

四、简答题(略)

第七章   参考答案

一、单选题

1. A   2. B   3. D   4. C   5. C   6. C   7. D   8. C   9. B   10. D

二、填空题

1. 前列腺   精囊腺   尿道球腺
2. 生殖腺   卵子   雌激素
3. 子宫部   峡部   壶腹部   漏斗部
4. 峡部   壶腹部   漏斗部
5. 子宫阔韧带   子宫圆韧带   子宫主韧带   骶子宫韧带
6. 卵巢   输卵管   子宫
7. 排尿   排精   前列腺部   膜部   海绵体部
8. 尿道内口   膜部   尿道外口   尿道外口
9. 小骨盆腔   膀胱   直肠
10. 前倾前屈

11.阴茎海绵体   尿道海绵体

12.乳腺   脂肪组织

三、名词解释

1.输精管壶腹:输精管末端的膨大叫输精管壶腹。

2.卵巢悬韧带:是卵巢上端连于骨盆壁之间的腹膜皱襞,内含卵巢血管、神经和淋巴管,此韧带是手术中寻找卵巢血管的标志。

3.广义会阴:是指肛门与外生殖器之间的软组织。

4.输卵管伞:是输卵管漏斗部游离缘的指状突起,它是手术中识别输卵管的标志。

四、简答题(略)

第八章　参考答案

一、单选题

1.C   2.A   3.C   4.A   5.A

二、填空题

1.膀胱子宫陷凹   直肠子宫陷凹   直肠膀胱陷凹

2.胆总管   肝固有动脉   肝门静脉

三、名词解释

1.腹膜:是一层薄而光滑的浆膜,由间皮和结缔组织构成,呈半透明状,覆盖于腹、盆壁内面和腹、盆腔脏器表面。

2.腹膜腔:壁腹膜和脏腹膜相互延续、移行,围成潜在性浆膜腔隙,称腹膜腔。

第九章　参考答案

一、单选题

1.A   2.D   3.E   4.E   5.B   6.C   7.D   8.B   9.A   10.B   11.C   12.D   13.D   14.B   15.B   16.B   17.A   18.B   19.D   20.C   21.D   22.B   23.B   24.D   25.A

二、填空题

1.右心室   左心房

2.左房室口   二尖瓣

3.食管静脉丛   脐周静脉网   直肠静脉丛

三、名词解释

1.静脉角:头臂静脉由同侧的颈内静脉与锁骨下静脉在胸锁关节后方汇合而成,汇合处所形成的夹角称静脉角。

2.颈动脉窦:是颈总动脉末端和颈内动脉起始处管径稍膨大的部分,窦壁内有压力感受器,可以感受血压变化的刺激。

3.卵圆窝:在右心房一侧的房间隔的下部有一卵圆形的凹陷,称卵圆窝,此处薄弱,为胚胎时期卵圆孔闭锁后的遗迹。

四、简答题(略)

第十章 参考答案

一、单选题

1.D 2.D 3.E 4.E 5.B 6.C 7.A 8.B

二、填空题

1.感受器 内感受器 本体感受器

2.眼球纤维膜 眼球血管膜 视网膜

3.黄斑中心凹

4.光感受器细胞 双极细胞 神经节细胞

5.房水 晶状体 玻璃体

6.屈光 营养 维持眼内压

7.皮肤层 皮下组织层 肌层 睑板层 睑结膜

8.球结膜 睑结膜 穹窿结膜

9.耳廓 外耳道 鼓膜

10.松弛部 紧张部

11.鼓室 咽鼓管 乳突窦 乳突小房

12.咽腔 鼓室

13.椭圆囊斑 球囊斑 3个壶腹嵴 位觉

三、名词解释

1.感觉器:是机体感受刺激的装置,感受器及其附属结构的总称。

2.瞳孔:虹膜中央的小圆孔,为光线进入眼内的通道。

3.视盘:在视网膜后部中央偏鼻侧处有一橙红色的圆形盘状结构称为视盘,又称视乳头。

4.黄斑:视盘颞侧稍下方约 3.5mm 处有一黄色区域称黄斑,黄斑中心凹陷称中心凹,是感光和辨色最敏锐的部位。

5.麦粒肿:眼睑睑缘睫毛根部的皮脂腺发生急性炎症时临床上称外睑腺炎,俗称麦粒肿。

6.霰粒肿:睑板腺开口阻塞时,分泌物在腺体内潴留,形成睑板腺囊肿,又称霰粒肿。

7.鼓膜:为介于外耳道与鼓室之间的椭圆形半透明薄膜,能随声波振动而振动,把声波刺激传到中耳。

8.咽鼓管:是咽腔通向鼓室的管道。

9.迷路:内耳由构造复杂的管道组成,故称为迷路,由骨迷路和膜迷路两部分组成。

四、简答题(略)

第十一章　参考答案

一、单选题

1.A　2.E　3.C　4.C　5.C　6.D　7.A　8.B　9.B　10.C　11.D　12.A　13.A　14.A　15.A　16.E　17.A　18.C　19.A　20.C

二、填空题

1.椎管　枕骨大孔　第一腰椎　第三腰椎
2.中枢神经系统　周围神经系统
3.颅腔　脑干　小脑　间脑　端脑
4.延髓　脑桥　中脑
5.硬脊膜　蛛网膜　软脊膜

三、名词解释

1.灰质:在中枢部,神经元胞体和树突聚集的部位,在新鲜标本上因色泽灰暗故称灰质。

2.马尾:成人椎管长于脊髓,腰、骶、尾部的脊神经根要从对应的椎间孔出椎管,因此在椎管内围绕终丝近乎垂直下行,形成聚集成束的马尾。

3.硬膜外隙:硬脊膜与椎管内骨膜之间的狭窄腔隙,称硬膜外隙。

4.蛛网膜下隙:蛛网膜与软脊膜之间也有一个稍宽阔的腔隙,称蛛网膜下隙,充满脑脊液。

5.内囊:内囊是位于背侧丘脑、尾状核和豆状核之间的白质纤维板,在水平切面上呈开口向外的">＜"形。

四、简答题(略)

第十二章　参考答案

一、选择题

1.D　2.D　3.B　4.B　5.C　6.B　7.B　8.C　9.D　10.B　11.D　12.C　13.D

二、填空题

1. 内分泌器官　内分泌组织
2. 甲状腺　甲状旁腺　肾上腺　垂体
3. 喉和气管　2～4气管软骨环
4. 肾的上方　半月形　三角形
5. 腺垂体　神经垂体
6. 抗利尿激素（加压素）　催产素
7. 巨人症　侏儒症
8. 球状带　束状带　网状带
9. 甲状腺素　降钙素　甲状腺素
10. 盐皮质激素　糖皮质激素　雄激素和少量雌激素
11. 髓质　肾上腺素　去甲肾上腺素

三、名词解释

1. 内分泌器官：又称内分泌腺，是指结构上独立存在，主要由具有内分泌功能的腺上皮细胞组成的器官。腺体没有输出管，其分泌物称为激素，分泌物直接进入血流，外分泌腺具有输出管，分泌物流入内脏管道或排出体外。

2. 神经垂体：位于垂体的后方，以神经组织为主，无分泌作用。其贮存与释放的抗利尿激素和催产素是由下丘脑视上核和室旁核分泌的。

四、简答题

1. 略

2. 列表叙述人体垂体、甲状腺、甲状旁腺和肾上腺的位置、激素和分泌失调的后果。

名称	位置	激素名称	激素作用	分泌失调的后果
垂体	颅中窝中央的垂体窝	1. 促生长激素 2. 抗利尿素	1. 促进骨的生长 2. 促进肾小管重吸收	1. 青春期前分泌过多致巨人症，过少致侏儒症 2. 分泌过少致尿崩症
甲状腺	喉和气管颈段两侧	甲状腺素	促生长发育	分泌过多致突眼性甲状腺肿，过少致呆小症
甲状旁腺	甲状腺后面	甲状旁腺素	维持钙磷代谢	过少致低血钙抽搐
肾上腺	贴肾的上极	1. 肾上腺素 2. 皮质激素	1. 升血压 2. 调节物质代谢	1. 过多致心动过速 2. 过少致代谢紊乱

第十三章　参考答案

一、单选题

1.C　2.A　3.C　4.E　5.D　6.B　7.C　8.E　9.B　10.E　11.C　12.D　13.C　14.B　15.C

二、名词解释

1.受精:精子和卵子融合成一个受精卵的过程,称受精。

2.卵裂:受精卵早期进行的有丝分裂称卵裂。

3.植入:胚泡埋入子宫内膜的过程称植入,又称着床。

4.致畸敏感期:胚胎发育是一个连续的过程,处于不同发育阶段的胚胎,对致畸因子作用的敏感程度不同,最易发生畸形的发育时期称致畸敏感期。

5.胎盘屏障:胎儿血液与母体血液在胎盘内进行物质交换所经过的结构,称胎盘膜或胎盘屏障。

6.孪生:一次分娩两个新生儿称双胎,又称孪生。可分为双卵双胎和单卵双胎。

三、填空题

1.23　Y

2.输卵管壶腹

3.子宫底　子宫体

4.内胚层　中胚层　外胚层

5.绒毛膜　羊膜　卵黄囊　尿囊　脐带

四、简答题(略)